权威·前沿·原创

皮书系列为
"十二五""十三五"国家重点图书出版规划项目

智库成果出版与传播平台

青海科技绿皮书
GREEN BOOK OF QINGHAI SCIENCE AND TECHNOLOGY

青海科技发展报告（2019~2020）

REPORT OF QINGHAI SCIENCE AND TECHNOLOGY DEVELOPMENT
(2019-2020)

主　编 / 青海省科学技术信息研究所有限公司

社会科学文献出版社
SOCIAL SCIENCES ACADEMIC PRESS (CHINA)

图书在版编目(CIP)数据

青海科技发展报告.2019-2020/青海省科学技术信息研究所有限公司主编.--北京：社会科学文献出版社，2021.4
  （青海科技绿皮书）
  ISBN 978-7-5201-8223-2

Ⅰ.①青… Ⅱ.①青… Ⅲ.①科学研究事业-研究报告-青海-2019-2020 Ⅳ.①G322.744

中国版本图书馆CIP数据核字（2021）第064180号

青海科技绿皮书
青海科技发展报告（2019~2020）

主　　编／青海省科学技术信息研究所有限公司

出 版 人／王利民
责任编辑／薛铭洁

出　　版／社会科学文献出版社·皮书出版分社（010）59367127
　　　　　地址：北京市北三环中路甲29号院华龙大厦　邮编：100029
　　　　　网址：www.ssap.com.cn
发　　行／市场营销中心（010）59367081　59367083
印　　装／三河市东方印刷有限公司
规　　格／开　本：787mm×1092mm　1/16
　　　　　印　张：18.5　字　数：274千字
版　　次／2021年4月第1版　2021年4月第1次印刷
书　　号／ISBN 978-7-5201-8223-2
定　　价／158.00元

本书如有印装质量问题，请与读者服务中心（010-59367028）联系

▲ 版权所有 翻印必究

《青海科技发展报告（2019~2020）》编委会

主　任　莫重明

副主任　苏海红　许　淳　张超远　张银廷　姚长青

委　员　曹　慧　苗希春　柏为民　瞿文蓉　李　岩
　　　　　王洁渊　马　瑞　王荔华　叶栓劳　王亚军
　　　　　马本元　胡永强　朱莉华　朱　煜　田旭东
　　　　　潘海春　刘　伟　霍　青　东　宝　才仁扎西
　　　　　辛海萍　崔宏伟

主　编　莫重明　苏海红

副主编　曹　慧　朱莉华　朱　煜

摘 要

《青海科技发展报告（2019~2020）》是集综合性、原创性和前瞻性为一体的研究报告，充分体现了2019年青海省科技发展工作，重点就科技体制改革、重大科技创新、基础研究和科技成果转化过程中的突出问题展开研究，翔实充分、客观全面地反映出2019年青海省科技发展的总体情况。

本书由青海省科学技术信息研究所有限公司组织长期从事科技研究和管理工作的专家学者与专业人士撰写，旨在为青海省各政府部门的顶层设计提供参考，为科研机构、企事业单位和社会公众等开展科研活动提供客观的信息参考。

本书包括总报告、分报告、专题篇和区域篇四个部分。总报告重点对2019年青海科技发展、科技体制改革等举措和成就进行了客观总结，并对2020年的科技工作进行了展望；分报告对科技成果、科技创新体系建设、科技企业发展、农业农村科技发展、科技支撑社会发展、科技合作与交流、"双创"工作等七个方面整体运行和发展情况进行了回顾和分析，对未来发展趋势进行了展望，并提出了进一步推动创新发展的思路和建议；专题篇围绕科技计划与重大科技项目评价、科技投入、青藏高原综合科学考察研究工作、区域创新能力建设等四个方面进行梳理和研究分析，充分体现了青海科技发展工作的整体态势和特色，探索了一条科技助力新青海发展的新道路；区域篇聚焦青海区域科技创新发展，重点对2019年西宁等8个州市科技发展工作进行了总结分析，并对2020年区域科技发展进行了展望。

关键词： 科学技术　创新发展　青海省

Abstract

Qinghai Science and Technology Development Report (2019 ~ 2020) is a comprehensive, original, forward-looking research report. It fully reflects the science and technology development work of Qinghai Province in 2019, focusing on the reform of science and technology, the practical problems in the process of major material technology innovation, and the basic research and transformation of scientific and technological achievements. , which is accurate, objective and fully reflecting 2019 overall situation of scientific and technological development in Qinghai Province.

This report organized by Qinghai Institute of Science and Technology Information, is written by experts and scholars from the professional departments who have long been engaged in scientific and technological innovation research or scientific and technological management. The aim is to provide reference for the top-level design of all government departments in Qinghai Province, and also to provide objective information participants for scientific research institutions, enterprises, public institutions to carry out scientific research activities.

This report consists of four parts: general report, sub-report, special and regional. The general report focuses on an objective summary of Qinghai's scientific and technological development, system reform and other measures and achievements in 2019, and also presented the prospect of scientific and technological work in 2020. Sub-report reviews and analyzes overall operation and development of the "mass entrepreneurship and innovation" work and other seven aspects, including scientific and technological achievements, scientific and technological innovation system construction, science and technology enterprise development, agriculture and rural development, science and technology support social development, science and technology cooperation and exchange. This part

Abstract

also prospects the future development trend and puts forward ideas and suggestions for further promoting innovative development. In this special part, four aspects of national science and technology plan, evaluation of major science and technology projects, investment in science and technology, comprehensive scientific investigation and research work on the Qinghai-Tibet Plateau, and regional innovation capacity construction are sorted out and analyzed, which fully reflects the overall situation and characteristics of Qinghai science and technology development, exploring a new way of science and technology development of Qinghai. Regional part focuses on the development of regional science and technology innovation in Qinghai. This part summarizes and analyzes scientific and technological development of Xining and other cities in 2019. The development of regional science and technology in 2020 is prospected too.

Keywords: Science and Technology; Innovation and Development; Qinghai Province

目 录

Ⅰ 总报告

G.1 2019年青海科技发展形势及其展望 …………………………… 001
    一 2019年青海科技发展形势 ………………………………… 002
    二 2020年青海科技发展展望 ………………………………… 007
G.2 2019年青海科技体制改革及其展望 …………………………… 016
    一 2019年青海科技体制改革重点举措 ……………………… 016
    二 2020年青海科技体制改革方向及展望 …………………… 024

Ⅱ 分报告

G.3 2019年青海科技成果分析报告 ………………………………… 027
G.4 2019年青海科技创新体系建设报告及其展望 ………………… 042
G.5 2019年青海科技企业发展报告及其展望 ……………………… 066
G.6 2019年青海农业农村科技发展报告及其展望 ………………… 087
G.7 2019年青海科技支撑社会发展报告及其展望 ………………… 102
G.8 2019年青海科技合作与交流发展报告及其展望 ……………… 119

G.9　2019年青海大众创业万众创新发展报告及其展望 …………… 130

Ⅲ　专题篇

G.10　2019年青海科技计划与重大科技项目评价报告 …………… 144
G.11　青海省科技投入及活动情况分析报告 ………………………… 177
G.12　2019年青海省第二次青藏高原综合科学考察研究工作
　　　报告及其展望 …………………………………………………… 202
G.13　2019年青海区域创新能力建设发展报告及其展望 ………… 211

Ⅳ　区域篇

G.14　2019年西宁市科技发展报告与2020年科技工作展望 ……… 219
G.15　2019年海东市科技发展报告与2020年科技工作展望 ……… 230
G.16　2019年海西州科技发展报告与2020年科技工作展望 ……… 235
G.17　2019年海南州科技发展报告与2020年科技工作展望 ……… 244
G.18　2019年海北州科技发展报告与2020年科技工作展望 ……… 252
G.19　2019年玉树州科技发展报告与2020年科技工作展望 ……… 259
G.20　2019年黄南州科技发展报告与2020年科技工作展望 ……… 263
G.21　2019年果洛州科技发展报告与2020年科技工作展望 ……… 270

CONTENTS

I General Reports

G.1 The Development of Science and Technology of Qinghai Province
in 2019 and the Outlook / 001

    1. The Development Situation of Science and Technology
Development of Qinghai Province in 2019 / 002

    2. The Outlook of Science and Technology Development of
Qinghai Province in 2020 / 007

G.2 Science and Technology System Reform of Qinghai Province in
2019 and Its Outlook / 016

    1. Key Measures to Science and Technology System Reform of
Qinghai Province in 2019: / 016

    2. The Direction and Development of Qinghai Science and
Technology System Reform in 2020: / 024

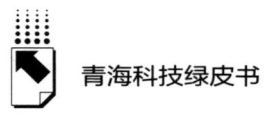
青海科技绿皮书

Ⅱ Sub-reports

G.3　Science and Technology Achievements Analysis Report of Qinghai Province in 2019　/ 027

G.4　Science and Technology Innovation System Construction Report and Its Outlook of Qinghai Province in 2019　/ 042

G.5　Science and Technology Enterprises Development Report and Its Outlook of Qinghai Province in 2019　/ 066

G.6　Science and Technology Agricultural and Rural Development Report and Its Outlook of Qinghai Province in 2019　/ 087

G.7　Science and Technology Support Social Development Report and Its Prospects of Qinghai Province in 2019　/ 102

G.8　Science and Technology Cooperation and Exchange Development Report and its Outlook of Qinghai Province in 2019　/ 119

G.9　Mass Entrepreneurship and Innovation Development Report and Its Outlook of Qinghai Province in 2019　/ 130

Ⅲ Special Reports

G.10　Science and Technology Plan and Major Project Evaluation Report of Qinghai Province in 2019　/ 144

G.11　Science and Technology Input and Activity Analysis Report of Qinghai Province　/ 177

G.12　The Second Comprehensive Scientific Expedition to Qinghai-Tibet Plateau in 2019　/ 202

G.13　Regional Innovation Capacity Construction Development Report and its Outlook of Qinghai Province in 2019　/ 211

CONTENTS

Ⅳ Regional Reports

G.14　Xining Science and Technology Development Report in 2019
　　　　and Outlook Work in 2020　　　　　　　　　　　　　　　／ 219

G.15　Haidong City Science and Technology Development Report in 2019
　　　　and Outlook Work in 2020　　　　　　　　　　　　　　　／ 230

G.16　The Science and Technology Development Report of Haixi Prefecture
　　　　in 2019 and Work Outlook in 2020　　　　　　　　　　　／ 235

G.17　The Science and Technology Development Report of Hainan
　　　　Prefecture in 2019 and Outlook Work in 2020　　　　　　／ 244

G.18　The Science and Technology Development Report of Haibei
　　　　Prefecture in 2019 and Outlook Work in 2020　　　　　　／ 252

G.19　The Science and Technology Development Report of Yushu
　　　　Prefecture in 2019 and Outlook Work in 2020　　　　　　／ 259

G.20　The Science and Technology Development Report of Huangnan
　　　　Prefectur in 2019 and Outlook Work in 2020　　　　　　　／ 263

G.21　The Science and Technology Development Report of Guoluo
　　　　Prefecture in 2019 and Outlook Work in 2020　　　　　　／ 270

总 报 告
General Reports

G.1
2019年青海科技发展形势及其展望*

摘　要： 2019年青海省科技部门紧紧围绕习近平新时代中国特色社会主义思想和青海省委"一优两高"战略部署科技创新工作，坚持科技体制创新，优化科技创新环境，推动科技合作稳步前进，科技工作再创辉煌。2020年全省科技工作重点工作为：注重战略规划引领，强化科技创新顶层设计；主动融入国家战略，发挥科技引领作用；持续加大科研攻关，支撑经济社会高质量发展；进一步加强基础科学研究，着力提升原始创新能力；加快创新主体建设，切实完善科技创新体系；深化体制机制改革，进一步释放科技创新治理效能；聚焦民生科技发展，推动实现全面小康目标；创新人才工作机制，加快培育高层次科技人才队伍；凝聚科技创新合力，推动区域创新协同发展；完善科技援青机制，加大对外合作交流力度。

---

* 课题组成员：莫重明、苏海红、张超远、许淳、张银廷、姚长青、曹慧、苗希春、杜帅。

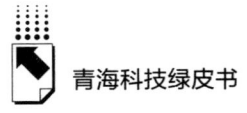

关键词： 青海科技　创新发展　科技体制改革

2019年是中华人民共和国成立70周年和青海解放70周年，也是青海建设创新型省份的关键之年。在青海省委、省政府的坚强领导下，全省科技系统坚持以习近平新时代中国特色社会主义思想为指导，贯彻新发展理念，围绕省委"一优两高"战略部署，坚持科技创新和制度创新"双轮驱动"，加强基础研究和应用研究，加大关键核心技术攻关，全年完成省级财政科技专项投入5.4亿元，登记科技成果545项，综合科技创新水平指数达到45.28，科技进步贡献率预计达到54%，创新型省份建设取得积极进展。

一　2019年青海科技发展形势

（一）党对科技工作的领导全面加强

青海省科技部门坚持以习近平新时代中国特色社会主义思想为指导，增强"四个意识"、坚定"四个自信"、做到"两个维护"，旗帜鲜明讲政治，自觉贯彻执行党中央、国务院和省委、省政府的各项决策部署，扎实推进"不忘初心、牢记使命"主题教育，组织学习贯彻习近平总书记关于科技创新的重要论述专题研讨，创建机关带基层支部联学联建机制，创新开展厅系统内部政治巡察，实现了对所属省国科资公司13家转制企业政治巡察全覆盖，19项制约科技创新的突出问题得到整改，推动主题教育成果转化成为促进全省科技创新发展的有效动力。

（二）创新创业生态持续优化

提升科技创新治理水平，加快转变行政职能，增强服务能力。启动编制青海省"十四五"科技创新规划，制定出台《青海省关于深化项目评审、人才评价、机构评估改革的实施方案》《青海省关于推广第二批支持创新相关改革举措的工作方案》等系列创新政策，结合"政策落实年"定期进行督察，开展"四唯"清理，科技创新环境不断优化。持续深化科技领域"放管服"改革，形成了"自上而下、上下结合"的项目形成机制，实现项目常年申报、分批受理、集中出库评审立项，年内两次"减表"精简了近1/4的科研项目管理流程。会同财政部门制定《青海省科技领域省与市（州）县财政事权和支出责任划分改革实施方案》，逐步建立权责清晰、区域均衡、科学持续的财政科技投入保障机制。首家"科技支行"国科融资担保有限公司正式运营，创新券试点取得阶段性成效。促进科技成果转移转化，青藏地区首家科技大市场投入运行，成功举办促进科技成果转化现场会，省级科技成果登记实现"不见面审批"。制定出台《青海省省级科技计划科研诚信管理办法》，首次为青海省科技计划项目信用管理提供操作依据。

（三）特色产业发展实现新突破

围绕青海省委、省政府决策部署，组织实施重大科技专项，形成重点领域及特色产业战略科技支撑。盐湖化工领域，建成年产 5000 吨无水氯化锂、1000 吨金属锂产业化示范线，填补了空白，金属锂产能居全国第一。新能源领域，建成青海省光伏工程技术研究中心，多能源电力系统互补协调调度与控制技术有效提升了青海省可再生能源发电量消纳能力。新材料领域，完成 10 万吨金属镁生产线试生产关键工艺技术攻关，开发出高抗拉高延伸率无载体 4μm 超薄锂离子电池用电子铜箔。数字产业领域，围绕盐湖钾肥工业柔性生产制造，搭建盐湖资源循环开发利用"互联网＋"协同制造服务支撑平台。推进青海数字旅游文化资源服务系统研发，增强"大美青海"的文化自信。生物医药领域，建成"青藏高原生物科技集成创新中心"，推动建立冬虫夏草种质资源数据库网络共享平台，支持虫草、沙棘、枸杞等特色资源精深加工，珍龙醒脑胶囊二次开发、仿制药非诺贝酸和藏茵陈新药研发临床前研究工作进展顺利。特色农牧业领域，建成三江源智慧生态畜牧业平台，形成标准化智慧生态畜牧业数据库，科技支撑化肥农药减量增效效果明显。

（四）加大基础研究力度

围绕青海优势学科领域和特色产业发展，加强基础研究项目组织实施，2019年共立项基础研究计划项目201项、总资助经费6500万元，立项科技基础条件平台项目8项、总资助经费2000万元。强化基础研究顶层设计，制定出台《关于全面加强基础科学研究的实施意见》。推动签订《青海省人民政府加入国家自然科学基金区域创新发展联合基金协议书》，重点支持青海省盐湖化工和高原生态领域基础研究工作。启动冷湖台址监测与时域天文先导科学研究重大专项，促进大科学装置在青海落地。

（五）生态保护优先战略扎实推进

立足青海省情开展生态环境价值评估及大生态产业发展综合研究。申请中央预算资金资助3460万元，面向三江源和祁连山等重点生态功能区，实施系列生态保护与综合治理科技项目。完成中科院三江源国家公园研究院发展规划，初步构建起星－空－地一体化监测体系。提出黑河源区生态－生产功能优化与可持续利用关键技术，打造祁连山地区生态生产共赢模式。持续加强水－土－气一体化环境管理体系及污水处理等技术攻关，三江源首个生活垃圾低温热解处理站在甘德县江千乡建成使用。全面参与第二次青藏高原综合科学考察研究，组建青海省青藏科考服务和成果转化中心，先后为省内外30批次400余名科考人员提供服务保障。积极推动海南州创建国家可持续发展议程创新示范区工作，不断完善总体规划和建设方案，2020年1月，已通过科技部组织的第二次创建工作推进会，工作进展有力有序。

（六）科技创新成果不断惠及民生

围绕打赢脱贫攻坚战，2019年实施科技扶贫产业化项目19项，资助经费3980万元。深入推进科技扶贫"四大行动"，累计投资2.39亿元，打造从民和科技扶贫示范核心区到海东科技扶贫示范重点区再到全省科技扶贫示范辐射区的路径。扎实推行科技特派员制度，2019年选派"三区"人才及科技特派员 1000 名,对年度计划脱贫的 17 个县 170 个行政村实现了全覆盖。紧盯"清零"目标,3 个定点扶贫村已全部实现脱贫摘帽,"两不愁三保障"得到巩固。资助 1800 万元支持乐都、乌兰、祁连、河南、甘德、湟中等县(区)开展县域创新试点。

(七)科技创新体系日益完善

会同青海省人才办制定《进一步关心关爱专家人才的十条措施》等政策举措,健全"项目+人才+平台"的科技人才培养模式,围绕优势学科和特色学科,强化科技人才"引育用留"。2019 年支持培养各类科技人才 3000 余人,资助"昆仑英才·高端创新创业人才"、学科带头人、青年博士、创新团队等 87 项。推荐青海省 14 名优秀科研人员参加国家级人才计划选拔,向"昆仑英才·高端创新创业人才"推荐 41 人、团队 2 个,组织选拔 52 名省自然科学与工程技术学科带头人,引进各类外国专家人才 97 人次。强化科技创新主体和载体建设,大力推进省部共建民族教育与文化智能技术国家重点实验室申报和青海先进储能技术国家重点实验室筹备工作。资助经费 6900 万元支持高新区建设发展。2019 年新认定科技型企业 98 家(总数达到 432 家)、高新技术企业 38 家(总数达到 184 家),新建联合实验室 4 家,新认定省级重点实验室 6 家(总数达到 66 家)、省级工程技术研究中心 7 家(总数达到 71 家)、省级科技企业孵化器 1 家(总数达到 15 家)、省级众创空间 9 家(总数达到 48 家),新增国家级科技企业孵化器 1 家(总数达到 6 家)、省科研科普基地 4 家(总数达到 8 家),科技创新体系不断完善。

(八)坚持开放合作发展

深化部省会商和科技援青机制,积极争取国家支持,落实中央引导地方科技发展专项资金 3100 万元,同比增长 55%。出台《关于推进科技援青和东西部科技合作工作的实施方案》,编撰《科技援青需求项目册》,建立科技援青合作项目全年申报机制,先后与广东、安徽、西藏、宁夏及深圳等省

（市、区）开展对接，为召开第二次全国科技援青工作座谈会奠定基础。继续深化省院合作，组织推荐2019年度"西部之光"项目10项。推荐青海师范大学申报并获批国家高等学校学科创新引智计划。主动融入"一带一路"，2019年争取国家外国专家项目8项，实施青海省级外国专家项目23项。组织出国（境）培训32个班次588人，赴台湾培训5个班次99人。组织参加第二届中国国际进口博览会、外交部青海全球推介会等活动，科技交流合作前景更加广阔。

新冠肺炎疫情发生以来，青海省科技部门充分发挥科技创新优势，成立专家组，设立"应对新型冠状病毒感染肺炎防控科研专项"，及时发布指南，开放项目申报"绿色通道"，组织科研人员实施科技攻关，发挥青海省民族医药学优势，研究制定了《新冠肺炎藏医药治疗方案》等成果，集聚科技力量研发生产，向湖北和省内抗疫一线医务人员捐赠"九味防瘟黑药粉香囊"2000份，组织科技型企业突击生产含氯消毒液1000余吨，并组织募捐110923元。加强与三大通信运营商合作，每天向500多万户手机用户推送疫情防控科普知识，为打赢新冠肺炎疫情阻击战贡献了青海科技力量。

在肯定成绩的同时，也要清醒地认识到，面对建设创新型省份的艰巨任务和满足经济社会高质量发展对科技的迫切需求，还存在问题和差距，突出表现在：一是青海省创新能力与全国发展水平相比存在较大差距，部分指标排名处于全国末位，整体创新能力还处于启动阶段，科技水平较为落后，创新发展后劲不足。二是受经济下行压力影响，财政科技投入出现下滑，社会研发投入低，科技金融撬动作用发挥不充分，企业体量总体偏小，科技创新能力弱。三是科技人才支撑能力不强，人才总量不足、结构不合理，高素质、高技能人才稀缺，缺乏有效引才手段，引不来、留不住、难聚集的问题比较突出。四是基层科技管理部门力量普遍弱化，创新资源分布不平衡，科技创新政策落实不到位，科技人员的获得感还不够强。五是科技创新有效供给不足，成果转化和技术交易机制不畅，相关立法工作有待进一步加强。

二 2020年青海科技发展展望

2020年是全面建成小康社会的决胜之年，是"十三五"规划的收官之年，也是赢得"十四五"新一轮发展先机的关键一年，青海省科技工作的总体思路是：以习近平新时代中国特色社会主义思想为指导，深入贯彻党的十九大和十九届二中、三中、四中全会及国家科技奖励大会和全国科技工作会议精神，全面贯彻省委十三届七次全会和省"两会"精神，坚持新发展理念，坚定不移实施创新驱动发展战略，加快创新型省份建设，以科技治理能力建设为主线，进一步深化体制机制改革，加强基础研究和应用基础研究，狠抓关键核心技术攻关，提升产业技术创新实力，扩大科技交流合作，强化人才队伍建设，激发创新创业活力，增强科技创新供给，努力为实施"一优两高"战略、建设"五个示范省"、培育"四种经济形态"提供强有力的科技支撑。着力抓好以下10个方面的工作。

（一）注重战略规划引领，强化科技创新顶层设计

紧盯"十三五"确定的各项目标任务，加大科技创新规划实施力度。系统开展规划总结评估工作，坚持目标导向，加快补短板、强弱项，抓紧推进重点工作任务、重大项目收官和成果转移转化，努力实现"十三五"科技发展各项目标任务。同时，按照《青海省"十四五"规划编制工作方案》任务进度安排，深度对接国家科技中长期规划，紧紧围绕青海省委、省政府重大战略部署和青海经济社会发展的阶段特征，在完成好前期16个专题研究基础上，继续加强战略研究，兼顾紧迫需求和长远发展，在着力解决高质量发展关键技术瓶颈、提升科技治理能力、创新体制机制等方面，凝练科技创新思路，提出一批重大科技任务，形成创新型省份的时间表和路线图，2020年内完成规划文本起草工作，为实现向"十四五"发展的有序平稳过渡打牢基础。

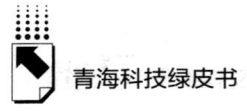

（二）主动融入国家战略，发挥科技引领作用

全力推动海南州创建国家可持续发展议程创新示范区。按照科技部示范区创建工作推进会的要求，进一步修改完善《海南藏族自治州可持续发展规划》和《海南州国家可持续发展议程创新示范区建设方案》，切实发挥青海省海南州政府申报主体作用，加强与科技部的沟通汇报，全力争取申报工作取得成功。同时结合实施黄河流域生态保护和高质量发展战略，加强领域技术创新集成，打造黄河上游提升水源涵养能力典型区域，为海南州乃至青海省可持续发展赢得重大战略机遇。

（三）持续加大科研攻关，支撑经济社会高质量发展

强化关键技术攻关。加快推进"青海生态环境价值评估及大生态产业发展综合研究""柴达木盆地水循环过程高效利用与生态保护技术研究与示范""以深层卤水为原料高品质碳酸锂制备工艺研究与示范""高原型风机叶片及增压舱装置技术研发与应用""可再生能源与储能集成应用关键技术""天文大科学装置冷湖台址监测与先导科学研究""青海农区化肥农药减量增效综合配套技术研究与集成应用"等12项重大科技专项的实施力度，攻克制约青海高质量发展的关键技术瓶颈。围绕盐湖化工产业改造升级，重点在金属镁一体化联动过程关键技术与设备、镁资源制备镁基功能材料关键技术开发应用、盐湖无机盐材料能源化利用，以及可再生能源与氢能技术集成利用、新型光伏系统及部件、新型储能材料研究等方向，再实施一批重大攻关项目，着力解决"卡脖子"技术难题。聚焦生物医药、功能性食品保健品功效研究、仿制药和医疗器械产品，以及新药研发和二次开发等，新启动"重点藏药品种有效性研究与安全性评价""黑果枸杞产业关键技术研究及高值利用"等一批重点研发项目。加强水资源综合利用、典型退化草地修复治理、低强度放牧、城市固废和危废处理、水土气污染防治等技术攻关。

全力支持"五个示范省"建设。围绕三江源、青海湖、祁连山等重要

生态功能区保护与发展,加强青藏高原气候变化应对、立体化生态气象监测、人类活动和生态服务价值实现技术等关键问题研究,协助举办好三江源国家公园论坛和高原科学与可持续发展论坛,助力国家公园示范省建设。围绕太阳能、风能、干热岩等清洁能源开发利用,组织实施"基于互联网+区块链技术的共享储能调控运行及新型运营模式研究""大型抽水蓄能关键设备研制""大功率光伏直流升压变换技术研究与示范"等重点项目,助力清洁能源示范省建设。继续开展化肥农药减量增效、动物疫病绿色综合防控体系建设,加快建设质量追溯体系和高端农畜产品品牌、促进农业机械研发和应用,开展种质资源创制与精深加工技术攻关,加强农业信息化服务,推动青稞、马铃薯、牦牛、生猪等产业发展,助力绿色有机农畜产品示范省建设。围绕新型城镇化、高原美丽乡村建设,开展装配式建筑、低能耗绿色建筑推广,以及移动厕所、分散式垃圾和污水无害化处理等技术示范,助力高原美丽城镇示范省建设。围绕少数民族地区经济社会可持续发展,开展社会治理和公共安全、特色民族产品开发、民族民俗文化挖掘等技术研究,创建国家科技和文化融合示范基地,助力民族团结进步示范省建设。

积极服务"四种经济形态"。优化"长板",补齐"短板",全面释放科技创新动能,培育支撑新型经济形态发展。生态经济方面:积极支持高原康养产业发展,促进中藏药材人工种植以及虫草、枸杞、白刺、沙棘等特色生物资源开发利用,推动中藏医药传承创新;继续支持先进光伏发电示范基地和高原风电技术应用示范工程建设,推进节能环保、清洁能源产业发展。循环经济方面:积极支持绿色勘探技术应用,着力提升资源综合开发利用效益;持续推进工业园区循环化改造,培育绿色技术市场主体,加快构建低碳高效的创新型产业集群。数字经济方面:积极推进"青藏高原科考大数据分中心""青海省智慧科技大数据基础平台""基于工业互联网架构的泛在智慧工业园区示范"等项目建设,培育建设"互联网+新能源"专业化众创空间,持续支持"青海省水利与生态大数据应用工程研究中心""青海省政务服务大数据工程技术研究中心"等建设。飞地经济方面:推动建立跨学科、跨区域联合实验室、技术分中心等科技创新组织,开展联合技术攻

关,促进创新主体融通创新;依托科技援青机制,加强东中西部交流,引进发达省市战略科技资源,开展创新合作,打造"科研飞地",实现优势互补、合作共赢。

(四)进一步加强基础科学研究,着力提升原始创新能力

强化基础研究和应用基础研究。贯彻落实省政府《关于全面加强基础科学研究的实施意见》,2020年内安排9165万元资金专项支持青海省特色优势领域基础研究,努力争取实现"从0到1"的技术突破,逐步提升国家基础研究任务承接能力,积极争取国家重大科技基础设施和大科学装置落户青海。会同国家自然科学基金委员会做好2020年区域创新发展联合基金项目指南的编制、项目立项等工作,着力解决一批面向青海战略需求的前瞻性科学问题。

完善基础研究支撑体系。充分发挥国家和青海省级重点实验室、工程技术研究中心等各类科技创新平台的作用,加强基础研究创新基地建设。建立健全科研设施与仪器开放共享管理机制和后补助机制,促进基础研究科技资源开放共享。优化基础研究区域布局,突出西宁在全省基础研究中的核心地位,进一步发挥好辐射带动效应;支持海东市运用基础研究成果打造高原现代农牧业创新区;助力海西州提升新能源、新材料等战略性新兴产业应用基础研究能力;推动海南、海北两州开展高原特色智慧生态农牧业基础研究及成果转化;支持黄南、玉树、果洛3州强化生态保护、智慧生态畜牧业、精准扶贫等方面的基础研究及成果应用,形成各具特色的区域基础研究发展格局。

(五)加快创新主体建设,切实完善科技创新体系

加大创新主体培育力度。持续实施高新技术企业和科技型企业"双倍增"及科技小巨人企业培育计划,大力扶持培育带动性强、技术先进的骨干企业,推动中小企业"专精特新"发展壮大。强化企业创新主体地位,支持龙头企业联合高校和科研院所组建产学研用联合体,大力培育发展新型研发机构,以科技项目为载体,支持大中小企业和各类主体融通创新。持续

推进科研事业单位改革，建立现代科研院所制度。促进科技服务业和科技中介组织发展，共同培育"众创空间－孵化器－加速器－产业园"创新创业生态。

加强创新平台建设布局。全力支持中科院三江源国家公园研究院、高原科学与可持续发展研究院等国家级平台建设。依托骨干企业、高等学校、科研院所和医疗机构，部署培育一批省级重点实验室、技术创新中心和临床医学研究中心。全力推进先进储能技术国家重点实验室、省部共建民族教育与文化智能技术国家重点实验室申报工作。大力推进海西州培育建设国家农业高新技术示范区。谋划建设国家牦牛技术创新中心、国家春油菜育种基地。支持省部共建三江源生态与高原农牧业国家重点实验室、藏药新药研发企业国家重点实验室做精做强，充分发挥其在科学研究和人才培养等方面的骨干作用。全力支持青海（国家）高新区及4个在建省级高新区创新发展。

（六）深化体制机制改革，进一步释放科技创新治理效能

继续深化科研领域"放管服"改革。实施"绿色通道"和科研项目经费包干制改革试点，精简流程、减表减负，赋予科研人员更大的科研自主权。持续推进"三评"改革，打破"四唯"倾向，解决"帽子"异化。大力弘扬科学精神和工匠精神，加强科研诚信体系建设，完善青海省级科技计划管理信息平台诚信功能模块，加大对科研失信人员联合惩戒的力度。严肃查处学术不端行为、打击学术造假，积极防范应对科技前沿质疑和伦理规范风险。在全社会营造鼓励大胆创新、勇于创新、包容创新的良好氛围。

完善科技计划管理体系。加快修订青海省级科技计划项目、研发经费等管理办法，建立健全以政府设立目标、提出问题为主，科研单位凝练需求、解决问题为辅的青海省级科技计划项目形成机制和组织实施机制，持续推进科技计划项目库建设。开展科技创新政策落地的动态跟踪和督促检查，强化科研项目法人责任制和科研人员主体责任。完善科技计划资金绩效管理，统筹推进科技统计工作。

促进科技成果转移转化。加快推进《青海省促进科技成果转化条例》

立法，硬化政策举措，优化转化环境，完善技术转移体系，加强区域技术转移合作。凝练企业、园区和基层科技需求，以项目合作、园区共建、人才引进等方式，运用大数据、云计算等手段，通过公开招投标等方式，在全国范围内寻找成熟技术，促进纵向联动、横向协同、外向合作，引导先进技术成果向青海省集聚。面向"五个示范省""四种经济形态"的科技成果，在科技评价、项目立项中予以倾斜支持。加强西宁科技大市场等技术转移服务机构建设，围绕重点领域，不定期举办各类专业化、精准化科技成果对接活动，推动更多科技成果落地转化为现实生产力。

加快科技金融深度融合。充分发挥"科技创新引导基金"作用，稳步提升投资效益，支持科技担保公司在加强风险管控的前提下积极开展担保业务，为科技企业提供有效支持。协调推进青海科创专板企业培育工作，提升科创企业的规范发展水平，推动有实力的科创企业上市融资。加强与工商、交通、民生等银行的战略合作，全力支持科技支行等金融机构创新业务，开展创业投资和科技保险试点，为科技企业提供更多金融服务。

（七）聚焦民生科技发展，推动实现全面小康目标

深入实施乡村振兴战略。加强农业农村领域科技部署，以油菜、马铃薯、青稞、藜麦、牦牛、藏羊、冷水鱼等特色优势产业种质资源开发和农牧产品精深加工为重点，提高农牧业科技创新水平，推动产业品牌建立。制定出台《青海省科技特派员管理办法》，不断完善农村科技服务体系。统筹推进国家农业高新技术产业示范区、国家农业科技园区、省级农业科技园区建设，继续实施县域创新试点。实施科技扶贫产业化项目，加大定点扶贫工作力度，巩固提升脱贫攻坚成果。

大力发展民生科技。推动实施自然灾害防治技术、监测预警信息化技术集成。加强省临床医学研究中心建设与培育，大力支持青海省人民医院创建高原医学、青海大学附属医院樊海宁团队创建包虫病国家临床医学研究中心，推动呼吸、消化等国家重大疾病领域的临床医学研究中心在青海设立分中心。加强癌症、心脑血管等重大疾病防治研究，开展

新药、仿制药和医疗器械等产品研发，不断提高人民群众的科技获得感和幸福感。

抓好新冠肺炎防治科研攻关。高质量组织实施新冠肺炎防治应急科研专项，围绕防护体系、有效药物筛选、病毒传播机制和中藏药防治，加强应急科技攻关，注重早出成效，做好后续项目立项，推进滚动支持。加强科普宣传，统筹线上线下渠道，强化部门协调联动，打造科普矩阵，提振全社会战胜新冠肺炎疫情信心，依靠科技支撑打赢疫情防控阻击战。

（八）创新人才工作机制，加快培育高层次科技人才队伍

优化科技人才体系。坚持投资于人，加大对经济社会发展急需的高层次科技人才培养，对青年科技人才实施普惠性政策，持续强化对创新团队的支持，鼓励科技人才服务基层，到科研一线施展才华。充分依托重点实验室、技术创新中心、临床医学研究中心等科技创新平台，培养打造留得住的科技人才队伍。用好外部科技资源，加强与发达省份高校、科研院所、科技园区的合作，搭建创新创业人才跨界平台，探索建立"人才飞地"，推动人才交流。创新海外高层次人才引智模式，完善外国专家管理服务体系建设。着手编制青海省科技人才规划，制定科学的人才分类评价方案，构建全方位、多层次科技人才体系。

组织实施人才工程。继续做好"青海学者"、高端创新创业人才等青海省级人才专项的初选和推荐工作，推动人才工程项目与各类科技计划和基地建设紧密衔接，建设高端科技智库。建立健全柔性引才机制，突出"高精尖缺"导向，面向国家重大人才工程入选者、科技领军人才及高层次创新创业人才，强化培养引进，不求所有，但求所用。加大对科技创新人才的关心关爱力度，配合解决好入选人才的医疗保障、住房安置、子女入学等实际问题。重视人才的使用、培训和跟踪服务，打造人才集聚洼地，让各类人才创业有机会、干事有舞台、发展有空间。

重视科普宣传工作。推动青海省科研科普基地、科普人才队伍、科普设施和平台建设，积极组织开展"全国科普日""科技活动周""三下乡"等

活动。加强政策宣传解读，及时回应社会关切，扩大科技工作的传播力和影响力，不断提高广大人民群众的科学素养。

（九）凝聚科技创新合力，推动区域创新协同发展

健全区域创新联动机制。进一步加强厅州（市）会商工作，充分调动青海省科技部门和地方政府的积极性，完善重大科技任务协同落实机制。强化对地方科技工作的服务指导，引导促进地方科技需求与省内外科技资源精准对接。加大青海省级科技计划项目向基层倾斜的力度，鼓励跨市（州）科技部门联合实施重大科技项目。继续开展青海省级重大科技专项基层科研单位承担试点，提高地方科技承载力和竞争力，切实解决科技发展不平衡不充分问题。

打造区域科技创新增长极。聚焦创新型省份建设目标，注重发挥各地区比较优势，围绕加快建设现代高原美丽幸福"大西宁"、城乡统筹"新海东"、开放"柴达木"、特色"环湖圈"、绿色"江河源"，立足城市群、产业链、生态圈三个基本面，找准区域科技创新的出发点和落脚点，充分发挥创新型城市引领作用、创新型县（市）示范作用、科技园区集聚作用、重点科创企业龙头作用、科研机构和人才支撑作用、科技计划项目载体作用，打造区域科技创新高地。

（十）完善科技援青机制，加大对外合作交流力度

深入推进部省会商工作。完善上下联动的创新合作机制，加快推动部省会商议定书和各项议题任务落实落地。抓住国家实施黄河流域生态保护和高质量发展战略、新一轮西部大开发、支持藏区发展等重大政策和发展机遇，在盐湖化工、新能源、新材料、生态环保、高原特色农牧业和生物医药产业等重点领域，凝练一批重大科技需求，争取更多的国家政策、规划和项目支持。

加强科技援青和东西部交流合作。进一步完善科技援青体制机制，加强与13个援青省市科技部门的联系沟通，加大科技创新供需对接，建立援青

合作抓手，推动一批合作平台和重点科技合作项目落细落实。全力筹备组织好第二次全国科技援青工作座谈会，系统总结"十三五"科技援青工作成效，巩固扩大科技合作成果，积极争取国家和有关省市实施东西部科技合作项目，将青海省的资源禀赋和东中部地区人才技术优势有效结合起来，汇集全国科技力量解决"青海问题"，实现优势互补、共同发展。

扩大国际科技交流合作。积极融入"一带一路"建设，不断拓展与沿线国家的科技交流合作，加强与创新大国和关键小国政府间的科技项目合作。持续做好外国人来华工作许可和出国（境）培训工作，加大高端外国专家引进力度。组织青海省优势资源和特色产业参与国际宣传展示，主动融入全球创新网络。

G.2
2019年青海科技体制改革及其展望[*]

摘　要： 科技体制改革工作是科技工作的重中之重，青海省把科技创新摆在发展全局的核心位置，高度重视科技创新，围绕实施创新驱动发展战略，全面深化科技体制改革，加快推进创新型省份建设，充分发挥科技引领作用，推动青海绿色可持续发展，加快推进以科技创新为核心的全面创新，为建设富裕文明和谐美丽新青海不懈奋斗。

关键词： 科技体制　改革思路　创新驱动　青海省

2019年青海省科技部门坚持以习近平新时代中国特色社会主义思想为指导，认真贯彻落实党的十九大和十九届二中、三中、四中全会精神，深入实施创新驱动发展战略，以"五四战略"为抓手，奋力推进"一优两高"，以问题为导向，着力深化科技体制改革，不断激发创新活力，全省新动能进一步增强，科技支撑作用发挥日趋明显。

一　2019年青海科技体制改革重点举措

青海省科技部门高度重视科技体制改革工作，全年各项改革任务圆满完成。一是落实"一把手"负责制，做到重要工作亲自部署、重大问题亲自过问、重点环节亲自协调、重要案件亲自督办。二是召开改革专题会议，对

---

[*] 课题组成员：苏海红、瞿文蓉、赵长建、吴玲娜、多杰措、俞成、张春满、杜帅、刘永庆、王杏芳、马冠奎、杨广智、杨军、常丽娜、张扬。

照《青海省委全面深化改革领导小组 2019 年青海省全面深化改革工作要点》，结合科技部 1 号文件精神，印发了《青海省科技厅 2019 年科技体制改革工作要点》，明确改革任务，责任到人。三是结合"不忘初心，牢记使命"主题教育，党组班子成员围绕改革任务带头开展调研，确保了改革任务圆满完成。四是根据全省机构改革和厅内人事变动，及时调整了厅深化科技体制改革工作领导小组，确保各项改革任务责任到人。

（一）深化科技体制改革，完善科技创新政策

坚持科技创新和制度创新"双轮驱动"，积极优化和强化技术创新体系顶层设计，按照需求导向、问题导向、目标导向，优化省级科技计划管理体系，持续推进科技领域"放管服"改革。一是完善科技政策体系。制定出台《青海省关于推动创新创业高质量发展 打造"双创"升级版的实施意见》《青海省关于全面加强基础科学研究的实施意见》《青海省关于深化项目评审、人才评价、机构评估改革的实施方案》《关于抓好赋予科研机构和人员更大自主权有关文件贯彻落实工作的通知》等相关科技政策，并结合"政策落实年"活动，定期对科技体制改革政策文件落实情况进行督察，全省科技政策环境持续优化。二是积极推进青海省"十四五"科技创新规划编制工作。对接科技部中长期规划战略研究和青海省"十四五"经济和社会发展纲要研究工作，拟定青海省"十四五"科技创新规划编制方案。围绕全省科技创新需求，设立了 16 个专题研究，已形成 12 个专题科技创新规划前期研究报告。

（二）实施创新驱动战略，制定贯彻国家深化项目评审、人才评价、机构评估改革的实施意见

为贯彻落实《中共中央办公厅、国务院办公厅印发〈关于深化项目评审、人才评价、机构评估改革的意见〉的通知》（中办发〔2018〕37 号）精神，深入推进青海省项目评审、人才评价、机构评估改革，进一步完善科技评价体系，全面提升科研管理绩效，充分释放创新创业活力，按照省委、省政府要求，结合青海实际，青海省科技厅认真组织调研，在充分征求相关

部门、单位意见建议的基础上，起草了《青海省关于深化项目评审、人才评价、机构评估改革的实施意见（送审稿）》，省委办公厅、省政府办公厅于2019年5月16日以青办字〔2019〕72号文印发实施。

（三）制定全面加强基础科学研究的实施意见

为贯彻落实《国务院关于全面加强基础科学研究的若干意见》（国发〔2018〕4号）精神，进一步加强青海省基础科学研究，结合青海省实际，青海省科技厅牵头起草了《青海省人民政府关于全面加强基础科学研究的实施意见》，省政府于2019年4月20日以青政〔2019〕27号文印发实施。为贯彻《青海省人民政府关于全面加强基础科学研究的实施意见》，青海省科技厅结合文件精神，完成了《青海省"十四五"科技规划基础研究工作前期研究报告》，并在2020年基础研究计划指南中进一步贯彻落实。

（四）推进实施县域创新试点县建设，开展年度绩效评估

为贯彻落实《国务院办公厅关于县域创新驱动发展的若干意见》（国办发〔2017〕43号）和《青海省人民政府办公厅关于推动县域创新驱动发展的实施意见》（青政办〔2018〕46号）精神，立足青海省县域经济社会发展基础条件、发展定位、资源禀赋和人才储备，省科技厅因地制宜，以差异化发展突出产业特色、区域优势和功能定位，支撑县域经济社会发展，助力乡村振兴。2019年启动了乐都区、乌兰县、祁连县、河南县、甘德县、湟中县6个县（区）域创新试点县（区）建设工作，每个试点县（区）获省级科技经费300万元，共计1800万元。为进一步做好县域创新试点县建设工作，提高财政资金使用效益，对2018年首批5个县域创新试点县建设开展绩效考核工作，对各试点县项目实施进展情况、经费投入和使用情况、阶段性绩效及完成情况进行评估，各试点县评估均为合格。

（五）深化科技体制改革，加大政策落实力度

根据《国务院办公厅关于抓好赋予科研机构和人员更大自主权有关文

件贯彻落实工作的通知》（国办发〔2018〕127号）精神，以开展"政策落实年"为契机，深化科技体制改革，下发了《青海省人民政府办公厅关于抓好赋予科研机构和人员更大自主权有关文件贯彻落实工作的通知》，对中共青海省委办公厅、青海省人民政府办公厅印发的《关于完善省级财政科研项目资金管理政策的实施意见》，青海省人民政府办公厅转发省科技厅等部门制定的《青海省深化科技领域"放管服"改革二十条（暂行）》等9个赋予科研机构和人员更大自主权的相关文件的贯彻落实情况进行了安排部署并开展了调查，在制定政策的同时，更加关注政策贯彻落实的效果，通过一揽子政策措施的贯彻落实，着力为科研机构和人员营造良好的创新创业环境，为实施创新驱动发展战略和建设创新型青海提供支撑、增添动力。

（六）建立青海省科技计划科研诚信管理体系

制定出台了《青海省科学技术厅关于印发〈青海省省级科技计划科研诚信管理办法〉的通知》（青科发政〔2019〕98号）。该办法适用于涉及青海省省级科技计划项目（课题）、专项及享受财政科技经费奖励相关责任主体全覆盖的诚信管理，包括科技计划任务的负责人、参与人员、评审评估咨询专家等自然人，以及承担单位、合作单位、第三方项目管理服务机构、第三方评价专业机构等与科技计划相关的法人和机构；明确将科研诚信管理贯穿于包括申报推荐、评审立项、项目实施、结题验收、绩效评价和咨询评估等科研活动全过程，将科研诚信管理贯穿于科研活动的始终，不留死角，不仅惩戒踩"红线"者，而且对处于"灰色地带"者也形成威慑；明确了科研诚信等级及失信行为管理，规范了科研诚信激励与处罚措施，进一步规范和强化省级科技计划的科研信用管理，为青海省科技计划项目的信用管理提供了操作依据；推进科研失信信息与科技部诚信管理系统、全国信用信息共享平台（青海）实现互联互通，加强联合惩戒，为营造诚实守信的良好科研环境奠定坚实的基础。

（七）科技创新体系建设释放创新活力

加强园区、重点实验室、工程技术研究中心等创新载体建设，打造更加多元、更有活力的创新主体集群,培育和引进科技人才队伍,促进产学研深度融合,提升全链条创新能力。一是推动高新区建设。支持青海(国家)高新区及4个在建省级高新区创新发展,组织实施各类科技计划项目14项,总经费2.03亿元、资助经费6900万元。制定出台《青海省高新技术产业开发区建设工作指引》,指导德令哈工业园、格尔木工业园完成园区建设规划方案。二是加快建设国家农业高新技术产业示范区。组建农高区建设协调组,制定农高区建设初步规划和《国家农业高新技术产业示范园建设项目建议书》,支持海西州建设以柴达木枸杞为主导产业的国家农业高新技术示范区,并支持都兰县"县域创新县建设专项"资金920万元。组织完成第七批国家农业科技园区现场验收,不断引领特色农牧业发展转型升级和提质增效。三是培育"双倍增"及科技小巨人企业。加强企业创新主体培育,科技型企业培育库入库企业135家、高新技术企业培育库入库企业115家、科技小巨人企业库入库企业24家,组织完成2019年度国家科技型中小企业评价入库企业175家,全年新认定高新技术企业38家、科技型企业98家、科技小巨人企业7家。四是开展评估考核工作。完成63个省级重点实验室的2018年度评估与3年全面评估,以及68家省级工程技术研究中心年度考核评估,认定2019年新建省级重点实验室6个。支持省部共建国家重点实验室建设,在2019年科技计划中列支建设运行经费600万元,中央引导地方专项经费400万元。五是建设科技人才队伍。共同制定《进一步关心关爱专家人才的十条措施》,营造尊重知识、尊重人才的良好氛围。完成2018年自然科学研究系列职称评审,49人取得科研系列专业技术职务任职资格。向科技部推荐创新人才推进计划中青年领军人才10人、青年拔尖人才4人,申报推荐"昆仑英才·高端创新创业人才"41人。引进各类外国专家人才136人,科技人才引进培养力度持续加大。

(八)科技成果转移转化实现新突破

瞄准科技供给与技术需求的结合点和着力点,举办青海省2019年促进科技成果转化现场会,为科技成果"供、需、介"三方搭建"面对面"对接交流平台，促成32家单位达成15项科技合作，着力破解制约科技成果转移转化的"壁垒"。建成西宁科技大市场，打造"一网、一厅、三中心、八平台"服务体系，成为全省首家区域性科技创新服务平台。优化改进科技成果登记办理流程和方式，省级科技成果登记实现"不见面审批"。《青海省促进科技成果转化条例》立法持续推进，为全省科技成果转化工作提供法律保障。

（九）强化区域创新，全面推进第二次青藏高原综合科学考察研究和海南州国家可持续发展议程创新示范区建设工作

在省委、省政府领导的关心和大力推动下，青海省成为第二次青藏高原综合科学考察研究领导小组副组长单位，共有278名科研人员参与科考十大任务的29个专题任务，为参与科考队伍中人数最多的省份。成立青海省第二次青藏高原综合科学考察研究领导小组、青海省青藏科考服务和成果转化中心，制定青藏科考《青海省第二次青藏高原综合科学考察研究2019年工作要点》《青海省第二次青藏高原综合科学考察研究领导小组办公室工作细则》等文件制度，先后为省内外30批（次）400余名科考队员提供了相关服务。会同海南州政府先后多次赴科技部相关司局进行对接，学习借鉴国内相关示范区建设模式经验，以生态作为创新发展主题，围绕海南州土地退化修复、智慧畜牧业、水资源保护、教育文化卫生等工程，统筹经济、社会、环境3个方面，按照科技部专家评审会议和考察组意见修改完善规划和方案，形成具有青海特色的区域创新发展路径。

（十）科技助力生态文明建设取得实效

立足"三个最大"省情定位，围绕支撑三江源、祁连山国家公园等建设，加强生态治理，促进可持续发展，以科技创新筑牢国家生态安全屏障。一是推动国家公园省建设。编制《中国科学院三江源国家公园研究院发展规划》，形成涵盖基础研究、技术突破、模式集成、生态监测、体制机制等方面的全链条设计。启动实施"柴达木盆地水循环过程高效利用与生态保

护技术研究与示范""祁连山黑河源草地生态生产共赢模式创建与示范""青海生态环境价值评估及大生态产业发展综合研究"等重大科技专项，围绕三江源区退化草地生态系统修复及生态保护，申请中央预算资金资助3460万元，先后组织实施"三江源区'黑土山'退化草地生态系统修复技术研究与示范""祁连山林草植被结构调整与功能提升试验示范""祁连山高寒草地生态试验站二期建设项目草地治理与保护最新机械设备引进与示范"等生态项目，同时邀请全国顶级专家就青海开展"全球变化及应对"工作提出建议，为推动青海省以国家公园为主体的自然保护地体系示范省建设提供科技支撑。二是打造三江源智慧生态畜牧业平台。通过4年实施，已建成具备生态畜牧业信息采集、分析、诊断、决策与指导等功能的智慧生态畜牧业全流程一体化综合信息系统，形成三江源地区目前最完整、最系统、最准确的智慧生态畜牧业数据，初步探索出一条从传统饲养向信息化精准饲养的转型之路，为构建三江源生态保护"减压增效"的"智慧生态畜牧业"新模式提供支撑。

（十一）绿色技术创新体系引领产业发展

坚持绿色技术创新方向，开展"百项创新攻坚"，围绕新能源、新材料、盐湖化工、先进制造业、特色生物医药等重点领域，着力打造绿色技术创新体系。一是新能源领域，历时5年建成青海省光伏工程技术研究中心，成为国际上光伏组件种类及系统运行方式最全、容量最大的百兆瓦太阳能光伏发电实证基地，实现电子级多晶硅材料量产，应用于12英寸集成电路硅片制造，填补了国内空白。开展光热发电多元熔盐开发及工程化验证，在格尔木和德令哈两地分别建成年产10万吨熔盐储热材料生产线。国家重点研发计划"多能源电力系统互补协调调度与控制"项目实现新能源发电的高效并网和消纳。二是盐湖化工领域，围绕系统研究反应结晶耦合技术在盐湖钾、镁、锂、硼资源高效分离转化中的应用以及复杂物质体系分离方向，形成集基础研究、技术创新、工艺技术集成、工程设计和产业化推广于一体的技术体系，在氯化锂高效萃取技术和金属锂电解效率提升方面实现技术突破,建成年产5000吨无水氯化锂、1000吨金属锂的产业化示范线,填补了青海省氯化锂、金属锂产品空白,金属锂产能全国第一,为青海省建设千亿元锂产业提供核心技术支撑。三是新材料领域,盐湖金属镁项目试车中关键技术研究与应用取得新进展,镁液浇铸在采用134a、SF6气体自动保护和智能铸造系统集成等方面具有创造性、建成了国内首套4.4万吨/年大型金属镁人工智能化连续铸造线、符合工业化、规模化、现代化、绿色化生产要求。推动极薄电解铜箔在锂离子电池制造等领域的应用,已建成年产5000吨锂离子电池用电解铜箔生产线,年新增产值5.4亿元。四是新一代信息技术领域,依托工业互联网示范平台,围绕盐湖传统工业企业转型升级,积极建设"智慧盐湖",开展对智能化盐田卤水精确分析装置的研制、泵站远程无人化值守系统、钾肥生产在线元素分析系统等研发,建设集工业物联网技术、大数据技术和现代智能制造技术于一体的"盐湖工业互联网平台专业子系统"。已完成项目实施方案的设计和论证。五是特色生物医药领域,深度挖掘特色生物资源优势,依托"青藏高原生物科技集成创新中心""国家藏医药产业技术创新服务平台"等,推动建立冬虫夏草种质资源数据库网络共享平台,推进虫草、沙棘、枸杞等特色资源精深加工,开展珍龙醒脑胶囊的二次开发、仿制药非诺贝酸和藏茵陈新药研发临床前研究工作。建成高产优质规范化中药材种子种苗和示范基地6000余亩。在海东工业园区建成2000平方米冷冻干燥技术研究及中试实验平台,为全省生物医药产业转型升级提供技术支撑。

2019年,青海省科技创新工作虽然取得了阶段性成效,但与"一优两高"战略和建设创新型省份的要求相比还存在一定的差距,主要表现在:一是科技工作顶层设计存在短板。对习近平总书记关于科技创新的重要论述理解思考不深不透,科技创新工作思路不广,改革力度不大,依赖行政手段和惯性思维。二是科技成果转化数量少质量低。科技成果有效科技供给不足,科技成果研发供给与产业、企业需求匹配度不够高、关联性不够强,科技成果转移转化体制机制不够顺畅,政策措施对促进成果转化的导向激励作用发挥不明显。三是企业创新主体地位发挥不充分。青海省高新技术企业、

科技型企业整体数量少，单个企业平均体量偏小，企业研发投入占全社会研发投入比重低于国家平均水平，企业创新意识不强、资金投入不足、研发能力欠缺的现象普遍存在。四是科技人才紧缺和结构不合理。目前，青海省科技活动人力投入评价排名全国倒数第3，人才总量不足、层次偏低、分布不合理，难以形成科技创新和科技产业开发的"团队效应"，高素质、高技能人才稀缺，存在"引不来，留不住"的问题。

二 2020年青海科技体制改革方向及展望

2020年青海科技体制改革工作将以习近平新时代中国特色社会主义思想为指导，坚持新发展理念，坚定不移实施创新驱动发展战略，加快创新型省份建设，以科技治理能力建设为主线，进一步深化体制机制改革，加强基础研究和应用研究，狠抓关键核心技术攻关，提升产业技术创新实力，扩大科技交流合作，强化人才队伍建设，激发创新创业活力，增强科技创新供给，努力为实施"一优两高"战略、建设"五个示范省"、培育"四种经济形态"提供强有力的科技支撑。

（一）深化科技体制改革

探索构建以需求为导向的省级科技计划项目形成机制。推动科技计划体系改革，强化科技计划资金绩效管理，实现科技计划项目从形成、过程管理、核算与监督到绩效评价、分析、决策全流程的支撑体系。出台科技成果转化具体措施，加速推进科技成果转移转化。改革各类评价、评估指标体系，切实转变工作导向，更加侧重实际产出和绩效，发挥考核评价的"指挥棒"作用。加快科研诚信体系建设，形成科技监督约束机制。

（二）做好各项科技改革政策的贯彻落实

落实《中共中央办公厅、国务院办公厅关于深化项目评审、人才评价、机构评估改革的意见》《青海省关于全面加强基础科学研究的实施意见》

等，进一步优化科研项目评审管理，完善科技诚信体系，建立分类评价指标体系和评价程序规范，全面加强基础研究，为科研人员和机构"松绑减负"。

（三）完善科研诚信体系建设

进一步完善科研诚信管理体系，结合《青海省省级科技计划科研诚信管理办法》，建立省级科研诚信平台，通畅科研诚信全流程管理，进一步打造良好科研环境。推动形成政策贯通、协同联动、信息共享、联合惩戒的"大监管"体系。

（四）做好"十四五"创新规划研究编制

强化与国家中长期科技规划编制和青海省经济社会发展规划纲要衔接。对标国家高质量发展指标体系，以全球视野、全局思维系统谋划新时代科技创新的指导方针和总体思路，突出目标导向、需求导向、问题导向，完善"十四五"科技创新发展规划目标体系，做好"十四五"创新规划研究编制。准确研判国内外科技创新发展态势，聚焦全省重大战略、重大工程和重大需求，深入、系统、科学地谋划提出青海2021~2025年科技发展的总体思路、战略目标、重点任务和主要技术攻关方向等，形成具有前瞻性、战略性、科学性和可操作性的科技发展路线图。

（五）积极构建科技创新体系

加快建立以企业为主体、市场为导向、产学研深度融合的技术创新体系，不断优化科技创新平台整体布局，继续深化人才体制机制改革、进一步激发基层科技创新活力。

（六）开展以需求为导向的项目形成机制改革

项目立项突出需求导向，进一步发挥市场对技术研发方向、路线选择、各类创新要素配置的导向作用，通过委托第三方机构等方式深入挖掘企业发展存在的技术需求，通过科技援青和东西部合作相关渠道，立项支

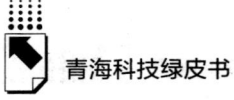

持企业通过委托开发等方式引进省内外先进科技成果，满足企业切实创新需求。

（七）进一步营造科技体制改革政策环境

加强科技立法工作，不断完善优化科技政策环境，着力推动科技成果转移转化立法工作，推动成果转移转化。

分 报 告
Sub – reports

G.3
2019年青海科技成果分析报告[*]

摘　要： 2019年，青海省科技成果管理工作机制改革不断深入，通过创新服务方式，启用青海省科技成果登记系统，实现了登记全流程"不见面审批"，极大地缩减了科研工作者的人力成本和时间成本，全年共登记各类科技成果545项，同比增长5.21%。545项科技成果中：应用技术成果401项，占73.58%；基础理论成果124项，占22.75%；软科学成果20项，占3.67%。

关键词： 科技成果　登记系统　青海省

2019年，青海省科技成果管理工作在省科技厅党组的正确领导下，创新服务方式、简化登记流程，实现了全流程"不见面审批"，登记数量稳步

---

[*] 课题组成员：许淳、王亚军、刘伟、王新亮、张扬、刘世铭、班玛东周。

提高。截至2019年10月31日，全省共登记各类科技成果545项。现将成果登记总体情况做如下分析。

一 基本情况

（一）成果数量

2019年度青海省共登记科技成果545项，较上年增长5.21%。2015～2019年，科技成果登记数量增长明显，如图1所示。

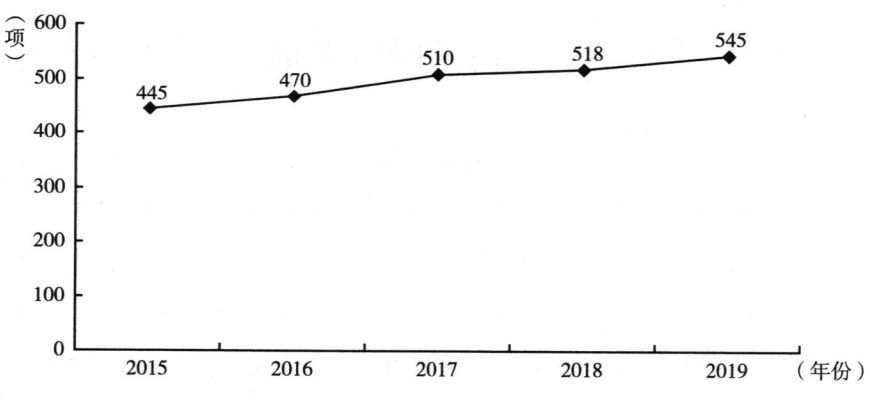

图1 2015～2019年青海省科技成果登记数量

（二）成果类别

2019年度青海省545项科技成果中：应用技术成果401项，占73.58%；基础理论成果124项，占22.75%；软科学成果20项，占3.67%（见图2）。

（三）评价方式

2019年度青海省545项科技成果中：鉴定项目共284项，占

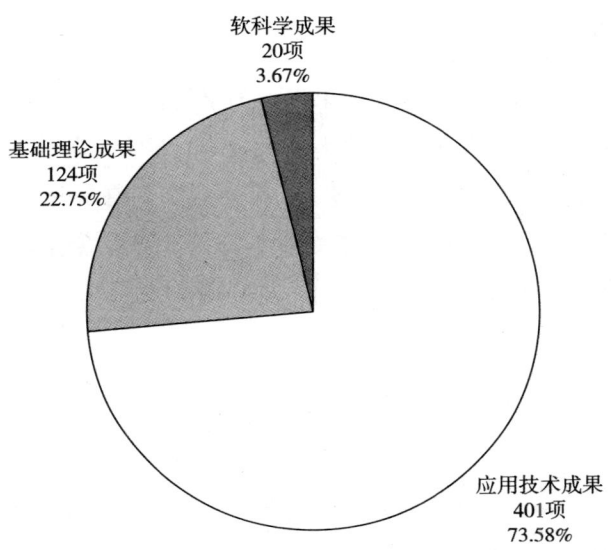

图 2 2019 年青海省科技成果类别构成

52.11%；验收项目 61 项，占 11.19%；评审项目 109 项，占 20.00%；行业准入成果 56 项，占 10.28%，为青海省市场监督管理局发布的地方标准、行业主管部门审定的品种；机构评价成果 35 项，占 6.42%，为授权发明专利（见表 1）。

表 1 2018 年与 2019 年青海省科技成果评价方式统计

单位：项，%

成果评价方式	2018 年		2019 年	
	成果数	占比	成果数	占比
鉴定	280	54.05	284	52.11
验收	90	17.37	61	11.19
评审	91	17.57	109	20.00
行业准入	57	11.00	56	10.28
机构评价	0	0	35	6.42

（四）成果来源

2019年度青海省545项科技成果中：国家科技计划12项（自然科学基金9项、科技支撑计划2项、其他1项），占2.20%；部门计划19项，占3.49%；地方计划171项，占31.38%；民间基金2项，占0.37%；自选项目168项，占30.83%；国际合作6项，占1.10%；横向委托3项，占0.55%；其他厅局计划成果164项，占30.09%（见图3）。

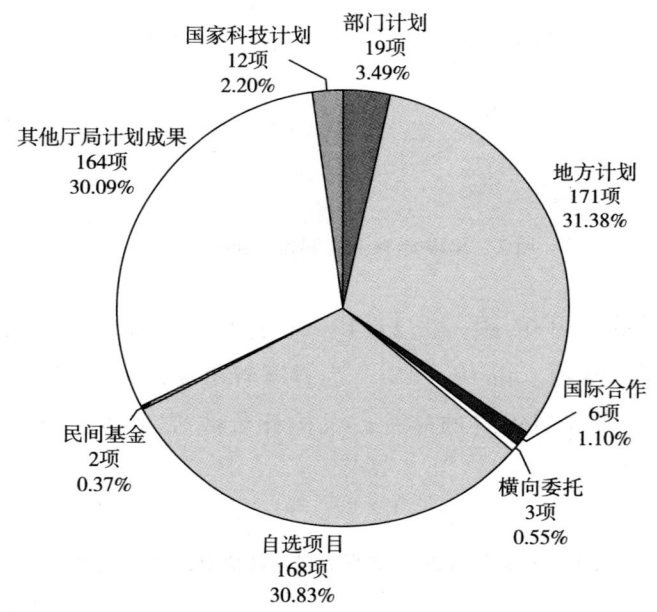

图3　2019年青海省科技成果课题来源构成

其中，省科技厅下达的项目登记成果176项，进一步按照厅处室进行划分，按照成果数量由高到低依次排序为：政策法规与基础研究处105项，农村科技处36项，社会发展科技处13项，国际合作办公室11项，高新技术发展及产业化处8项，农村牧区能源办公室3项（见表2）。

表2 2019年青海省科技厅下达项目登记成果来源分布

成果来源	登记数量（项）	占比（%）
政策法规与基础研究处	105	59.66
农村科技处	36	20.45
社会发展科技处	13	7.39
国际合作办公室	11	6.25
高新技术发展及产业化处	8	4.55
农村牧区能源办公室	3	1.70
合计	176	—

（五）完成单位

2019年度青海省545项科技成果中：企业居成果完成主体的首位，达177项（其中科研转制型企业完成11项），占32.48%；医疗机构完成119项，占21.83%；独立科研机构完成104项，占19.08%；大专院校完成71项，占13.03%；其他单位（各类事业单位）完成74项，占13.58%（见图4）。

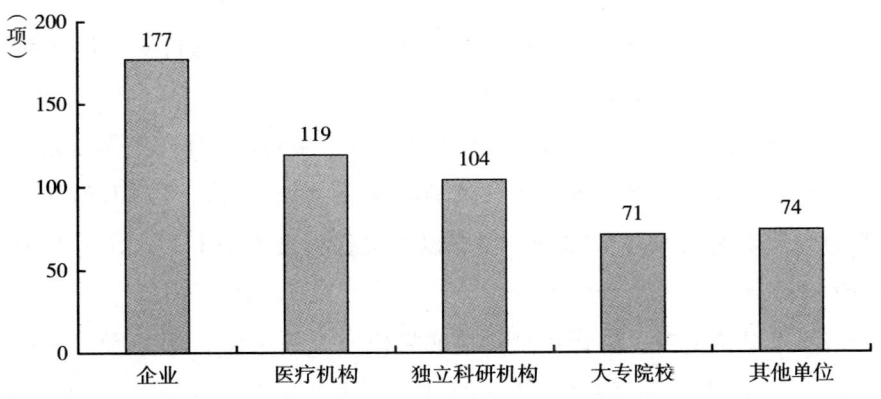

图4 2019年青海省科技成果完成单位构成

（六）成果水平

2019年度青海省545项科技成果中，国内领先及以上水平的共226项，占41.47%。从图5可以看出：达到国际领先水平的成果13项，占2.39%；达到国际先进水平的成果44项，占8.07%；达到国内领先水平的成果169项，占31.01%；达到国内先进水平的成果166项，占30.46%；达到国内一般水平的成果28项，占5.14%；未评价水平的125项，占22.94%。

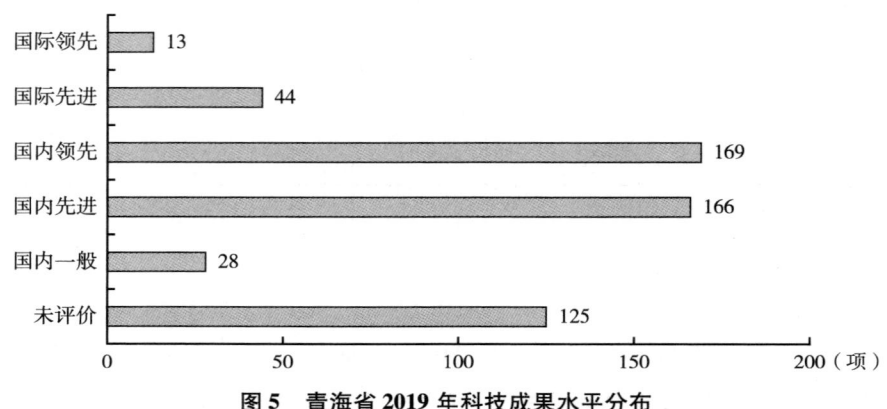

图5 青海省2019年科技成果水平分布

（七）完成人员

2019年度青海省545项科技成果中，参与项目研究的科研人员共6679人次，平均每个项目12名科研工作者。

从学历构成来看，青海省的科技工作者队伍主要以大学本科及以上学历为主。博士研究生、硕士研究生和本科学历共6116人次，占91.57%；大专学历为462人次，占6.92%；大专以下文化程度为101人次，占1.51%（见图6）。

从年龄结构来看，中青年是科技成果研究人员主体。55岁及以下科研人员6314人次，占94.54%，其中35岁及以下科研人员为2219人次、36~45岁科研人员为2280人次、46~55岁科研人员为1815人次；56岁及以上科研人员为365人次（见图7）。

从专业技术职务来看（见表3）：具备中级及以上专业技术职务的科研人员为5271人次，达78.92%，占据了科研人员的主要比例；初级专

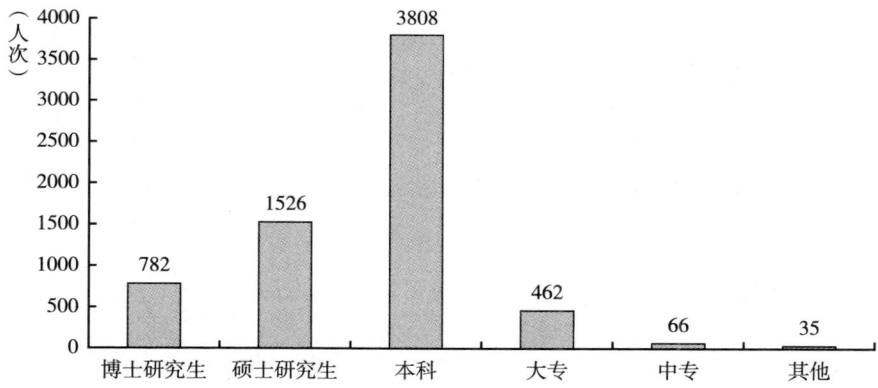

图6 2019年青海省科技成果完成人员学历构成

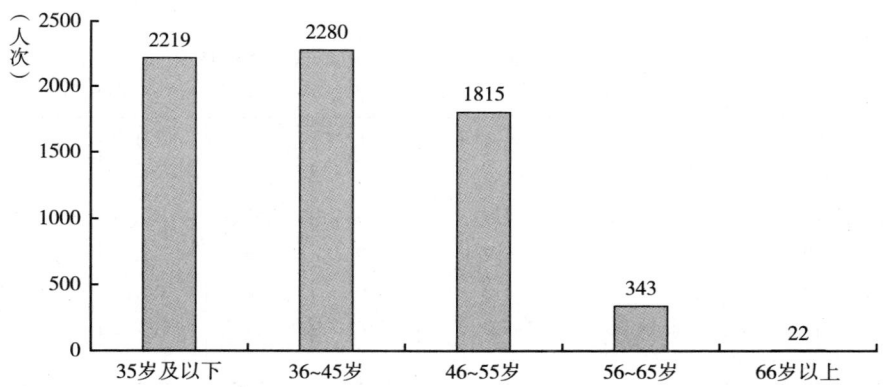

图7 2019年青海省科技成果完成人员年龄构成

业技术职务者为870人次,占13.03%;其他科研人员538人次,仅占8.06%。

表3 2019年青海省科技成果完成人员专业技术职务构成

单位:人次

专业技术职务	合计	独立科研机构	大专院校	企业	医疗机构	其他
院士	6	—	—	6	—	—
正高	974	200	170	190	298	116
副高	1851	428	249	473	372	329

续表

专业技术职务	合计	独立科研机构	大专院校	企业	医疗机构	其他
中级	2440	483	204	777	542	434
初级	870	102	99	314	178	177
其他	538	147	131	157	54	49

（八）知识产权情况

2019年度青海省形成知识产权491项。其中：发明专利达310项，占知识产权数的63.14%；实用新型专利138项，占28.11%；外观设计专利8项；软件著作权35项（见表4）。

表4　2019年青海省科技成果知识产权产出构成

单位：项

	合计	独立科研机构	大专院校	企业	医疗机构	其他
知识产权数	491	98	89	273	2	29
其中:发明专利数	310	79	73	151	0	7
实用新型专利数	138	19	8	93	2	16
外观设计专利数	8	0	0	8	0	0
软件著作权数	35	0	8	21	0	6
其他	—	—	—	—	—	—

从主体划分：企业形成知识产权273项，占知识产权数的55.60%，是专利的主要来源；独立科研机构98项，占19.96%；大专院校89项，占18.13%；医疗机构和其他单位共有31项，占6.31%。

（九）研发经费投入

2019年度青海省登记的545项成果的经费总投入407983万元。其中：成果完成单位自筹资金355509万元，占总投入的87.14%；地方投入33882万元，占8.30%；国家投入9337万元，占2.29%；部门投入8150万元，占2.00%；基金投入1046万元；国外资金59万元。

二 应用技术成果

（一）成果属性

2019年青海省登记的545项科技成果中，应用技术成果401项，占总数的73.58%。401项应用技术成果中，按照成果属性占比从高到低排列依次为：属于原始性创新的成果265项，占应用技术成果数的66.08%；属于国内技术二次开发成果112项，占27.93%；属于国外引进消化吸收创新的成果24项，占5.99%（见图8）。

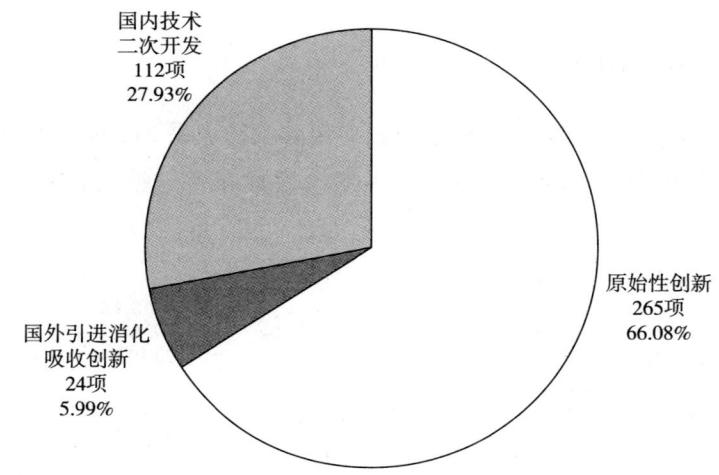

图8 2019年青海省应用技术类科技成果属性分布

（二）成果水平

401项应用技术成果中，按照成果水平占比从高到低排列依次为：国内先进水平120项，占29.93%；未评价水平116项，占28.93%；国内领先水平105项，占26.18%；国际先进水平27项，占6.73%；国内一般水平25项，占6.23%；国际领先水平8项，占2.00%（见图9）。

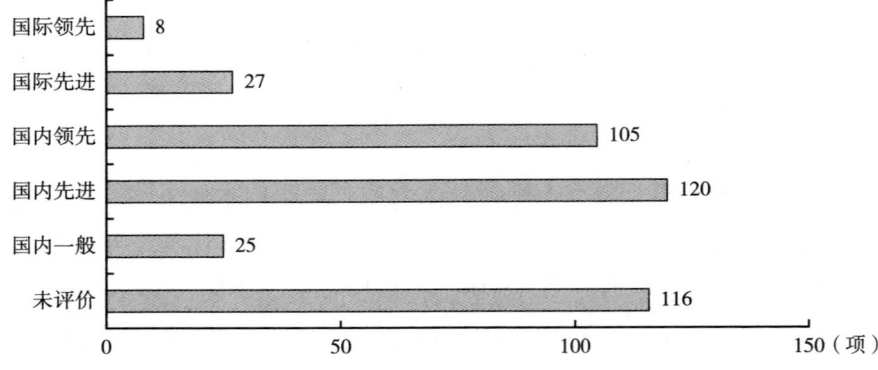

图9 2019年青海省应用技术类科技成果水平

（三）所处阶段

401项应用技术成果中：处于成熟应用阶段的成果241项，占60.10%；初期阶段成果93项，占23.19%；中期阶段成果67项，占16.71%（见图10）。

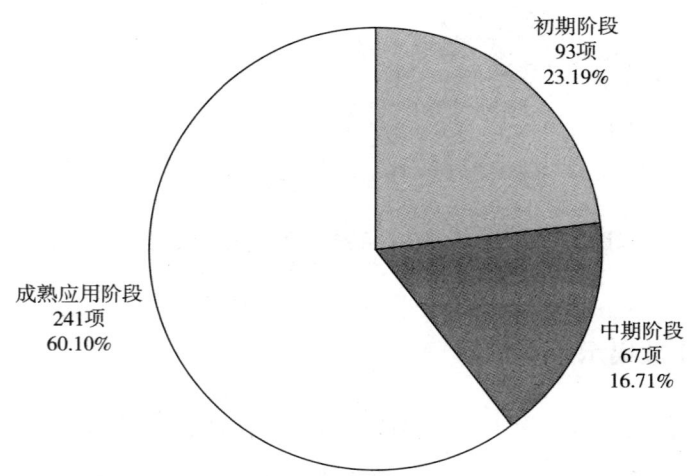

图10 青海省2019年应用技术类科技成果所处阶段

(四)所属高新技术领域

401 项应用技术成果中,有 189 项属于高新技术领域,占应用技术成果总数的 47.13%。189 项成果分布在 9 个高新技术领域内,按照成果数由高到低排列依次是:新材料 49 项,占应用技术成果数的 12.22%;现代农业 48 项,占 11.97%;生物医药与医疗器械 30 项,占 7.48%;新能源与节能 19 项,占 4.74%;环境保护 12 项,占 2.99%;现代交通 11 项,占 2.74%;电子信息 8 项,占 2.00%;先进制造 7 项,占 1.75%;地球、空间与海洋 5 项,占 1.25%。

(五)行业分布

401 项应用技术成果行业分布较广,体现在 10 个应用行业中,按产业分布进行分类统计:第一产业 149 项,占应用技术成果总数的 37.16%;第二产业共 120 项,占比为 29.93%;第三产业共 132 项,占比为 32.92%(见表 5)。

表5 2019 年应用技术成果应用行业分布

应用行业	项目数(项)	所占应用技术成果比例(%)
第一产业	149	37.16
农林牧渔业	149	37.16
第二产业	120	29.93
采矿业	34	8.48
制造业	78	19.45
电力、热力、燃气及水的生产和供应业	8	2.00
第三产业	132	32.92
建筑业	22	5.49
交通运输、仓储和邮政业	8	2.00
信息传输、软件和信息技术服务业	8	2.00
科学研究和技术服务业	15	3.74
水利、环境和公共设施管理业	6	1.50
卫生和社会工作	73	18.20

（六）应用情况

401 项应用技术成果中：产业化应用成果 175 项，占应用技术成果总数的 43.64%；小批量或小范围应用成果 134 项，占 33.42%；正在试用的成果 52 项，占 12.97%；未应用的成果 40 项，占 9.98%（见图 11）。

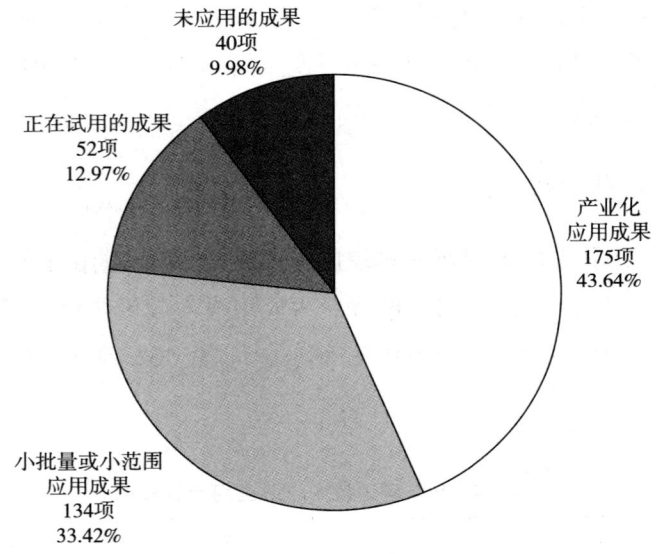

图 11　青海省 2019 年应用技术类科技成果应用情况

（七）经济效益

401 项应用技术成果中，从转化方式角度划分，实际产生经济效益的成果 56 项，自我转化总收入 993721 万元，净利润 336644 万元，实交税金 125694 万元，节约资金 208217 万元，出口创汇 3864 万元；合作转化收入 1026770 万元，其中技术入股股权折价 2305 万元；产生技术转让与许可收入 5 万元。

三 基础理论成果

2019年青海省登记的545项科技成果中，基础理论成果124项，占总数的22.75%。从成果来源统计：课题来源仍以地方计划为主，共71项（占57.26%），其他厅局计划次之共23项（占18.55%），自选项目18项（占14.52%），国家科技计划8项，部门计划2项，国际合作2项。从成果水平看：成果水平达到国际领先5项、国际先进17项、国内领先55项、国内先进41项、国内一般2项，未评价4项。国内领先及以上水平共77项，占基础理论成果的62.10%。

四 软科学成果

2019年青海省登记的545项科技成果中，软科学成果20项，占总数的3.67%。从成果来源统计：自选课题3项，地方计划6项，其他厅局计划项目9项，横向委托2项；从成果水平看：国内领先9项，国内先进5项，国内一般1项，未评价5项。

五 科技成果统计分析

（一）科技成果数量分析

随着科技成果登记方式不断创新，登记流程不断简化，近5年青海省科技成果登记数量稳步提高，从2015年的445项增长到2019年的545项，增长22.47%，与全国科技成果登记数量近5年增长幅度（23.67%）相近。其中，2017年11月《青海省科技成果登记管理办法》修订后，拓展了登记范围，新增的工法、发明专利登记科技成果数量是2018年、2019年科技成果登记数量增长的主要来源。

（二）科技成果来源分析

2019年青海省登记的科技成果仍以各级财政支持的科技计划项目成果为主。其中：省级、其他厅局科技计划项目成果占60%以上，完成单位主要是独立科研机构、大专院校、企业；自选项目成果占30.83%，完成单位主要是企业和医疗机构。

（三）科技成果应用和转化分析

2019年青海省登记的401项应用技术成果中：产业化应用的成果175项，占43.64%，其中企业完成的产业化应用成果97项，占55.43%；未应用的成果40项，占9.98%，未应用的主要原因以技术问题和管理问题为主。

从应用技术成果应用行业分布看：第二产业120项科技成果中，产业化应用64项，占53.33%；第一产业149项科技成果中，产业化应用62项，占41.61%；第三产业132项科技成果中，产业化应用49项，占37.12%。

从产业化应用成果完成单位类型看：企业97项，占175项产业化应用成果的55.43%；其次为独立科研机构和医疗机构，均为25项；其他单位18项；大专院校10项。

（四）科技成果完成单位分析

不同属性的单位侧重的行业不同。独立科研机构侧重于农林牧渔业（71项）、科学研究和技术服务业（15项）；大专院校侧重于农林牧渔业（26项）、卫生和社会工作（15项）、科学研究和技术服务业（13项）；企业侧重于制造业（75项）、农林牧渔业（41项）；医疗机构成果应用行业全部为卫生和社会工作（119项）。

（五）科技成果完成人员情况分析

2019年青海省单项科技成果平均完成人员数量、各学历层次人员比例、各年龄段人员比例均与 2018 年基本相同。与全国 2018 年情况相比：青海省单项成果 12 名完成人，全国为 6 名；青海省博士研究生与比 11.71%，全国为 20.88%；青海省硕士研究生占比 22.85%，全国为 29.92%；青海省本科占比 57.01%，全国为 38.30%；青海省 55 岁及以下人员占比 94.54%，全国为 91.73%。

从青海省各学历层次人员的分布看：博士研究生主要分布于独立科研机构和大专院校，占 66.24%；硕士研究生在独立科研机构、大专院校、企业、医疗机构中的分布基本相同；本科主要分布于企业、医疗机构和其他单位，合计占比 76.58%。

G.4
2019年青海科技创新体系建设报告及其展望[*]

摘　要： 2019年，青海省全面贯彻新发展理念，深入实施创新驱动发展战略，围绕"一优两高"战略部署，持续深化科技体制改革，加强重点实验室、工程技术研究中心、临床医学研究中心、科技基础条件平台等各类科技创新平台建设，优化科研机构创新绩效评价指标体系，加强科技创新人才的引进和培养，不断强化以企业为主体、市场为导向、产学研深度融合的、具有青海特色的科技创新体系建设力度，为青海省的科技创新提供良好的科研环境和智力支撑。

关键词： 科技创新　科研环境　青海省

2019年，青海省科技部门全面贯彻新发展理念，深入实施创新驱动发展战略，围绕"一优两高"战略部署，持续深化科技体制改革，优化创新环境，加强重点实验室、工程技术研究中心、临床医学研究中心、科技基础条件平台等各类科技创新平台建设，优化科研机构创新绩效评价指标体系，加强人才队伍建设，不断完善科技创新体系，为科技创新提供良好的科研环境和智力支撑。

---

[*] 课题组成员：苏海红、瞿文蓉、叶栓劳、赵长建、李岩、吴玲娜、颜有奎、多杰措、王杏芳、俞成、李冰。

一 青海科技创新体系建设概况

（一）进一步完善科技创新的政策体系

按照省委、省政府重点改革举措，通过深化科技体制改革，合理配置科技资源，激发创新活力，进一步破解了制约创新驱动发展的体制机制障碍，制定出台了《青海省关于深化项目评审、人才评价、机构评估改革的实施意见》《关于推动创新创业高质量发展打造"双创"升级版的实施意见》《关于全面加强基础科学研究的实施意见》《青海省关于推广第二批支持创新相关改革举措的工作方案》《青海省省级科技计划科研诚信管理办法》等系列创新政策，配合省人才办印发《进一步关心关爱专家人才的十条措施》，结合"政策落实年"定期进行督察，开展"四唯"清理，科技创新环境不断优化。同时，加强科技立法工作，省人大对《青海省促进科技成果转化条例（草案）》进行了第一次审议，《青海省科学技术奖励办法（草案）》报省政府审议，通过科技立法，为科技创新创业营造良好的社会环境。

（二）着力提升企业创新能力

一是持续实施高新技术企业和科技型企业双倍增及科技小巨人企业培育计划，加强与部门和园区联动合作，组织召开全省科技企业创新促进会、省级高新区建设研讨会、火炬统计工作会、高新技术企业认定培训会等，针对企业认定系统功能进行完善和优化，为"三型"企业的培育和认定工作奠定了良好基础。2019年，全省高新技术企业达到184家，科技型企业达到432家，产值过亿元的科技小巨人企业达到49家，全省高新技术企业实现工业总产值552.7亿元，占全省GDP的18.6%。二是通过多渠道、多种形式加大对有关研发费用税前加计扣除政策的宣传辅导力度。通过深入企业走访调研，对不符合政策要求的企业及时进行一对一"把脉问诊"，帮助企业全面了解鼓励创新优惠政策，争取应享尽享。三是组织相关单位开展"创新券"试点，鼓励企业开展科技创新工作，促进科技服务业量质提升。第

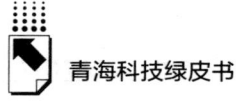

一批累计交易订单325单，拟兑付金额累计约369万元，线下交易金额约95万元；组织开展企业研发费用税前加计扣除鉴定工作，完成鉴定研发费用共计17.26亿元，同比增长27.85%。减免企业所得税合计3.22亿元，同比增长83.6%。

（三）着力优化区域创新布局

一是扎实推进高新区建设。汇聚创新要素支持国家高新区及4个在建省级高新区创新发展，为加快构建园区现代产业体系提供支撑，对青海（国家）高新区、格尔木工业园、德令哈工业园等重点产业园区共安排各类科技计划项目14项，总经费达2.03亿元，资助经费6900万元。同时，加强政策引导，推动园区向更高层次发展，为推动德令哈工业园、格尔木工业园等4家在建省级高新区建设发展，对照青海省科技厅制定出台的《青海省高新技术产业开发区建设工作指引》（青科发高新〔2016〕145号）指标要求，指导各园区明确目标、寻找差距、加大投入，实现园区由产业集群向创新集群跃升。2019年，已指导德令哈工业园、格尔木工业园完成了园区建设规划方案。

二是加强县域科技创新。2019年继续实施县域创新驱动专项，立足县域经济社会发展基础条件、发展定位、资源禀赋和人才储备，精准施策、因地制宜，以差异化发展突出产业特色、区域优势和功能定位，支撑县域经济社会发展，助力乡村振兴。继续对乐都区、乌兰县、祁连县、河南县、甘德县、湟中县6个县（区）开展支持县域创新试点县（区）建设，每个试点县（区）获省级科技经费300万元，共计1800万元。同时完成了首批5个县域创新试点县的年度绩效评价工作，进一步督促以科技创新支撑引领县域经济社会高质量发展，不断提升县域科技创新能力。

三是推动农业科技园区健康发展。为进一步发挥农业科技园区在实施创新驱动发展战略和乡村振兴战略中的引领支撑作用，按照《青海省农业科技园区办法》和《青海省农业科技园区绩效评估办法》，依据2018年全省38家省级农业科技园区绩效评估结果，通过以奖代补方式对评估为优秀的

10个省级农业科技园区给予每个园区100万元的补助，指导推进不同园区实现差异化发展，不断引领县域特色农牧业发展转型升级和提质增效。

（四）强化科技创新平台建设

一是重点实验室方面。完成63个省级重点实验室的2018年度评估与2017～2019年3年全面评估工作，拟按照20%优秀的比例在2020年科技计划中予以奖励。持续支持省部共建国家重点实验室建设，结合实验室评估，2019年通过省级科技计划、中央引导地方专项等安排项目经费1780万元，持续推进省部共建三江源生态与高原农牧业国家重点实验室建设运行。开展新建重点实验室认定工作，对12家新申报的实验室进行了会议评审和现场评估，并根据全省实验室布局，新认定省级重点实验室6家。同时，为深入贯彻落实创新驱动发展战略，积极推动省级重点实验室与省外重点实验室联合共建，充分利用双方科技资源，强化科研合作平台建设，2019年度认定沪青蔬菜种质资源创新与基因组学联合实验室、青海省生态畜牧业星地大数据工程联合实验室、青海-广东自然资源监测与评价联合实验室、牦牛研究开发联合实验室4家联合实验室。

二是工程技术研究中心建设方面。按照《青海省工程技术研究中心管理办法》（青科发高新〔2018〕50号）有关要求，对青海省68家省级工程技术研究中心开展了年度考核评估，考核评价过程分为定量和定性两个阶段，定量评价依托新开发的"青海省工程技术研究中心认定评价管理系统"线上完成，定性评价通过组织本领域技术专家和管理专家在听取各工程技术研究中心现场汇报的基础上打分完成，经综合评定后，10家被评为优秀工程技术研究中心。完成了2019年度工程技术研究中心组织认定工作，新认定省级工程技术研究中心7家。

三是科技基础条件平台建设方面。2019年，支持科技数据价值挖掘与动态监测服务平台、中国盐湖科技产业智库及锂资源评价大数据平台、青海省雷电实时定位监测服务平台、青海省自然资源要素与生态状况一体化遥感监测应用平台、青海省知识产权公共服务平台、高原地区危重症儿童救治转诊平台、青海省科技大数据 PaaS 平台、青海省机电产品质量监督检验服务平台等科技基础条件平台建设项目共 8 项，资助经费 1800 万元，平均支持强度为 225 万元，较上年增加 16.0%。

四是临床医学研究中心建设方面。2019 年，青海省科技厅等管理部门在已布局建设的 6 家省级临床医学研究中心基础上，围绕疾病领域临床需求，培育建设了心脑血管、呼吸、消化、慢性肾病等 6 家临床医学研究中心，积极培育国家级临床医学研究中心和分中心，发挥好中心引领、集成、带动、普及作用，为青海省临床医学科技发展提供科技支撑。各临床医学研究中心高度重视，根据自身发展需求和发展方向成立了管理工作领导小组，制定了相关的管理规章制度。积极与国家临床医学研究中心对接，引进高层次专家，充实研究队伍。开展重点领域临床研究，取得了一批关键数据和技术成果，为临床诊断、治疗提供了有力支撑。

（五）不断提升创新创业能力

一是畅通科技成果转化渠道。加快科技成果信息汇交平台建设，构建统一开放、互联互通的技术交易市场体系。建成西宁科技大市场，打造"一网、一厅、三中心、八平台"服务体系，其成为全省首家区域性科技创新服务平台。首次举办青海省 2019 年促进科技成果转化现场会，为科技成果"供、需、介"三方搭建"面对面"对接交流平台，促成 32 家单位达成 15 项科技合作。二是引导创新创业快速发展。出台《关于加快大众创业万众创新支撑平台建设服务实体经济转型升级的实施意见》等"双创"政策，建成科技企业孵化器 15 家（国家级 6 家）、省级众创空间 48 家（11 家获得科技部备案），17 家星创天地获得科技部备案，与现有创业园、农业园、开发区形成了"创业苗圃－孵化器－加速器"科技创业孵化链条，青海（国家）高新技术产业开发区获批国家第二批"双创"示范基地；每年安排 5000 万元资金支持大学生创新创业，并于 2018 年设立科技创新券，专门支持为"双创"提供技术服务的专业机构，大学生创新创业引导资金已累计投入 1.14 亿元，支持创业企业 109 家，累计获得天使投资、风险投资、银行贷款和其他部门财政资金 7431 万元。

（六）加强人才队伍建设

落实《关于实施"昆仑英才"行动服务"一优两高"战略的意见》等人才政策，建立对高端创新人才及团队的稳定支持机制，全省研发人员数量达到9675人，较上年增长31%。截至2019年，青海省有两院院士3人，有突出贡献的中青年专家40人，享受国务院政府特殊津贴专家662人，省级优秀专家315人，省优秀专业技术人才568人，高端创新人才1019人（其中培养544人、引进475人）、团队39个（其中培养30个、引进9个），省级自然科学与工程技术学科带头人425人。

二 青海创新体系重点工作进展情况

（一）青海省重点实验室建设

2019年青海省重点实验室建设总体科研水平大幅提升，人才结构显著优化，基础条件不断改善，开放交流更加活跃，逐步成为组织开展高水平研究、聚集和培养高层次人才、开展学术交流的重要基地，为解决青海省经济社会发展突出问题提供了战略性、基础性、前瞻性的知识储备和科技支撑。

1. 青海省重点实验室布局

青海省重点实验室是全省科技创新体系的重要组成部分，是全省科技资源的重要载体和科学研究的重要平台。截至2019年底，青海省共有66个省级重点实验室、1个省部共建国家重点实验室和1个企业国家重点实验室。

（1）领域分布。66个省级重点实验室分布在15个学科，其中医学6个、药学6个、信息技术5个、新能源4个、土木3个、食品科学2个、生物5个、生态环境6个、农业8个、矿物加工1个、化学化工3个、电气1个、地质环境8个、畜牧3个、材料5个（见图1）。

（2）所属部门分布。重点实验室依托单位所属部门以中国科学院、省卫健委、省教育厅、省自然资源厅为主，其中中国科学院8个、省教育厅22个、省国资委4个、省科技厅2个、省自然资源厅8个、省农业农村厅2个、

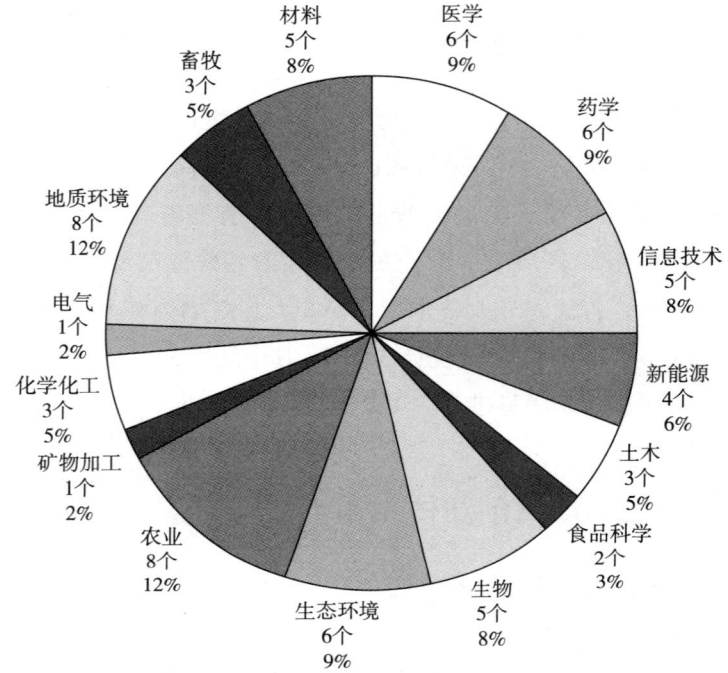

图1 2019年青海省重点实验室领域分布

省卫健委5个、省交通厅1个、省环保厅1个、央企3个、其他部门10个。

在地域分布上,重点实验室主要集中在西宁和海西地区。其中:西宁地区62个,占94%;海西地区4个,占6%;其他市州到目前还没有省级重点实验室。

(3)依托单位性质和类型分布。高校、科研院所和企业是青海省重点实验室的主要依托单位,全省以高校为依托单位的重点实验室15个,以科研院所(含转制院所)为依托的重点实验室31个,以企业为依托的重点实验室7个,以其他事业单位为依托的重点实验室13个。

2. 人才培养和队伍建设

通过各种渠道培养、引进人才,特别注重青年人才的培养和高层次人才的引进工作,优化人才结构,不断壮大科研队伍。截至2019年,实验室共有固定人员2428人,其中博士567人、硕士675人,学科带头人272人,优秀中青年人才 1445 人。

3. 科研产出

实验室积极承担国家及省部级科研项目，多渠道争取经费支持。主持国家项目 59 项，争取经费 5961.5 万元；参与国家项目 6 项，争取经费 1188.5 万元；承担省部级项目 127 项，争取经费 17511 万元。取得省级新品种、新标准 57 项；发表论文 968 篇，其中 SCI 收录 431 篇、中文核心期刊收录 236 篇；出版专著 43 部；获得发明专利 111 件。

4. 开放交流

省级重点实验室加大开放交流力度，加强科技合作，定期或不定期举办各类学术会议，积极参加国内外学术会议，开展学术交流。举办学术会议 41 场次，参加各类学术会议 205 次。承担各类科技合作项目 132 项，争取经费 3016.15 万元。

5. 重点实验室专项资金支持情况

2019 年青海省创新平台建设专项计划支持实验室 25 个，当年资助 4160 万元，其中支持全面评估优秀重点实验室 13 个，当年资助金额 2600 万元；支持年度成果产出单项业绩优良的重点实验室 25 个，当年资助金额 960 万元；支持省部共建国家重点实验室 600 万元。

6. 开展省级重点实验室年度评估

为推动省级重点实验室快速发展，提升创新能力，组织开展了重点实验室年度单项评估工作。2019 年度青海省各重点实验室在发表高水平论文、争取国家项目经费、人才培养、开放交流等方面成效显著，科研能力明显提升。

（二）青海省工程技术中心建设

本报告主要从总体运行情况、绩效产出情况、合作交流情况及典型案例展示 4 个板块详细介绍青海省省级工程技术研究中心（以下简称"工程中心"）2019 年度的发展情况。

根据《青海省工程技术研究中心管理办法》（青科发高新〔2018〕50 号）要求，自 2018 年起，工程中心按照独立运行方式进行考核。因此，本年度只采集和统计工程中心本身的投入、知识产权、经济效益等指标，依托单位相关指标不再计入工程中心考核范畴，报告当年工程中心数据不与往年数据做比较。

1. 总体运行情况

（1）分布情况。2019年，青海省拥有工程中心71家，撤销工程中心4家，新认定工程中心7家。按领域划分，新材料技术领域20家、新能源技术领域11家、先进制造技术领域8家、现代农牧业产业技术领域6家、现代生物产业技术领域15家、生态环保产业技术领域3家、新一代信息技术领域4家、地质交通及矿产资源开发技术领域4家（见图2）。按地域划分，西宁市54家、海西州12家、海东市3家、海北州1家、海南州1家。按依托单位性质划分，依托工业企业组建51家、依托科研院所（含转制科研院所）组建17家、依托高校组建3家。

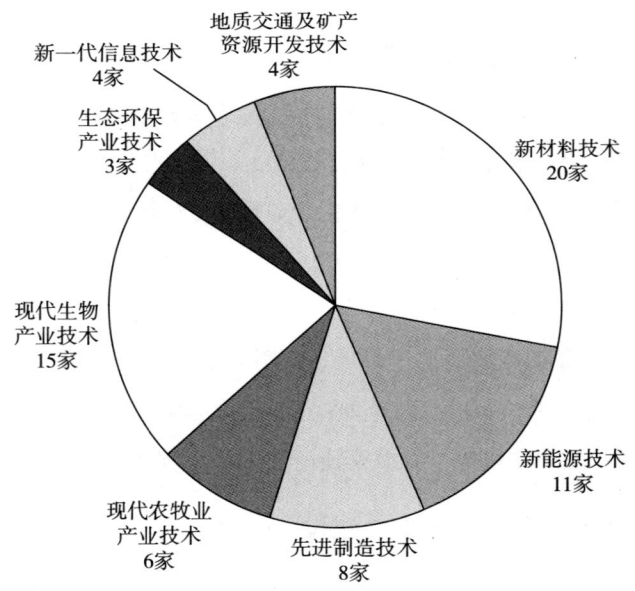

图2　2019年青海省工程中心按技术领域分布

（2）建设面积和仪器设备情况。截至2019年底，青海省71家工程中心建设面积达35.85万平方米，较当年新增6.24万平方米，其中用于中试及扩大化面积5.71万平方米，用于科研试验面积9.09万平方米，用于工程中心办公面积2.66万平方米。科研仪器设备原值8.09亿元，较上年新增设备641台/套，新增设备原值1.64亿元，较上年新增50万元以上设备81台/套，设备原值1.17亿元。

（3）人才队伍情况。截至2019年底，工程中心拥有职工2796人（见表1），其中从事科技活动人员2046人，占73.18%。2019年，工程中心拥有院士9人，本年度新增1人；"昆仑英才·高端创新创业人才"入选者14人，本年度新增13人；国家级人才入选者6人，本年度新增2人；"人才推进计划"入选者12人，本年度新增6人；学术带头人87人，本年度新增14人。

表1　2019年青海省省级工程中心人员构成

人员构成		人数（人）	占比（%）
按学位学历分	博士生	212	7.58
	硕士生	403	14.41
	本科	1148	41.06
	其他	1033	36.95
按技术职称分	高级职称	553	19.78
	中级职称	559	19.99
	初级职称	514	18.38
	其他	1170	41.85

（4）投入情况。2019年，工程中心总投入10.59亿元，其中研发投入6.64亿元，而研发投入中财政科技专项经费1.76亿元、依托单位投入3.7亿元、中心内部投入1.18亿元。

2. 绩效产出情况

（1）工程中心技术创新情况

①专利专著。2019年，工程中心申请专利140件，其中申请发明专利95件、实用新型专利38件；授权专利274件，其中授权发明专利98件、实用新型专利157件、外观专利19件、软件著作权7件；发表论文339篇，其中EI论文47篇、SCI论文119篇、ISTP论文55篇、中文核心期刊论文57篇；出版专著14部。

②标准制订。2019年工程中心共制订各类标准67项，其中国家标准4项、行业标准4项、地方标准17项、团体标准1项、企业标准41项。

③工程化能力。2019年工程中心配合承担各类科研项目305项，其中：国家级56项，项目总经费6317.72万元；省部级123项，项目总经费1.27亿元；自主开发项目84项，项目总经费1.32亿元；企事业单位委托开发项目41项，项目总经费6916.1万元。

（2）工程中心经济效益情况

青海省工程中心主要的经济收益是技术服务收入（见图3）、提供检验检测等服务性收入（见图4）。2019年工程中心技术服务收入和提供检验检测等服务性收入共30301.46万元，其中技术服务收入10246.28万元、提供检验检测等服务性收入3455.18万元、其他收入1.66亿元。

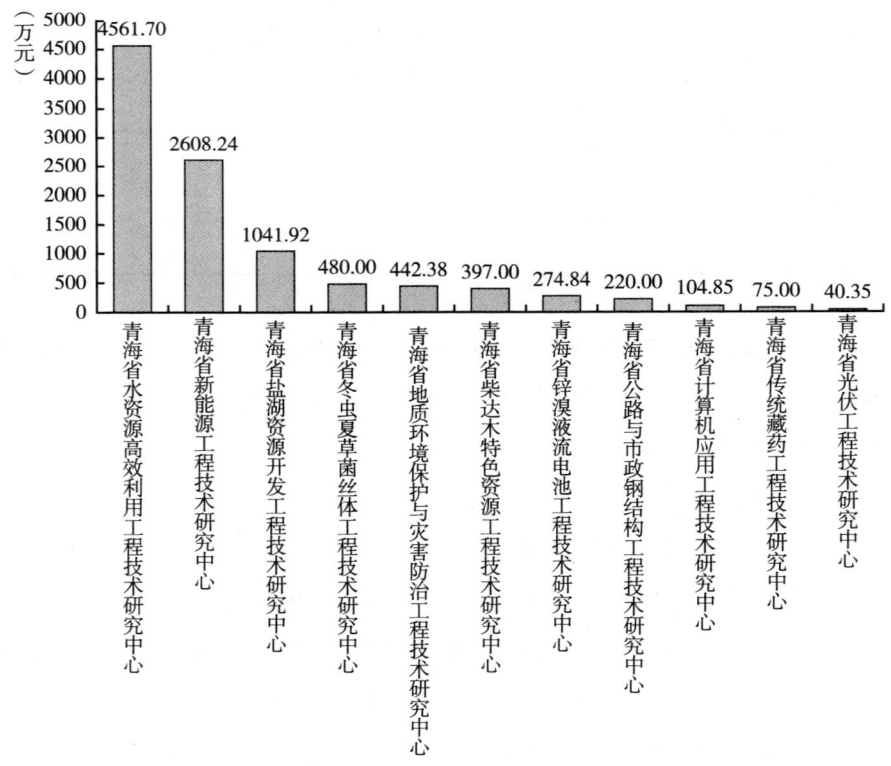

图3 2019年青海省工程中心技术服务收入排序

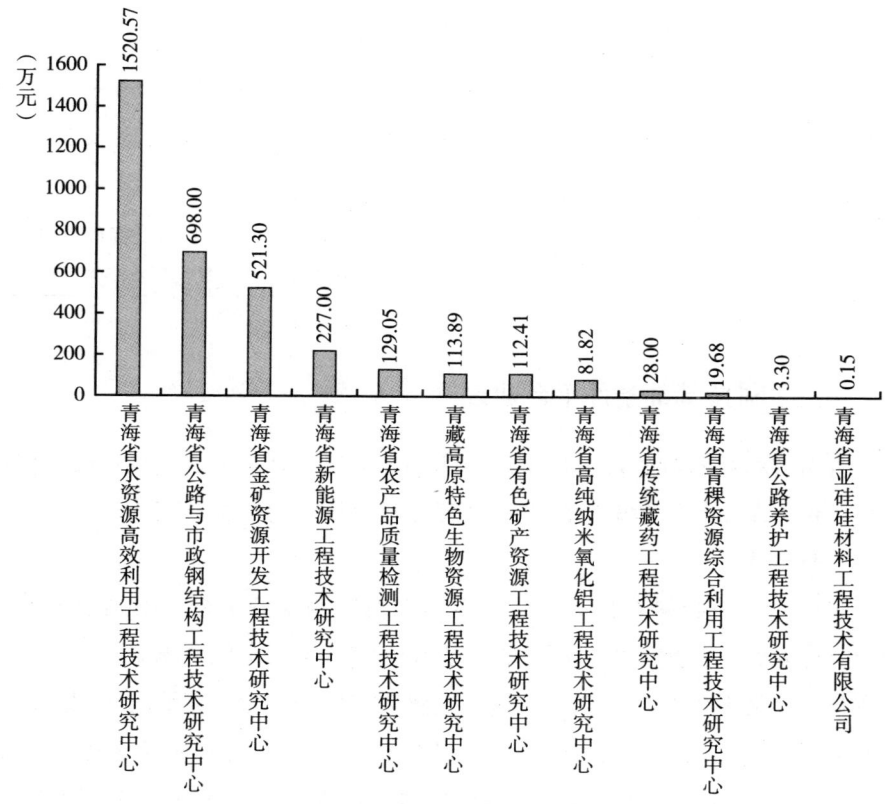

图4 2019年青海省工程中心检验检测服务收入排序

工程中心通过发挥平台效应不断提升依托单位及行业的技术发展，促进成果转化带动经济发展。

①工程中心对依托单位的经济贡献（见表2）。2019年新建生产线（中试基地）32条/个，新增产值58.39亿元，总收入72.55亿元，研发投入6.64亿元，投入产出比近1:11。

②工程中心促进成果辐射扩散。工程中心促进成果辐射扩散分为推广新产品、推广新技术、技术服务和技术转让等部分，其中：技术服务17项次，技术服务收入2.14亿元；技术转让8项，转化金额为1774.84万元；新产品推广共2项，转化金额为240万元；推广新技术10项，转化金额为8058.9万元。

表2　2016~2019年青海省工程中心对依托单位的经济贡献

单位：万元

年度	销售收入	新增产值	研发投入
2016	9667759.09	498774.46	208053.44
2017	9818625.44	520581.44	231191.24
2018	10246975.44	552743.00	244780.03
2019	9930180.27	583867.86	66378.79

（三）科技基础条件平台建设

青海省科技基础条件平台运用共建共享机制，有效配置科技资源，搭建了公益性、基础性、战略性的布局合理和开放高效的资源共享信息平台。

1. 整体情况

2019年，支持科技数据价值挖掘与动态监测服务平台、中国盐湖科技产业智库及锂资源评价大数据平台、青海省雷电实时定位监测服务平台、青海省自然资源要素与生态状况一体化遥感监测应用平台、青海省知识产权公共服务平台、高原地区危重症儿童救治转诊平台、青海省科技大数据PaaS平台、青海省机电产品质量监督检验服务平台共8项科技基础条件平台建设项目，资助经费1800万元，平均支持强度为225万元，较上年增加16.0%。

同时，根据省科技计划项目抽查工作部署，对2019年度在研的科技基础条件平台项目进展情况进行了抽查，对项目研究内容实施进展情况和财务支出情况进行了综合评价，同时根据专家对项目4个等级综合评价进行量化打分，抽查率为100%。项目执行情况检查中项目进展顺利的占75%；针对个别进展较缓项目，进行了通报及限期整改建议。

2019年科技基础条件平台项目全年执行资金总额1028.6万元，其中财政拨款871.97万元，其他资金156.65万元；年度资金总额全年执行率达到57.1%，其中财政拨款全年执行率为48.4%，其他资金全年执行率71.2%。2019年度基础条件平台取得的成效：申请省级科技成果3项；发表论文4

篇，其中中文核心期刊1篇；申请专利2项，取得软件著作权或专利9项；培养硕士研究生2名，引进硕士研究生1名。

2. 成效及亮点

（1）青海省科技文献资源共享服务平台

青海省科技文献资源共享服务平台2017年4月建设完成并上线运行，持续运行情况良好，在2年多时间内，系统平台不断升级优化，力求实现科技信息资源支撑服务职能（见图5）。

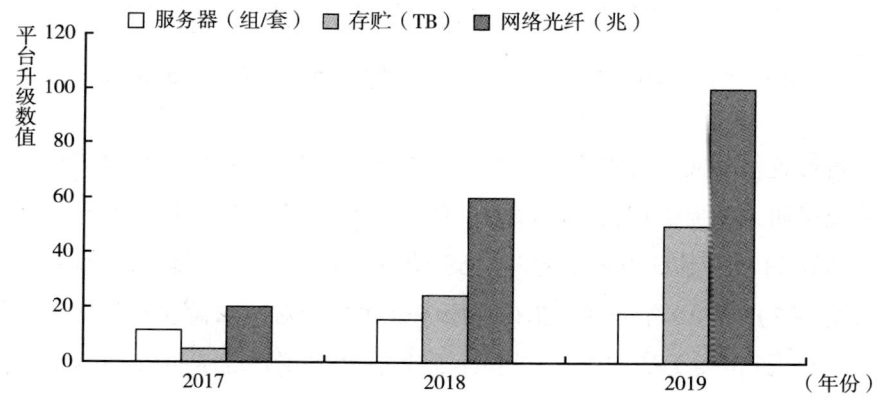

图5　2017～2019年青海省科技文献资源共享服务平台运行情况

为了提供便捷全面的科技文献资源服务，2017～2019年，整合文献数据库资源，将原数据库与中国硕博论文全文数据库（全文）、维普全文数据库（全文）、国家科技图书文献中心（NSTL）西宁服务站（全文）、PubMed（题录）、CNKI新平台（全文）、谷歌学术（全文）等文献平台资源进行深度整合，实现了文献类型的全面拓展，平台能够为青海省用户提供科技期刊、学位论文、会议论文、标准文献、专利文献、科技报告、科技成果、科技智库等全面的文献内容，实现了资源的深度拓展。

截至2019年12月，平台容量达9亿多条，科技期刊超过7200万篇（见图6），科技期刊全文超过6400万篇，可提供服务的数据库及相关信息资源已达到127个，数据储存量达7T以上。

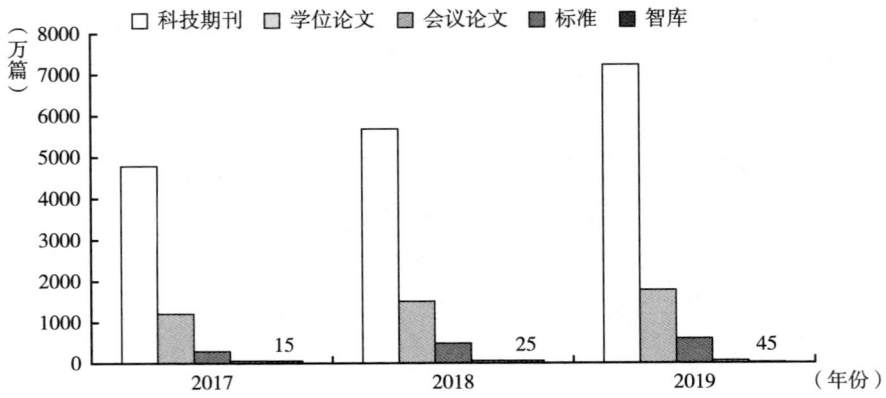

图 6　2017～2019 年青海省科技文献资源共享服务平台文献更新情况

青海省科技文献资源共享服务平台持续为青海省科研院所、高等院校、企业及科研人员提供科技文献服务。截至 2019 年 12 月 31 日，平台累计访问量达到 11.3 万次，文献浏览量达到 10.37 万次，文献下载量达到 8.5 万篇（见图 7）；2018 年开展文献传递服务（主要针对特殊需求及外文资源需求），已累计传递文献 3100 余篇；平台共有注册用户 351 位（包括集团用户：仅统计母账户，子账户由集团管理自有分配），其中公司企业用户 116 家、科研机构用户 74 家、医疗机构用户 64 家。

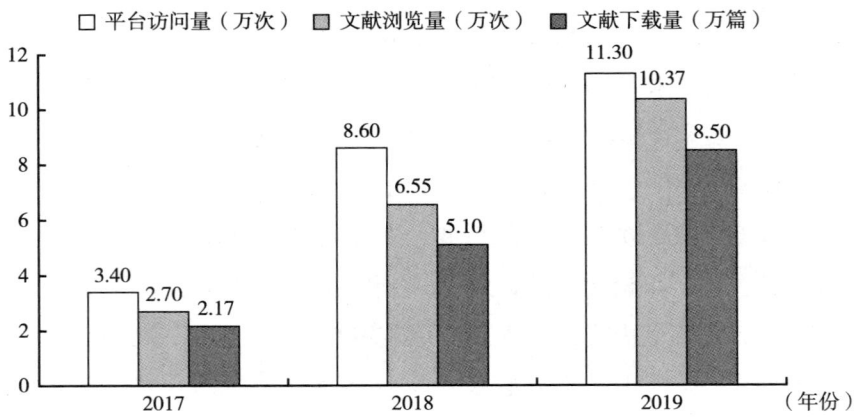

图 7　2017～2019 年青海省科技文献资源共享服务平台文献服务情况

通过宣传推广，扩大科技文献服务的覆盖面，重视服务向州县辐射，2019年已有州县注册用户7家，注重服务主体拓展，满足了政府机关、高校师生、科研人员、企业、农牧民、个人等各种类型各种需求的文献服务。

（2）青海省知识产权公共服务平台

青海省知识产权公共服务平台项目在充分调研青海省创新主体对知识产权公共服务的需求基础上，设计了包括特色服务、融资服务、在线办事等内容；对接青岛市知识产权局，初步确定了青海省知识产权公共服务平台的主要模块架构；已完成部分资源的整合及子系统的建设。计划于2020年建设成信息利用、维权援助、交易实施、交流合作、政务服务、教育培训等模块，实现企业与专利信息服务有效对接，提供一站式的创新知识产权服务平台。以知识产权公共平台和服务核心促进知识产权权利化、商用化、产业化。

（四）青海省科普发展情况

2018年度全省科普工作总体情况保持稳定。科普经费投入持续增加，科普专职人员相对稳定，兼职人员增幅较大，人员结构有所变化，农村科普人员占比不断上升；科普画廊和科普活动室数量上升，科普活动场地、移动科普宣传力度有所下降；科普传播媒介继续发挥重要作用，科普活动举办规模不断扩大，群众参与度明显提升，科普活动讲座形式多样，高校、科研机构开放力度进一步加大，科普活动日益成为提高公众科技意识和科学素养的重要途径，以科技活动周为代表的群众性科普活动产生了广泛的社会影响。

1. 科普专职人员占比有所下降，兼职人员增幅较大，农村科普人员占比不断上升

2018年度全省共有科普人员11001人，其中：科普专职人员854人，占科普人员总数的7.76%；科普兼职人员10147人，同比增长43.89%，占科普人员总数的92.24%。全省科普兼职人员共投入工作量23654人/月，同比增长442.52%，较上年提高218.11个百分点，增幅明显。中级职称及以上或大学本科及以上学历的科普人员5435人，占科普人员总数的49.40%，占比较上年下降6.92个百分点。其中：中级职称及以上或大学本

科及以上学历的科普专职人员 421 人，占科普专职人员总数的 49.30%，占比较上年下降 6.98 个百分点；中级职称及以上或大学本科及以上学历的科普兼职人员 5014 人，占科普兼职人员总数的 49.41%，占比较上年下降 6.91 个百分点。科普工作人员的数量增加明显但整体素质较上年有所下降。农村科普人员 1571 人，占科普人员总数的 14.28%。其中：农村科普专职人员 58 人，占科普专职人员总数的 6.79%；农村科普兼职人员 1513 人，占科普兼职人员总数的 14.91%。农村科普人员数量有所增长，农村科普环境有所改善。科普管理人员 173 人，占科普人员总数的 1.57%，占比较上年下降 0.87 个百分点。专职从事科普创作的人员共 81 人，占全省科普人员总数的 0.74%，占比较上年下降 0.25 个百分点，总体规模仍然较小。

2. 科普经费投入下滑，科普经费使用额有所增加

2018 年度全省科普经费筹集额 10163.78 万元，同比减少 0.73%。其中，政府财政拨款 8672.96 万元，同比减少 0.16%，占投入总金额的 85.33%，占比较上年增加 0.49 个百分点。在政府拨款的科普经费中，科普专项经费 6176.51 万元，同比减少 16.72%，占年度科普经费总额的 60.77%，占比较上年下降 11.67 个百分点。年度科普经费筹集额及政府拨款持续增长。

2018 年度青海省科普经费使用额共计 10834.56 万元，同比增长 14.16%，其中：行政支出 3538.82 万元，同比增加 25.62%；科普活动支出经费 4982.89 万元，同比增长 14.58%，科普活动支出占支出总额的 45.99%，占比较上年略有上升。科普场馆基建支出 1424.44 万元，同比下降 1.56%；其他支出 888.42 万元，同比增长 0.27%。科普场馆基建支出较上年减少 22.56 万元。其中展品、设施支出经费 792.44 万元，同比下降 33.8%，占科普场馆基建支出经费的 55.63%，占比较上年下降 27.09 个百分点；场馆建设支出 101 万元，较上年减少 47 万元。

3. 科普活动讲座形式多样，高校、科研机构开放力度进一步加大

2018 年度全省举办科普（技）讲座 7590 次，参加人数为 153.57 万人次；举办科普（技）展览 1162 次，参加人数为 130.09 万人次；各类机构共

举办科普（技）竞赛148次，参加人数为9.73万人次。2018年度全省科技活动周共举办科普专题活动563次，参加人数为47.83万人次。

2018年度共建有青少年科技兴趣小组353个，参加人数7791人；青少年科技夏（冬）令营活动共举办25次，参加人数2184人次。全省共有58个大学、科研机构向社会开放，约有38.1万人次参加；科普国际交流2次/年，参加人数33人次。

4. 加强科普宣传，积极开展各类科普活动

为落实《全民科学素质行动计划纲要实施方案（2016~2020年）》，充分发挥青海省科普工作联席会议的组织、领导和协调职能，与省科协建立了联合召开省全民科学素质工作会议暨科普联席会议的工作机制，为贯彻落实《全民科学素质行动计划纲要实施方案（2016~2020年）》，全面推进科普工作提供了组织保障。利用"三下乡"、科技活动周、大学生创新创业大赛、"双创"活动周、全国科普日等活动，开展多种形式的科普活动和社会实践，增强青少年对科学技术的兴趣和爱好，增强创新意识、锻炼实践能力，不断提高科学素质。2019年举办了以"科技强国 科普惠民"为主题的科技活动周，全省各州市组织开展了科技大篷车流动宣传、科普基地和实验室开放、科研人员和科普志愿者进校园进社区、科技下乡、科技咨询、科技培训（包括网络科普培训）、科普体验、科技成果推介、科普志愿者行动、科普进寺院等37项科普活动。全省1000余名科普工作者参与活动，共发放科普宣传资料16.2万余份（册），展出展板150余块；开展科技咨询、科技服务4.5万余人次；开放科研院所、科普教育基地、重点实验室30多个；义诊4500余人次，发放药品、农资等物资折合人民币约10万余元。培训农牧民5000人次，出动宣传车辆40辆，电视科普宣传4期，国家、省级媒体报道5期，参与群众达10万人次。除西宁市大通县主会场活动外，在全省各市州、县均设有分会场。结合科技活动周主题，围绕行业特点和地域特色，突出科技创新支撑强国富民主线，全省各市州分别组织大型科普宣传活动，以科技大篷车、流动科普馆、科普资料发放、科技成果展示、现场咨询、科技培训等方式，普及社会关切的食品安全、生态环保、低碳节能、健

康生活等科普知识。科技活动周期间各市州分会场组织科技、宣传、教育、农牧、消防、地震等单位，依托科普大篷车、科普教育基地等载体，集中开展科普宣传活动。整个科技活动周宣传形成了电视、电台、网络、报纸、短信、图书等多角度、多形式的强大媒体阵势，积极利用"两微一端"扩大科技活动周的影响力和覆盖面，为营造良好的宣传气氛发挥了重要作用。结合"全国科技工作者日"，鼓励青海省广大科技工作者牢记使命责任，进一步在全社会营造关心科技工作者、尊重科技工作者，尊重知识、尊重人才的良好社会氛围，广泛发动各条战线的科技工作者积极参与科普活动，深入农村牧区、企业和学校开展形式多样的科技活动，引导广大群众广泛参与，在活动中学习科技知识、学会用科技知识、方法解决生产生活中的实际问题。

同时，以科研科普基地为依托，积极推动科学技术传播。从2018年开始开展省级科研科普基地认定工作（2018年、2019年已认定8家），制定基地认定管理的办法。对已认定的科研科普基地给予经费补助。不断完善科普基础设施体系，统筹推进高等院校、科研院所、高新技术企业、各类实验室、工程（技术）中心、研发机构的科学仪器设备和各类信息文献资源向社会开放共享。

（五）科技人才队伍建设

2019年，省科技部门深入贯彻习近平总书记关于人才工作的重要论述，认真落实全省人才工作会议精神和"昆仑英才"行动计划，充分利用科技资源，加快实施各类人才计划，加大科技人才的引进培养力度，努力营造科技人才创新创业社会环境，为青海经济社会发展和科技事业进步提供强有力的人才支撑。

1. 科技人才基本情况

2018年全省R&D人员达7814人，比上年度下降19.2%，其中博士研究生学历657人、硕士研究生学历1436人、本科学历3528人、其他2193人。从事科技活动人员中科研机构为1167人，占总量的14.9%；企业为

3940人，占总量的50.4%；高等学校为1565人，占总量的20%；事业单位为1142人，占总量的14.6%。

截至2019年，青海省有工程院院士1人，有突出贡献的中青年专家40人，享受国务院政府特殊津贴专家662人，省级优秀专家315人，省优秀专业技术人才568人，省级自然科学与工程技术学科带头人425人。

2. 科技人才工作进展

（1）围绕谋划科技人才工作发展方向，重视人才。深刻领会"人才是创新第一资源"的思想内涵和精神实质，切实增强做好科技人才工作的责任感和使命感。2019年，为贯彻落实"昆仑英才"行动计划各项任务，一是制定印发了《青海省科技厅关于落实"昆仑英才"行动计划实施意见重点任务分工的实施方案》，二是根据《青海省人才工作领导小组2019年工作要点》，结合工作实际，制定印发了《青海省科学技术厅2019年科技人才工作要点》，明确了各部门责任分工，把科技人才发展作为主要工作任务来落实，取得了良好的效果。

（2）围绕推进制度改革营造创新环境，激励人才。以激发科研人员的积极性创造性为核心，出台科技人才发展体制机制改革相关政策，补短板、强弱项、求实效。一是改进科技人才评价制度，省委办公厅、省政府办公厅印发了《青海省关于深化项目评审、人才评价、机构评估改革的实施方案》，以构建科学、规范、高效、诚信的科技评价体系为目标，改进科研项目评审、机构评估和人才评价，通过规范项目评审流程和科研机构管理，减轻科研人员的负担、营造潜心研究的创新环境。二是建立完善科研诚信机制，制定印发了《青海省省级科技计划科研诚信管理办法》，加强科研诚信建设，弘扬科学精神，营造良好的学术生态，切实推动了青海省科技界转变学风作风。

（3）围绕搭建创新平台整合科技资源，凝聚人才。强化科技创新主体和载体建设，着力搭建各类科研平台，形成科技创新和成果产出的育才"土壤"。一是新认定科技型企业98家（总数达到432家）、高新技术企业38家（总数达到184家）、临床医学研究中心5家；新建联合实验室4家，新认定省级重点实验室6家（总数达到66家）、省级工程技术研究中心7家（总数达到71家）、省级科技企业孵化器1家（总数达到15家）、省级众创空间9家（总数达到48家），新增国家级科技企业孵化器1家（总数达到6家）、省科研科普基地4家（总数达到8家），全省科技创新体系日益完善。二是为提升平台创新创业服务能力，经考核评估，支持科研经费1.23亿元。通过为科技人才引进培养和施展才华搭建平台，集聚科研项目攻关人才，持续提升科技创新能力。

（4）围绕依托科技项目提升创新能力，锻炼人才。进一步发挥科研项目在培养基础研究人才方面的作用，采取多项举措提升人才项目资助效益，加强科技人才队伍建设。一是实施科技人才专项资助计划——青海省自然科学基金项目。2019年共资助入选青海学者、"昆仑英才·高端创新创业人才"、学科带头人、青年博士、创新团队等87项，资助经费2500万元。二是组织实施了"西部之光"人才培养计划。组织征集推荐2019年度"西部之光"项目立项10项，资助经费158万元，重点支持西部优秀青年人才及其团队开展体现西部区域特色的科研工作。三是通过省级重大专项、重点研发、基础研究等科技计划项目支持，培养具有创新意识、创新能力的各类科技人才和团队，2019年共组织实施各类科技项目357项，资助经费4.51亿元。

（5）围绕加强合作交流拓宽引智渠道，吸引人才。敞开对外开放交流大门，开展高水平的合作研究，充分发挥国外科技资源优势，吸引国内外高端专家学者服务青海经济社会发展。一是加强引进外国高端专家，邀请国外知名企业、著名高校的专家和学者，紧紧围绕青海省生态环保、农牧、化工、能源、医疗和生物等多个领域，开展技术指导、参与技术攻关和课题研究等活动，帮助解决相关单位在生产、科研等方面遇到的技术"短板"问题，对青海省科研、医疗、教育等单位的技术创新和升级发挥积极作用。举办以色列"节水灌溉技术"专家来青讲学活动。2019年度外国专家项目（省级）资助23项，省级财政拟资助500万元。二是组织实施科技合作项目，推动合作共赢，2019年共资助科技项目24项，资助经费1500万元。

三是组织实施柴达木盐湖化工科学研究联合基金，由国家基金委和青海省各出资 5000 万元，共计 1 亿元，围绕盐湖化工产业发展的关键科学问题，资助项目共 102 项，其中省外专家主持项目 81 项，吸引省外优秀人才 400 余人参加了盐湖产业可持续发展中的科学问题研究，为我所用。

（6）围绕引导科技服务基层发挥引领作用，培养人才。充分发挥科技人才的智力引领和支撑作用，带动"三区一线"人才队伍培养和科技发展。持续实施"三区"人才计划科技人员专项，积极开展科技特派员专项工作，进一步推进人才、技术及资金等资源面向艰苦边远地区和基层一线流动，2019 年选派"三区"科技人才 1000 名，受培基层科技人员 269 人次，通过 12 期培训班，培训来自全省具有创新创业服务潜力的基层专业技术人员、企业（合作社）负责人、致富带头人等 807 人次。

（7）围绕实施人才计划促进科技队伍建设，推荐人才。人才计划与工程是培养、支持和凝聚人才的重要抓手，结合青海省创新驱动发展需求，以培养造就创新型科技人才为目标、以国家科技人才计划为统领，通过省级人才计划的实施，促进科技人才队伍建设，提升区域创新能力。2019 年，推荐青海省 14 名优秀科研人员参加国家级人才计划选拔，向省高端创新人才"昆仑英才·高端创新创业人才"推荐 41 人、团队 2 个，组织选拔省自然科学与工程技术学科带头人 52 人。

（8）围绕倡导科学精神营造重才氛围，关怀人才。积极为科技人才干事创业和实现价值提供机会和发展环境，最大限度激发人才创新创造活力。一是以"全国科技工作者日"为契机，省科技厅班子成员带队先后走访慰问了青海省首批"青海学者"获得者和青海大学知名专家学者，充分体现了对科技创新驱动发展的高度重视和对科技人才的尊重。二是开设《青海科技》"成果视窗"和"直播科技"专栏，为广大科技工作者搭建展示科技成果的平台，集中宣传科技领域内涌现的科技人物。弘扬求实、创新、批判、宽容的科学精神，增强科技人才荣誉感和归属感，营造尊重人才、见贤思齐的社会环境，切实发挥科技人才管理职能作用，主动加强沟通联系，不断提高服务能力和水平，为广大科技工作者创新创业创造更好的环境。

三 2020年青海科技创新体系建设工作思路

（一）继续深化科研领域"放管服"改革

实施"绿色通道"和科研项目经费包干制改革试点，精简流程、减表减负，赋予科研人员更大的科研自主权。持续推进"三评"改革，打破"四唯"倾向，解决"帽子"异化。大力弘扬科学精神和工匠精神，加强科研诚信体系建设，完善省级科技计划管理信息平台诚信功能模块，对科研失信人员开展联合惩戒。严肃查处学术不端行为、打击学术造假，积极防范应对科技前沿质疑和伦理规范风险。在全社会营造鼓励大胆创新、勇于创新、包容创新的良好氛围。

（二）加强创新平台建设布局

全力支持中科院三江源国家公园研究院、高原科学与可持续发展研究院等国家级平台建设。依托骨干企业、高等学校、科研院所和医疗机构，部署培育一批省级重点实验室、技术创新中心和临床医学研究中心。全力推进先进储能技术国家重点实验室、省部共建民族教育与文化智能技术国家重点实验室申报工作。大力推进海西州培育建设国家农业高新技术示范区。谋划建设国家牦牛技术创新中心、国家春油菜育种基地。支持省部共建三江源生态与高原农牧业国家重点实验室、藏药新药开发企业国家重点实验室做精做强，充分发挥其在科学研究和人才培养等方面的骨干作用。全力支持青海（国家）高新区及4个在建省级高新区创新发展。

（三）加大创新主体培育力度

持续实施高新技术企业和科技型企业"双倍增"及科技小巨人企业培育计划，大力扶持培育带动性强、技术先进的骨干企业，推动中小企业"专精特新"发展壮大。强化企业创新主体地位，支持龙头企业联合高校和科研院所组建产学研用联合体，大力培育发展新型研发机构，以科技项目为载体，支持大中小企业和各类主体融通创新。持续推进科研事业单位改革，建立现代科研院所制度。促进科技服务业和科技中介组织发展，共同培育"众创空间－孵化器－加速器－产业园"创新创业生态。

（四）优化科技人才体系

坚持投资于人，加大对经济社会发展急需的高层次科技人才培养，对青年科技人才实施普惠性政策，持续强化对创新团队的支持，鼓励科技人才服务基层，到科研一线施展才华。充分依托重点实验室、技术创新中心、临床医学研究中心等科技创新平台，培养打造留得住的科技人才队伍。用好外部科技资源，加强与发达省份高校、科研院所、科技园区的合作，搭建创新创业人才跨界平台，探索建立"人才飞地"，推动人才交流。创新海外高层次人才引智模式，完善外国专家管理服务体系建设。着手编制全省科技人才规划，制定科学的人才分类评价方案，构建全方位、多层次的科技人才体系。

G.5
2019年青海科技企业发展报告及其展望*

摘　要： 创新是引领发展的第一动力，是建设现代经济体系的战略支撑。高新技术企业作为全省科技创新主体已成为区域深入实施创新驱动发展战略、推动科技创新支撑引领现代化经济体系建设的重要抓手。科技型企业作为培育高新技术企业的后备军，对带动企业提高研发投入、优化市场资源整合、培育新经济增长点具有积极意义。截至2019年底，青海省高新技术企业达到184家、科技型企业达到432家。2020年是"十三五"规划的收官之年，也是实现"十三五"科技型企业、高新技术企业数量倍增目标的最后一年，多措并举持续推进认定工作，为高质量实现经济社会发展提供有力支撑。

关键词： 高新技术企业　科技型企业　青海省

一　青海省高新技术企业发展年度整体情况

2019年，青海省积极推动高新技术企业发展，新技术、新产品、新产业成为助推经济发展的重要动力。高新技术企业发展带动人才、技术、资金的流动，提高了全省经济发展中的高科技含量，对于全省市场资源整合起着重要的推进作用。在全省绿色经济、数字经济发展的大背景下，新材料、资源与环境、高技术服务等一批高新技术企业在利好政策的推动下，通过科技

---

* 课题组成员：许淳、张银廷、李岩、赵以莲、高亚锋、郭敏、刘永庆、米杰、张军剑、杨灿、陈智、彭文博。

2019年青海科技企业发展报告及其展望

创新持续成长壮大，显现了青海省实施创新驱动发展战略、培育壮大高新技术企业、推动经济转型升级的积极成效。当年新认定高新技术企业38家，重新认定28家。截至2019年底，全省高新技术企业达到184家，工业总产值482.24亿元①，主营业务收入698.34亿元。青海省高新技术企业发展取得了突出成效。

（一）企业发展规模逐渐壮大

近几年来，青海省高新技术企业数量呈稳定增长趋势。截至2019年底，青海省高新技术企业数量由2016年的130家增加到184家，增幅达41.54%，年均增长率达12.28%；高新技术企业工业总产值由401.76亿元增加到482.24亿元，增幅达20.03%，年均增长率达6.28%；高新技术企业总资产由1517.33亿元降至1340.25亿元，降幅为11.67%，年均增长率为-4.05%；高新技术企业从业人员期末数量由51552人降至49345人，年均增长率为-1.45%（见表1）。

表1 2016~2019年青海省高新技术企业发展规模

经济指标	2016年	2017年	2018年	2019年	年均增长率(%)
高新技术企业数量(个)	130.00	144.00	167.00	184.00	12.28
从业人员期末数量(人)	51552.00	53317.00	47849.00	49345.00	-1.45
工业总产值(亿元)	401.76	371.70	462.82	482.24	6.28
总资产(亿元)	1517.33	1816.77	1788.23	1340.25	-4.05
总负债(亿元)	981.63	1285.31	1295.10	1322.43	10.44

相比于国内发达省份，青海省高新技术企业整体力量相对较弱，对比西北五省（区）高新技术企业发展情况，青海省高新技术企业数量处于五省（区）中等偏下水平，排第4位（见图1）。

对比2016~2019年西北五省（区）高新技术企业人均营业收入指标，

---

① 资料来源：高新技术企业数据出自2016~2019年青海省火炬统计年报数据。

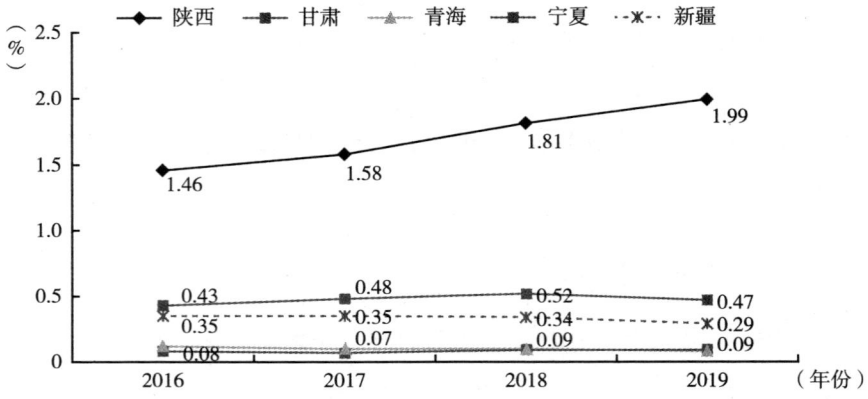

图 1　2016～2019 年西北五省（区）高新技术企业占比全国总量情况

青海省高新技术企业呈逐年递增趋势（见图 2）。青海省高新技术企业从业人员人均营业收入从 2016 年的 87.27 万元增加到 2019 年的 141.52 万元，年均增长率达 17.49%，相对其他 4 省（区）增长速度较快，说明随着青海省对高新技术企业工作的重视和政策激励，近年认定的高新技术企业从企业规模、经济效益方面都发展得相对稳定向好。

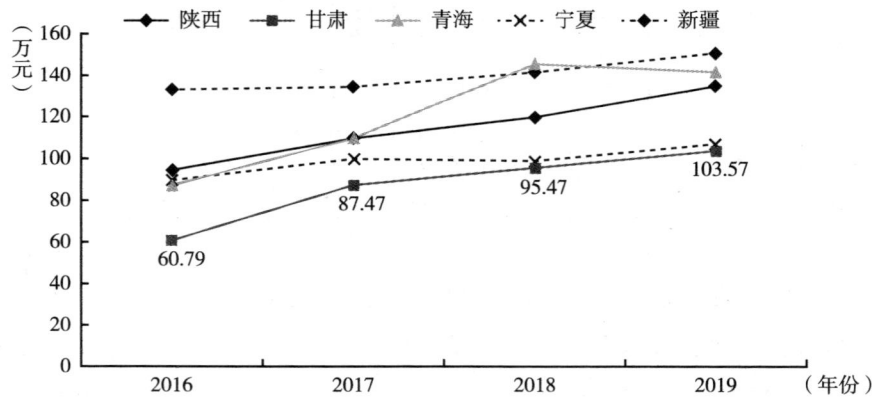

图 2　2016～2019 年西北五省（区）高新技术企业人均营业收入变化情况

（二）新兴技术领域发展态势良好

随着高新技术企业总量的增加，青海省高新技术各技术领域企业数量有一定幅度的增长。综观2016～2019年数据，除航空航天领域外，涉及其他七大技术领域，其中新能源与节能技术领域高新技术行业企业数量略有下降，其他技术领域均有所增加。资源与环境技术领域的高新技术行业企业数增长率达到44.22%；新材料技术、高技术服务业、资源与环境技术、电子信息技术、先进制造与自动化五大技术领域的高新技术行业企业数量增长率高于全省高新技术行业企业数量的增长率。资源与环境、高技术服务、新材料等领域企业数量的增加，说明青海省高新技术企业绿色发展能力、主导优势产业在逐步提升（见表2）。

表2 2016～2019年青海省高新技术企业技术领域分布情况

单位：个，%

技术领域	2016年	2017年	2018年	2019年	年均增长率
高新技术企业数	130	144	167	183	12.28
其中:电子信息技术	10	14	19	16	16.96
高技术服务业	27	26	33	41	14.94
先进制造与自动化	11	11	15	17	15.62
生物与新医药技术	36	41	47	47	9.29
新材料技术	20	21	24	32	16.96
新能源与节能技术	21	17	15	15	-10.61
资源与环境技术	5	14	14	15	44.22

进入"十三五"以来，在做好青海省地区特色优势产业和战略性新兴产业发展的同时，将锂电、新材料、光伏光热、盐湖资源综合利用作为4个"千亿元产业集群"重点发展，2019年高新技术企业在高技术服务业、新材料技术、资源与环境技术、新能源与节能技术领域企业营业收入占高新技术企业营业收入的91.68%，占据主导地位，发展态势良好（见图3）。

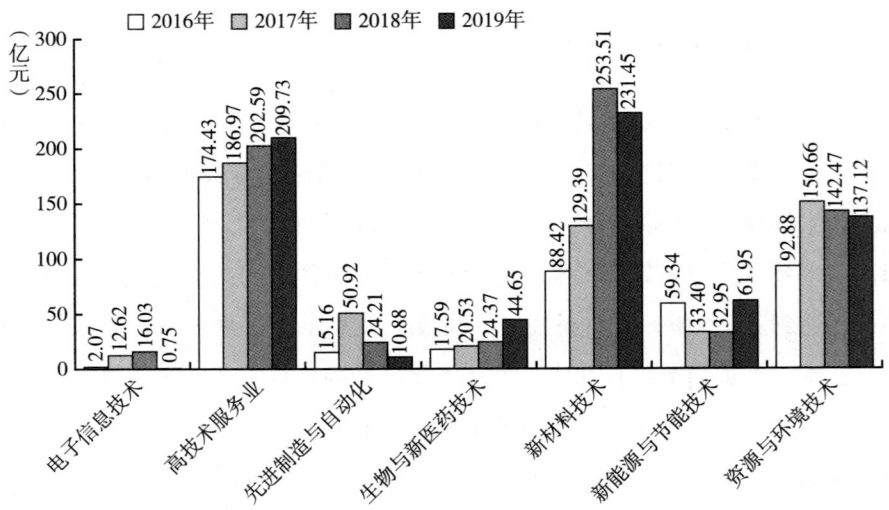

图 3　2016~2019 年青海省高新技术企业各领域营收变化情况

（三）高新技术企业所属行业呈现集聚趋势

从高新技术企业地域分布、企业数量和从业人员规模来看，青海省高新技术企业所属行业呈现集聚趋势。2019 年，青海省高新技术企业技术领域从之前的 7 类领域增加至 8 类，新增航空航天类别，高新技术企业分布在电子信息技术、高技术服务业、先进制造与自动化、生物与新医药技术、新材料技术、新能源与节能技术、资源与环境技术、航空航天 8 大技术领域。2019 年，高技术服务业企业 41 家、生物与新医药技术企业 47 家、新材料技术企业 32 家，三类合计占全省高新技术企业的 65.22%。此外，高技术服务业领域从业人员期末人数达 13040 人，新材料技术领域从业人员期末人数达 14596 人，资源与环境技术领域从业人员期末人数达 10352 人，三大领域合计占全省高新技术产业从业人员（49345 人）的 76.98%，占据全省高新技术产业从业就业的主导力量。

从高新技术企业地域分布和经济贡献情况分析，通过表 3、图 4、图 5 可以直观看出，近年高新技术企业无论从数量还是经济产出，西宁和海西地区依然占据主体地位。其中：西宁涉及高新技术企业数量较多，领域以高技术服务业、生物与新医药技术、新材料技术等为主，规模以中小企业居多；海西州围绕柴达木循环经济试验区，重点以盐湖化工及上下游企业为主，企业发展规模较大。

表3 2016~2019年青海省高新技术企业地域分布情况

单位：个

地区	2016年	2017年	2018年	2019年
西宁市	106	119	139	150
海东市	6	7	7	9
海西州	11	12	16	21
海南州	5	4	4	2
海北州	1	1	0	0
黄南州	0	0	0	0
果洛州	1	1	1	1
玉树州	0	0	0	1

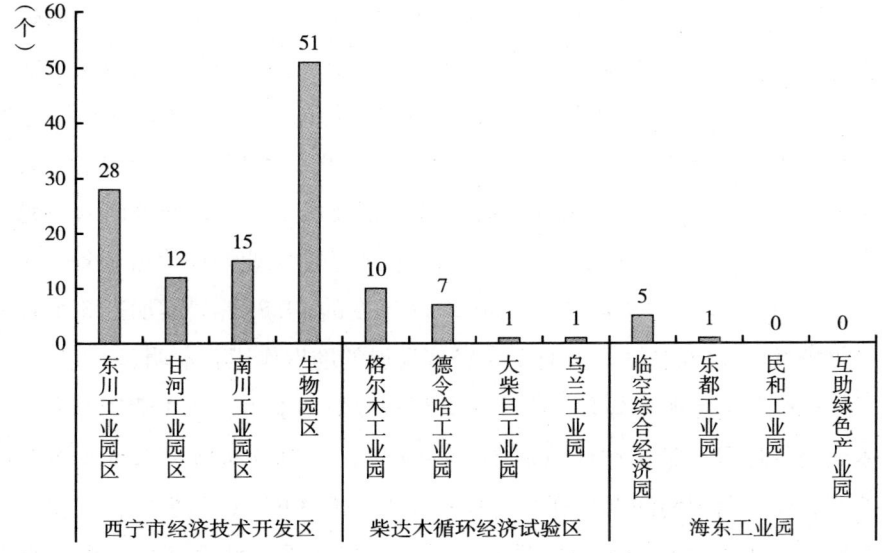

图4 2019年青海省高新技术企业园区分布情况

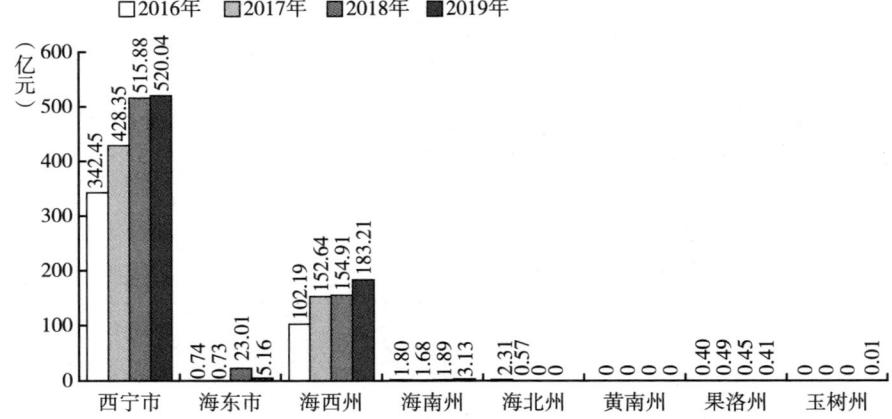

图 5　2016~2019 年青海省高新技术企业各地区营收分布情况

（四）企业经济效益稳步提升

截至 2019 年底，青海省高新技术企业全年工业总产值 482.24 亿元，主营业务收入 658.85 亿元，同比增长 4.20% 和 1.36%；主要领域中，高技术服务业、生物与新医药行业、新能源与节能行业、资源与环境行业主营业务收入分别为 207.85 亿元、44.11 亿元、60.37 亿元和 107.59 亿元，同比增幅分别为 3.54%、84.61%、93.56% 和 -10.96%；2019 年新增航空航天领域企业主营业务收入 1.82 亿元。青海省高新技术企业主营业务收入呈稳中有升态势发展。对比全省工业企业，高新技术企业工业增加值占全省工业生产总值从 2016 年度的 9.85% 增加至 2019 年度的 14.81%，增加近 5 个百分点（见图 6），高新技术企业对全省经济发展的助推作用日益明显[①]。

净资产收益率指标体现自有资本获得净收益的能力，成本费用利润率指标体现经营耗费所带来的经营成果。2019 年，青海省高新技术企业净资产收益率、成本费用利润率分别为 -3101% 和 -99.49%（见图 7），同比呈下滑态势（由于青海盐湖工业股份有限公司亏损严重，剔除其相关数据重新

---

① 数据出处：高新技术企业工业增加值数据出自 2019 年青海省高新技术企业快报数据。

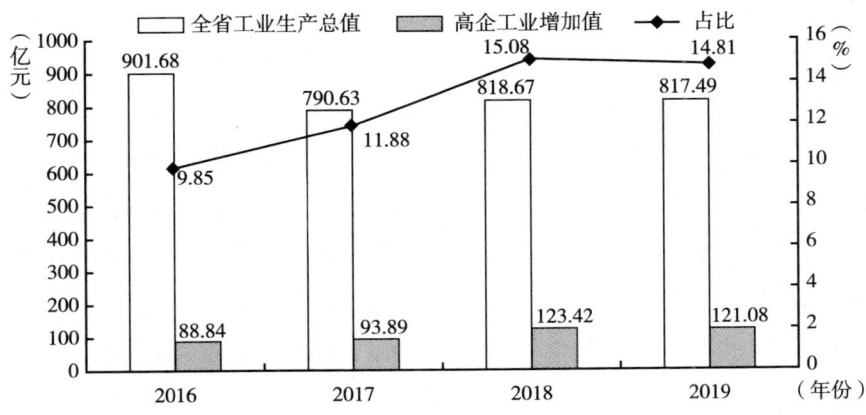

图6　2016~2019年青海省高新技术企业工业增加值占比全省变化情况

计算净资产收益率、成本费用利润率分别为1.65%和1.55%）。2017年度青海盐湖工业股份有限公司因生产成本增加、下属公司安全事故停产整改等内外部因素影响，亏损严重，影响了高新技术企业当年度整体经济指标，图7中出现下滑折线式波动。

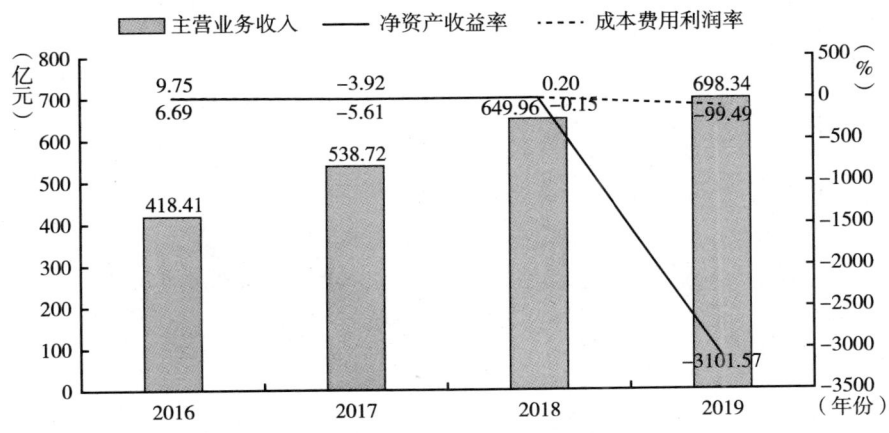

图7　2016~2019年青海省高新技术企业效益变化情况

净资产收益率、成本费用利润率指标越高，说明企业获利能力越强，亦说明经济效益越好。从技术领域划分来看（见图8、图9）：2019年青海省新能源与节能技术、电子信息技术、生物与新医药技术领域企业净资产收益率分别为16.08%、8.01%和4.75%（资源与环境领域因净资产为负，故无数据，剔除青海盐湖工业股份有限公司数据，重新计算资源与环境领域净资产收益率、成本费用利润率分别为6.06%和15.81%）；电子信息技术、新能源与节能技术、生物与新医药技术领域企业成本费用利润率分别为46.61%、16.78%和4.55%，与上年相比，均呈上升态势；2019年新增航空航天行业净资产收益率、成本费用利润率分别为213.30%和3.67%。通过图8、图9可以直观地看出，先进制造与自动化、新材料技术、资源与环境技术领域企业近年的净资产收益率和成本费用利润率同比出现下滑，受外部供需市场、行业竞争激烈等因素影响，企业获利空间在持续压缩，只有不断通过技术创新，提升产品质量，才有望在行业发展中占据一席之地。2016~2019年，青海省高新技术企业净资产收益率和成本费用利润率虽出现波动，但排除特殊因素影响，整体呈现回升趋势。

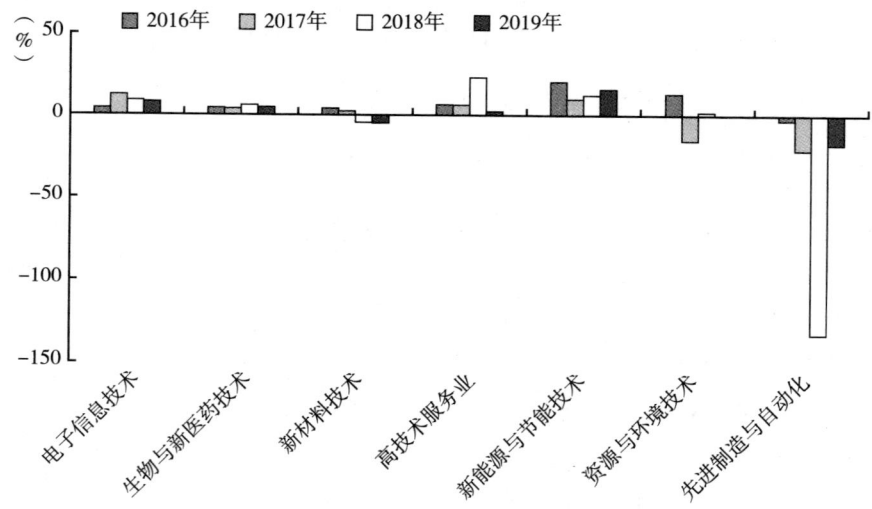

图8　2016~2019年青海省高新技术企业各领域净资产收益率变动情况

（五）创新资源投入力度逐渐加大

2016~2019年，青海省高新技术企业科技活动人数占从业总人数比重

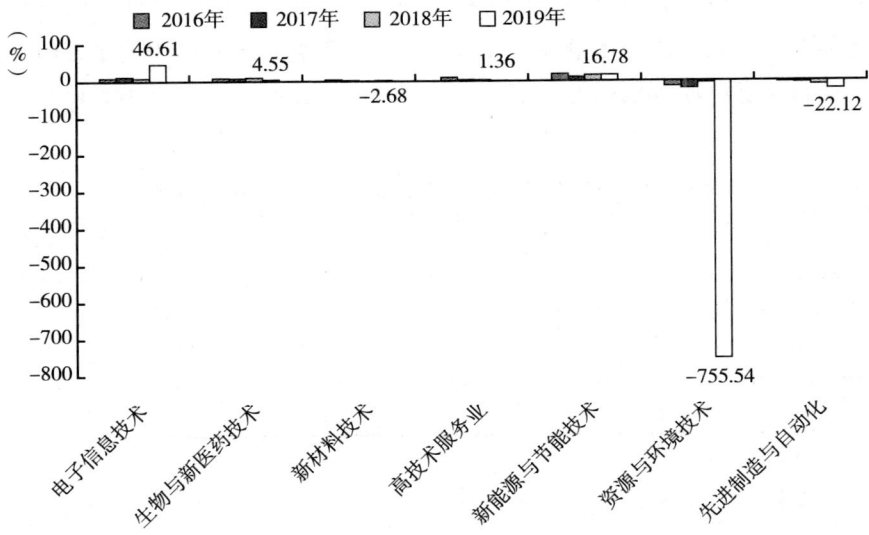

图9 2016~2019年青海省高新技术企业各领域成本费用利润率变动情况（按领域划分）

总体呈稳定态势，由2016年的20.98%变化为2019年的20.93%。科技活动经费占销售收入的比重由2016年的4.40%变化为2019年的3.53%，研发投入强度略有下滑（见图10）。专利申请及授权数量分别由2016年的576项、

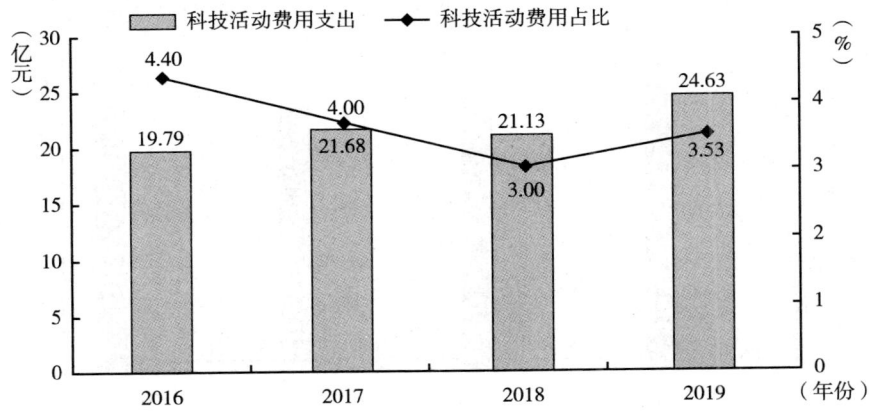

图10 2016~2019年青海省科技活动费用支出及占比情况

340项增至2019年的995项、739项（见表4）。随着企业对科技创新重视程度的不断提高，作为衡量高新技术企业技术创新投入和产出的重要组成部分，科技活动经费支出和专利申请授权总量保持一定存量，稳中有增。

表4　2016～2019年青海省高新技术企业创新能力情况

指标	2016年	2017年	2018年	2019年
科研活动人数占从业人员比重（%）	20.98	27.64	19.73	20.93
科研活动经费占销售收入比重（%）	4.40	3.71	3.04	3.53
专利申请数（项）	576	824	1010	995
专利授权数（项）	340	540	756	739
其中：发明专利授权数（项）	90	87	120	120

人才资源是企业发展的智慧财富、创新活动的核心要素，从图11可以看出，2016～2019年青海省高新技术企业高学历人才占有量保持稳定，本科及以上人员占比保持在28%的水平左右，硕士及以上高学历人才占比保持在136人/万人的水平。随着省内人才政策的不断优化，科技援青、院地合作、昆仑英才·高端创新创业人才、西部之光人才培育等活动的开展，对破解企业高端人才需求难题起到一定的促进作用。

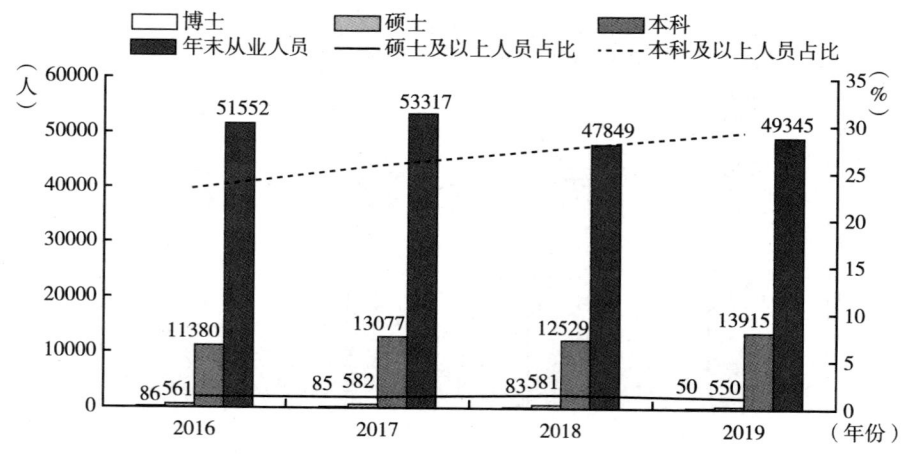

图11　2016～2019年青海省高新技术企业高学历人才储备情况

专利作为一种无形资产，具有巨大的商业价值，是企业提高产品市场竞争力的有力手段。近年来，青海省高新技术企业加强了对自主知识产权的重视程度和投入力度，专利申请授权数量在不断增加。但从图12中看出，青海省高新技术企业专利申请构成上，最能体现核心技术含量的发明专利有递减的趋势，说明在核心技术研发和申请方面，青海省高新技术企业还有很大的提升空间。

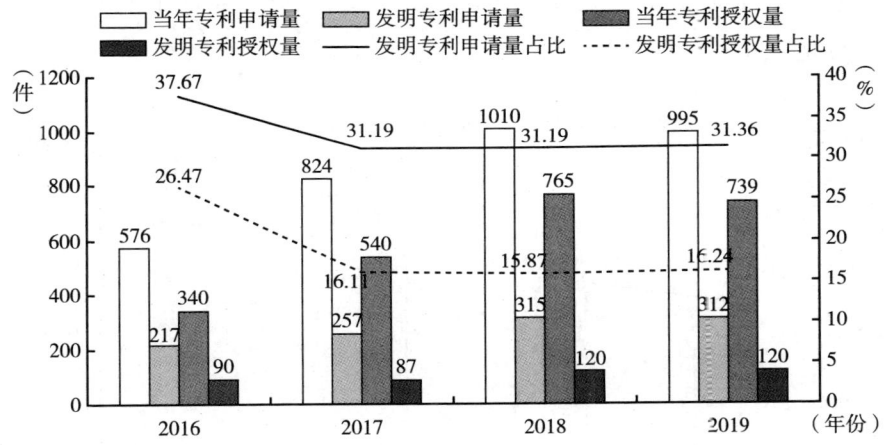

图12 2016~2019年青海省高新技术企业专利申请及授权情况

二 青海省科技型企业发展年度整体情况

2019年，青海省积极推动科技型企业发展，以培育高新技术企业发展的后备军，为带动企业提高研发投入、优化市场资源整合、培育新的经济增长点积聚力量。全省科技型企业发展规模持续扩大，当年新认定科技型企业98家，重新认定106家。截至2019年底，全省科技型企业达到432家，科技型企业工业总产值为542.12亿元，实现总收入763.69亿元①。青海省科技型企业发展成效显著。

---

① 数据出处：省科技型企业数据出自2016~2019年青海省科技型企业年度快报数据。

（一）中小微企业为主，企业发展规模不断扩大

"十三五"以来，青海省科技型企业数量呈逐年递增趋势，截至2019年底：青海省科技型企业数量由2016年的256家增加到2019年的432家，增幅达68.75%，年均增长率19.06%；科技型企业从业人员期末数量由2016年的25827人增加到2019年的57717人（见图13），增幅达123.48%，年均增长率为30.74%；户均企业从业人员数由2016年的101人/户增至2019年的134人/户。

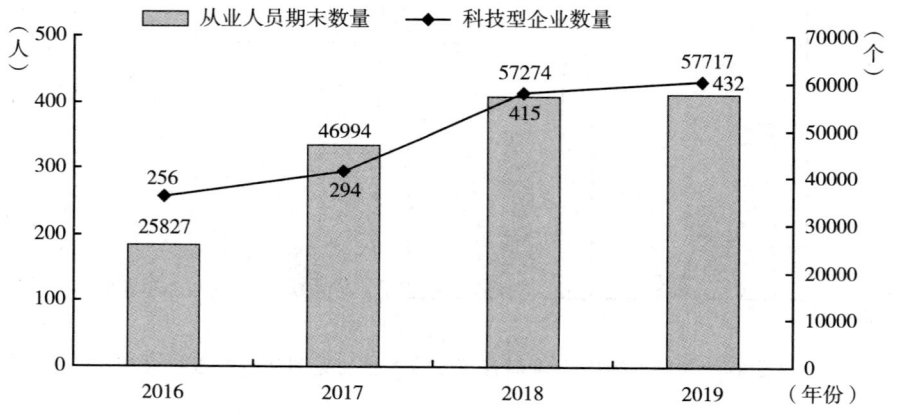

图13 2016～2019年青海省科技型企业发展规模情况

按企业规模划分：432家科技型企业中，资产10亿元以上企业24家，占比5.56%；1亿至10亿元（含）企业88家，占比20.37%；5000万元至1亿元（含）企业49家，占比11.34%；2000万至5000万（含）企业81家，占比18.75%；2000万元及以下企业190家，占比43.98%。科技型企业总体以中小微企业为主。

（二）围绕地区优势产业，产业结构持续优化

截至2019年底，青海省科技型企业合计432家，较2016年的256家增长了68.75%。其中：电子信息领域由2016年的25家增至55家，年均增长

率30.06%；新材料领域由16家增长到41家，年均增长率36.84%；资源与环境领域由13家增长到29家，年均增长率30.66%（见表5）。三领域增速远高于全省总量平均增速。2019年科技型企业覆盖至八大技术领域，产业结构不断优化，生物与新医药技术、高技术服务业、先进制造与自动化技术、新材料技术等传统优势企业和新兴产业占据主导地位。

表5　2016~2019年青海省科技型企业技术领域分布情况

单位：个，%

技术领域	2016年	2017年	2018年	2019年	年平均增长率
科技型企业数量	256	294	415	432	19.06
其中：电子信息技术	25	32	49	55	30.06
高技术服务业	62	68	88	100	17.27
航空航天技术	0	0	1	1	—
生物与新医药技术	93	106	149	146	16.22
先进制造与自动化	25	23	32	32	8.58
新材料技术	16	25	42	41	36.84
新能源与节能技术	22	24	32	28	8.37
资源与环境技术	13	16	22	29	30.66

（三）园区培育作用显著，成为科技企业成长高地

经济园区化、园区产业化、产业集聚化成为地区发展的新趋势。作为企业集聚的高新区、经济开发区，青海省将其作为培育发展科技型企业的重要阵地来抓，各园区根据自身园区特色、企业发展特点，因地制宜，结合奖补政策，激励企业科技创新成效显著。截至2019年底，全省432家科技型企业中，位于西宁经济技术开发区、柴达木循环经济试验区、海东工业园区三大主要园区的企业占比达到59.49%（见图14）。

各区内科技型企业数量的不断增加，对助力园区产业集聚、要素集聚、服务集聚、产业链延伸发展有一定的促进作用，对促进创新型产业园区良性发展、真正成为地区经济建设主阵地奠定基础。

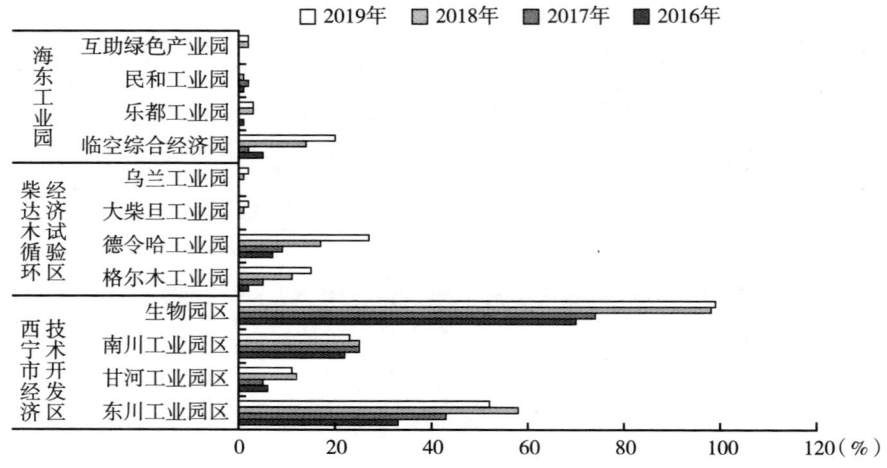

图 14　2016~2019 年青海省科技型企业园区分布情况

（四）研发投入持续跟进，企业竞争力不断增强

持续的科技投入是企业保持市场竞争力的有力手段。从图 15 可以看出，2016~2019 年，青海省科技型企业保持了年均 3.63% 的研发投入，科技活动人员占企业从业人员总数的 24.18%。科技型企业的工业总产值由 2016 年的 116.64 亿元增加到 2019 年的 542.12 亿元，年均增长率达 66.89%；销

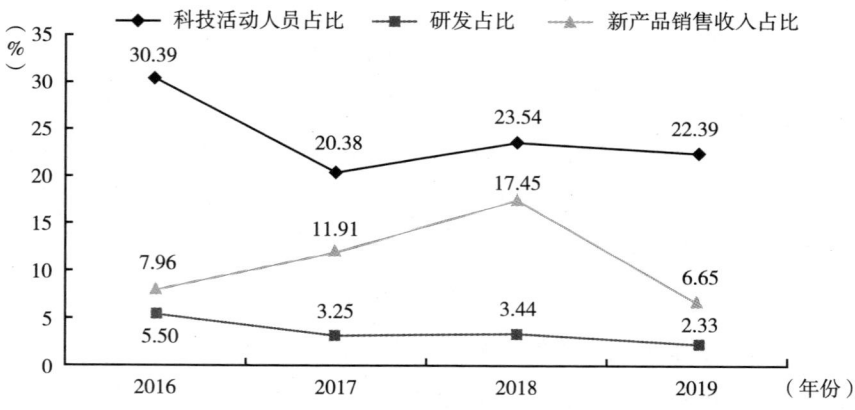

图 15　2016~2019 年青海省科技型企业研发投入产出情况

售收入763.69亿元，利润总额-6.47亿元（青海盐湖镁业因内外部因素影响，2019年亏损严重，拉低年度科技型企业利润指标值），分别较2016年年均增长61.86%、-262.22%；科技型企业总资产由2016年的487.01亿元增长到2019年的1829.47亿元，年均增长率达55.45%（见表6）。

表6　2016~2019年青海省科技型企业经济发展情况

单位：万元，%

经济指标	2016年	2017年	2018年	2019年	年均增长率
工业总产值	1166372.73	3487281.72	5559649.8	5421218.36	66.89
销售收入	1800827.12	3750369.11	5601444.83	7636921.59	61.86
利润总额	15166.05	391282.84	377109.51	-64745.75	-262.22
资产总额	4870119.7	10592771.3	14644993.9	18294680.94	55.45
负债总额	2680635.5	5986937.33	69613951.12	8474722.17	46.77

三　青海省科技企业发展优劣势分析

（一）青海省科技企业发展的优势

1. 鼓励企业创新，外部政策环境持续优化

政策上下联动共同发力，激励和引导企业持续开展技术创新。从国家层面来看，高新技术企业认定工作开展以来，税务部门先后出台高新技术企业所得税减按15%缴纳、企业研发费用加计扣除由50%提高至75%、企业亏损结转年限由5年延长至10年等优惠政策。从地方来看，为鼓励和引导符合条件的企业积极申报高新技术企业，配合高新技术企业税收优惠政策，青海省制定出台了一系列奖补等政策优惠，对新认定的高新技术企业给予20万元省级财政科技资金奖励，共奖励高新技术企业191家，累计奖补3820万元。同时，各市州/园区结合实际情况出台配套政策。鼓励企业加大研发投入，省级财政科技资金按照当年研发费用加计扣除免税额10%、最高不超过200万元给予补助，累计对全省高新技术企业、科技型企业奖补357家次，奖补资金4975.12万元。2018年底，省科技厅出台了科技创新券，支持包括高新技术企业在内的省内科技企业和团队利用创新券购买科技服务，激励企业科技创新，发放500余万元。出台科技"放管服"20条政策，下放职权，提升服务。加之西部大开发政策、对口援青、产业转型升级等工作的有效开展和持续推动，为高新技术企业发展注入了源源不断的动力。

2. 发挥园区产业集聚作用，助推科技企业培育发展

高新技术企业对企业科技创新能力有较高要求，受到地域资源禀赋和经济基础等因素的影响。近年来，结合各地发展实际，青海省将西宁经济技术开发区、海东工业园、柴达木循环经济试验区等作为"三型"企业培育发展的主阵地重点培育。西宁作为青海省省会，各类资源和地域优势明显；海东作为连接兰西经济发展的中心腹地，列入重点发展范围加快发展步伐；柴达木循环经济试验区依托地区石油、天然气、盐湖、太阳能、特色生物资源优势，在海西州乃至青海省经济发展中发挥着举足轻重的作用。各园区因地制宜，配套相应的资金奖励、项目扶持等政策，经过培育发展，截至2019年底，园区高新技术企业数量占比达到68%，科技型企业占比也接近六成，随着园区企业集聚效应的进一步增强，企业数量有望进一步增加。

3. 特色优势产业企业发展势头良好

结合"十三五"提出的打造锂电、新材料、光伏制造、盐湖化工4个千亿元产业基地目标，近年来全省加大了对该领域企业的技术改造、技术攻关，构建优质的产业体系，拓展延伸产业链条，培育出一批如亚洲硅业、时代新能源、盐湖集团等产值过亿、技术领先、市场竞争性强的高新技术企业。结合青海国家高新技术产业开发区打造的特色生物产业集群，培育发展51家园区内高新技术企业，其中特色生物医药企业占60%以上。配合工业实体企业的发展，高技术服务业作为现代服务业的重要内容，也日益发展壮大。青海省高新技术企业中高技术服务领域高新技术企业由2016年的27家增加至2019年的41家，主要集中在研发和设计服务、信息技术服务、高技术专业化服务等方面。这与第四次全国经济普查公布的第三产业成为国民经济发展第一大产业的发展现状相吻合。随着新型研发机构的发展，又将催生一批专业行业领域集研发和成果转化于一体的高新技术企业。

（二）青海省科技企业发展的劣势

1. 中小微企业占据主体，亟待更大的提升空间

统计数据显示，2018年青海省高新技术企业中年销售收入5000万元以下的企业占60%，年销售收入2000万元以下的占40%，高新技术企业数量和其总产值在逐年增长，但整体规模偏小，竞争力一般，很大程度上是依靠数量的增加；除高新区以特色生物医药为主导明显外，其他园区产业集群企业集聚量不够显著，仍需不断调整和优化产业结构，增加园区优势集群企业的数量和质量。营业净利率不高表现在现存技术水平一般，大多缺乏高精尖市场竞争性强的优势技术，独创性高新技术较少，高附加值的关键产品或核心产品自主研发能力有限。企业核心知识产权方面，整体授权量不断增加，但以实用新型、软件著作权等两类知识产权为主，在产品市场竞争中缺乏有效的市场竞争力，易于被外界模仿和赶超，容易丧失技术新颖性。中小企业作为科技创新最具活力的组成部分，在高新技术企业发展中不断凸显，但发展中存在的不足和缺陷也是制约企业高质量发展的瓶颈。

2. 高层次人才短缺、流失，制约企业深度发展

受多重因素的影响，青海省高端人才缺乏，人才流失现象比较严重。2018年，青海省高新技术企业从业人员中具有博士研究生学历的有83人、硕士研究生学历的有581人、本科学历的有12529人、专科学历的有13845人。2019年，青海省高新技术企业从业人员中博士研究生学历有87人、硕士研究生学历有582人、本科学历有13967人、专科学历有15898人。数据显示，具有研究生学历的人数在人才总数中的占比较小，高端人才的数量增长较为缓慢。具有博士研究生学历的人数较上年增长了4.82%，具有硕士研究生学历的人数较上年相比增长了0.17%。人才是高新技术企业最为重要的发展资本，市场竞争很大程度上是人才的竞争，高端创新人才的缺失无疑会制约青海省高新技术企业的长足发展。

3. 经济整体下行压力增大，企业发展面临严峻挑战

受外部经济下行压力的影响，企业生存发展面临新的挑战。不仅是青海

省高新技术企业发展中面临的挑战，也是我国经济发展所面临的问题。考虑西部欠发达地区经济发展的影响，青海省企业面临的经济下行压力更大。（1）相比于国内发达省份，青海省整体发展水平相对落后，省内企业存量有限、发展规模小，向科技企业培育发展的力量相对较弱。（2）企业整体研发水平不高，高精尖人才短缺，制约了企业向高端发展的步伐和速度。企业拥有的科技人员研发创新能力不强，拥有自主知识产权的产品较少，能够带动相关产业发展的关联度高的产品更少。高新技术主要靠引进或复制，仍停留在跟踪、模仿阶段。企业的研发投入不足，影响企业自身的发展。（3）青海省科技企业以产业链上游企业居多，产业技术层次相对较低，企业受市场竞争压力较大，企业产品利润和附加值不高，容易受行业发展波动影响，产生资金链断裂、企业停产等情况。（4）科技融资机制不健全。虽然青海省已经建立科技创新引导资金，商业银行科技金融合作和试点工作取得阶段性成效，但受制于市场环境、专业化、人才队伍和评价体系等因素，仍需要进一步完善制度创新机制，切实提高资金使用效率。

四 青海省科技企业发展的重点建议

2020年是"十三五"规划的收官之年，也是实现"十三五"科技型企业、高新技术企业倍增目标的关键之年。要继续强化企业创新主体地位，加强精准对接，加大创新主体培育力度，持续做好科技型企业、高新技术企业等"三型"企业培育认定工作，使科技企业真正发展成为促进全省经济发展的助推器。

（一）加快科技创新主体的培育力度

一是加大高新技术企业培育扶持力度。落实科技企业优惠政策，支持和引导企业从事高新技术产品的研发和生产，建立后备企业培育库，助力更多高新技术企业的成长壮大。落实《青海省高新技术企业和科技型企业"双倍增"及科技"小巨人"培育计划实施方案》各项措施，用足国家有关企业研发费加计扣除、高新技术企业所得税减免、创新券等优惠政策，打好政策激励的组合拳。二是支持企业开展持续性的技术创新。强化企业创新主体地位，引导企业组建科技开发中心、科技创新人才团队等，帮助企业逐步树立创新发展战略。三是完善科技服务体系，激发科技服务中介机构的服务效能，继续开展科技企业帮扶，建立项目申报、成果转化、知识产权挖掘等全方位的科技服务流程。补短板、强弱项，完善科技创新创业服务平台建设，加大科技金融支持力度。

（二）推动高新技术企业借力发展

利用科技援青、西部大开发对口支援等工作的开展，充分借助外部力量助力内部发展。一是加大科技招商力度。发挥国家高新区、海东工业园、柴达木循环经济试验区的"主阵地"作用，组建科技招商小组赴东部发达地区引智引技，重点寻找能突破产业创新瓶颈的科技企业、科技资源落户青海。积极促进青海省周边地区与中东部发达省份地区的创新联盟建设，引导培育本地高新技术产业龙头企业发展。二是加大校企科技协同发展力度。采用省内外高校院所、企业、政府产学研用相结合的方式，实现协同发展，为高新技术企业创新能力提升提供有力保障。重点培育主导产业和龙头企业，用龙头企业的辐射力带动其他企业，加强产业集群与产业链建设及延伸发展，促进高新技术产业集聚效能的发挥和规模化成长。

（三）进一步优化外部创新环境

在现有政策红利基础上，进一步优化外部环境，营造良好的科技创新氛围。一是引进科技创新人才。重点围绕锂电产业、高原特色生物、新材料等产业领域，组建院士/博士后工作站、重点实验室等高层次人才平台，从项目、资金、平台、服务等方面出台政策，吸引科技人才来青。二是加强科技创新人才的培育力度。发挥好青海大学等本地院校的人才培养基地作用，支持培养适合本地需要的各类创新人才。积极争取省外高校来青企业建立实习基地，为引进人才创造条件。企事业单位在扩大就业的同时，更加重视吸纳

高校毕业生，并在任务委托、项目承担、职称评定等方面给予支持，为中青年科技人才的成长创造条件。三是营造高新技术人才环境。进一步完善适合高新技术人才的分配和激励制度，努力营造有利于高新技术人才成长的良好环境，在用好现有人才的同时，吸收外来优秀人才，培养实用人才。通过政府支持有计划、有目的地培养和引进创新创业领军人才，努力做到推出一个领军人才，带出一个创新创业团队。

（四）解决高新技术企业融资难题

融资难、融资贵一直是制约科技企业发展的问题之一。在现有工作基础上，提出应对解决策略。一是加大商业银行科技金融合作。研究高新区、银行、担保企业的"贷款风险共担模式"，探索建立贷款风险共担机制的有效途径。逐步推行"园区+企业+银行""企业+担保机构+银行"等融资模式，通过战略合作支持企业开展技术创新。二是加强对高新技术企业的价值评估。针对高新技术企业拥有的知识产品和技术产品评估的复杂性、效益的不确定性、商品化过程复杂性的突出特点，构建一套完善全面的评价指标体系，解决高新技术企业价值评估难题，破解高新技术企业融资难的问题。三是加大间接融资服务力度。不断创新金融服务和产品，进一步加强商业银行与信用担保机构、创业投资机构、科技企业孵化器等机构的合作，积极发展高新技术产业基金与私募股权基金。

G.6
2019年青海农业农村科技发展报告及其展望*

摘 要： 按照2019年中央一号文件确定的目标，以习近平新时代中国特色社会主义思想为指导，坚持农业农村优先发展总方针，以实施乡村振兴战略为总抓手，对标全面建成小康社会"三农"工作必须完成的硬任务，抓重点、补短板、强基础，围绕"巩固、增强、提升、畅通"深化农业供给侧结构性改革，坚决打赢脱贫攻坚战，全面推进乡村振兴，确保顺利完成到2020年承诺的农村改革发展目标任务。

关键词： 乡村振兴 科技扶贫 青海省

2019年，青海省农业农村科技工作坚持以习近平新时代中国特色社会主义思想为指导，全面贯彻新发展理念，因地制宜推进乡村振兴，紧扣青海省"十三五"科技创新规划，以"1020"生态农牧业重大科技支撑工程为重点、各级农业科技园区为平台，着力推动农牧业科技成果转化和科技行业扶贫工作，为奋力推进"一优两高"战略和创建绿色有机农畜产品示范省提供科技支撑。

一 加强农村科技工作，助力全省特色农牧业产业绿色发展

坚持以科技创新助力农牧业供给侧结构性改革为目标，持续推动高原特

---

* 课题组成员：许淳、王洁渊、杨军、王芳、常丽娜、彭巍。

色农牧业现代化创新能力建设，重点围绕青海省畜禽养殖、粮油种植、果蔬和枸杞沙棘"四个百亿元"农牧产业，组织实施"1020"科技支撑工程项目36项，总经费22000万元，资助经费11960万元，当年资助5476.25万元。同时，围绕青海省"十三五"脱贫攻坚规划中科技扶贫重点任务，支持科技扶贫产业化项目19项，预计投资7453万元，资助经费3980万元。为提升全省农牧业科技成果转化应用水平和高原特色农牧业绿色发展发挥了重要的支撑引领作用。

（一）聚焦重点工作，切实推进高原生态畜牧业创新发展

一是围绕牦牛产业提质增效和转型升级关键技术问题，实施国家重点研发计划"青藏高原牦牛高效安全养殖技术应用与示范"项目，通过对牦牛饲养、繁育、疫病和加工等关键环节中的技术集成创新与示范，形成牦牛高效安全养殖技术体系和养殖模式，有效支撑和引领青藏高原牦牛产业绿色健康发展和提质增效，提高了冷季生长性能和饲草转化效率，在日补饲2.5千克/头的情况下，冷季妊娠母牦牛增重8.75千克，育肥牦牛增重11.76千克；对青海、西藏11个养殖场和2个屠宰场的4万头牦牛开展寄生虫、细菌、病毒等病源检测，初步确定在青藏牦牛中球虫、线虫、巴氏杆菌和牛病毒性腹泻等病流行率高。

二是通过高原冷水鱼养殖技术研发与集成示范，开展高原冷水鱼养殖技术体系的构建和养殖模式创新、动态营养调控技术集成示范、鱼产品产地溯源和鉴别技术应用及主要寄生虫与常见鱼病诊断技术的应用，预期将建立网箱养殖、池塘内循环养殖、陆基集装箱养殖等现代渔业养殖示范点5个，养殖产量达到8000吨以上。

三是通过青藏高原现代牧场技术研发与模式示范，建立了三江源有机牧场、湟水河智慧牧场、祁连山生态牧场、青海湖体验牧场、柴达木绿洲牧场5个特色鲜明、代表性强的科技示范牧场，对高原现代畜牧业发展和现代牧场体系的建立起到引领示范作用。已在祁连山生态牧场示范推广燕麦－箭筈豌豆混播技术，建成1年生及多年生牧草基地5700亩，实现了牧

草生长环境数据与牧草产量数据的直接关联,开展了牦牛犊早期断乳补饲中药添加开食料、母牛繁殖率提高、牦牛异地短期高精料育肥提高生产性能和肉品质等实验,明确了适应高寒条件的畜禽废弃物发酵降解优势菌种的变化规律,实现了沙棘林天然草地"林-草-鸡"生态种养结合模式的整体布局。

四是黑藏羊产业取得突破性进展,初步构建黑藏羊提纯复壮新机制,建植优质禾豆混播饲草示范基地 5300 亩,粗蛋白含量提高到 8.6%,搭建了涵盖黑藏羊生长环境、养殖、加工、销售环节的全产业链追溯体系,黑藏羊产业向标准化、规模化、集约化发展。

五是通过海北州高寒草地生态畜牧业大数据管理平台搭建,开展了草地畜牧业生产过程实时监测、草地遥感监测信息快速提取、大数据管理与分析、生态畜牧业精细化管理与决策支持的技术集成等研究,建成具有信息采集、分析、诊断、决策与指导等功能的高寒草地畜牧业生产与生态保护一体化综合信息服务系统,并在建立生态保护、大数据驱动的生态畜牧业管理、游牧方案优化、放牧补饲、划区轮牧及生态监控等方面开展了应用示范,提高了生态保护和草地畜牧业建设的管理水平,实现了信息技术支持的生态资源合理利用与产业结构优化升级,为高寒草地畜牧业可持续发展提供了技术支撑,为青海省生态畜牧业信息化管理提供了应用示范。

六是青藏高原高寒区高产优质燕麦品种选育取得新突破,选育出具有高蛋白、高 β-葡聚糖抗病虫害等特性的 5 个燕麦新品系,育成 6 个新品种。同时,建立了高寒区不同生态环境下燕麦种植、饲草加工以及燕麦食品加工利用体系,构建了以燕麦种质资源与新品种选育为主体、高产栽培技术与饲草加工配套技术集成为两翼的燕麦草产业发展模式,优化了高原地区牧草品种结构,提高了人工饲草地建植的生产水平,对促进青海省畜牧业可持续发展具有重要意义。

(二)科技助力高原现代特色农业高质量发展

一是立足青海省高原特色马铃薯产业发展中存在的若干重大科技需求,

启动实施重大科技专项"专用型马铃薯产业高质量发展关键技术研发与示范",以青海现代马铃薯产业发展的整体性、复合性、系统性以及全产业链设计为指导思想,构建具有青藏高原特色的现代马铃薯生产模式与技术体系,建立"专用品种(原料)→专用设备配置→加工产品→市场"的全产业链模式及企业示范,实现马铃薯产业高质量发展。

二是为推进"一优两高"战略和乡村振兴战略,加快绿色有机农畜产品示范省建设,全面落实"化肥农药减量增效行动",立项支持重大科技专项"青海农区化肥农药减量增效综合配套技术研究与集成应用",以有机肥替代化肥为基础,以提高化肥农药利用率为关键,构建科学合理的"化肥农药减量增效"的新型现代高效种植和营销模式,通过项目实施,预计可实现有机肥全替代化肥,农药减量60%以上,为推进青海省绿色有机农畜产品示范省建设提供有力支撑和保障。

三是通过重大科技专项"青海省高原特色农作物现代种业创新体系建设"项目的实施,将青海省冷凉气候劣势转化成为绿色、安全、高效的增收优势,推广种植杂交油菜、脱毒马铃薯、粮草双高青稞和特色蔬菜等优良新品种,通过制(繁)种技术研究和种子加工配套技术的应用等集成技术体系,形成了一批立足青海、服务全国的标准化、规模化、集约化、机械化的高原优势种子生产基地。2019年底已在青海东部农业区和海南州以及甘肃省部分地区累计建设制(繁)种基地3.45万亩,形成直接产值6977万元、利润645.4万元。以项目为载体、权益分配为纽带的"育繁推一体化"现代种业科技创新模式累计推广示范农田22.9万亩,形成产值7.31亿元,带动辐射区农民增收8759万元。

四是特早熟杂交油菜、马铃薯、青稞等特色农作物新品种高产田创制示范面积已达67万亩,平均产量分别高出全省平均产量的27%、45%和80%。

五是自主培育的青杞1号、柴杞2号等枸杞新品种已实现规模化推广,通过枸杞水肥一体化、篱架栽培、生物防治、绿色加工等一系列技术的配套,实现了枸杞生产的节本增效及增值加工。

二 深入推进科技扶贫，助力全省脱贫攻坚工作

2019年，青海省科技扶贫工作以习近平总书记脱贫攻坚重要思想为指导，全面贯彻落实省委、省政府脱贫攻坚安排部署，紧紧围绕《青海省科技扶贫专项方案》和《省科技厅脱贫攻坚三年行动实施方案》，扎实推进行业扶贫和定点扶贫工作。聚焦2019年度脱贫攻坚目标重点任务，精心组织"三区"人才、产业扶贫项目等重点工作；同时，结合"四年集中攻坚，一年巩固提升"的总目标，认真总结"四大行动"成效，梳理典型经验和模式，加大宣传示范力度，为全省脱贫巩固工作提供可持续科技支撑。

（一）认真学习习近平总书记扶贫重要思想，夯实坚决打赢脱贫攻坚战思想根基

深入学习领会习近平总书记扶贫重要思想，为打赢脱贫攻坚战提供思想遵循。省科技厅不断提高政治站位，以习近平总书记扶贫重要思想武装头脑、指导实践、推动工作，着力在学懂弄通做实上下功夫，将习近平总书记扶贫工作重要论述、指示批示精神和全国、全省有关扶贫工作会议精神纳入厅党组会学习日程，不断强化主体意识和政治担当。年内，共召开厅党组扶贫专题会9次、厅精准扶贫领导小组会议3次、扶贫工作专题会3次。

（二）强化"不忘初心、牢记使命"主题教育成果运用，持续推进中央巡视反馈问题的整改工作

一是根据省委《关于印发〈青海省脱贫攻坚中央专项巡视反馈问题整改工作方案〉的通知》（青发〔2019〕3号）精神，结合省科技厅扶贫工作实际，筑牢政治意识、强化政治担当，对标中央第一巡视组脱贫攻坚专项巡视的反馈意见，对照检查、主动认领，制定《青海省科学技术厅关于脱贫攻坚中央专项巡视反馈问题集中整改方案》，建立问题台账和整改台账，突出整改时限和责任，逐项逐条抓落实并于2019年8月30日完成整改销号。

二是通过对乐都、贵南、海晏、甘德等8县的扶贫产业化项目和示范基地、相关涉农企业的实地调研，梳理细化科技扶贫产业化项目、基地的执行经验和做法，增强产业扶贫的针对性、实效性；通过征集基层扶贫科技需求，引导省内外科研单位与基层涉农企业联合，加强示范基地建设，带动产业扶贫向基层一线延伸。

（三）扎实推进科技行业扶贫工作

2019年，青海省科技部门脱贫攻坚目标任务是：完成投资5000万元；选派1000名特派员和"三区"人才深入贫困地区开展科技服务；实施15个产业化扶贫项目；支持10个省级农业科技园区建设，促进县域产业发展，带动农民脱贫致富；支持6个县（区）的县域创新试点县建设工作，助力精准扶贫。

目标任务完成情况：一是2019年度扶贫总投入8984万元，其中"三区"人才专项投入2204万元、产业扶贫专项投入3980万元、农业科技园区奖补专项投入1000万元、县域创新试点县专项投入1800万元。二是2019年"三区"人才专项选派的1000人实现了对当年计划脱贫的17县170个贫困村的全覆盖，当年共培训农牧区科技创新创业人员及致富带头人1076人次。同时，为强化对贫困县产业扶贫的科技支撑，从"三区"人才中优选搭配，组建贫困县产业扶贫技术专家组112个，以团队方式多维度、贯通式精准帮扶地方特色产业发展。三是投资3980万元开展了柴达木有机枸杞产业发展关键技术（高效施药）研究与示范、青海农牧交错区"粮改饲"玉米新品种繁育推广技术体系建设、肉牛高质高效养殖关键技术集成与示范等19个产业化扶贫项目。四是发挥农业科技园区在产业发展中的示范引领作用，对城中区、乐都区、共和县、刚察县、河南县等10个省级农业科技园区给予1000万元奖补支持，推进不同园区实现差异化发展，引领县域特色农牧业发展转型升级和提质增效。五是立足县域经济社会发展基础条件、发展定位、资源禀赋和人才储备，因地制宜，精准施策，支持乐都、乌兰、祁连、河南、甘德、湟中6县（区）县域创新试点县建设共计1800万元。同时完成了首批 5 个县域创新试点县的年度绩效评价工作，并对优秀县区典型做法及成效加以总结，进一步推动以科技创新支撑引领县域经济社会高质量发展，不断提升县域科技创新能力。

（四）精心组织行业扶贫成效总结

2019 年是全省脱贫巩固提升之年，为进一步总结已完成目标任务的信息支撑行动、产业支撑行动和创建民和科技示范县三大行动执行成效，重点开展了落实《青海省科技扶贫专项方案》"回头看"工作，成效总结报告、档案通过省扶贫部门抽检。

一是完成 2016~2019 年青海省农村信息化服务平台信息主动推送服务的数据统计工作，并按照信息类别建立专档。积极推动平台服务范围的扩充，在涵盖海东、西宁 6 县及海北、海南、海西、黄南 4 个州级服务站点的基础上，2019 年实现化隆、循化两县和果洛、玉树两个州级站点的服务送达。为充分发挥信息服务的实效性，开展平台改版示范，截至 2019 年 12 月底已初步完成以青海大学新农村研究院、省农科院园艺所为主要技术支撑的专家团队和部分服务对象的对接，将于 2020 年开展点对点、互动式现场服务示范。

二是完成 35 个扶贫产业化科技项目和 51 个科技示范基地扶贫成效统计工作，并建立专档。通过对不同地域实施的扶贫产业项目的实地调研和成效总结，进一步明确了各地扶贫产业的重点技术需求，明确了下一步产业脱贫巩固的实现路径。如乐都区振旺养殖专业合作社的"藏香猪肉质特性及母猪标准化选育技术研究与示范"产业项目和青海宏恩科技有限公司富硒乐都紫皮大蒜生产基地、富硒马铃薯生产基地等基地项目，通过科技扶贫运作模式，实现了公司与贫困户"双赢"目标，新华网、青海新闻网、长云网等省内外媒体均进行了报道。

三是完成 2016~2019 年科技特派员和"三区"人才服务成效统计，建立专档。4 年来，青海省科技部门累计选派科技特派员和"三区"人才 4674 名，累计投资 8575 万元。服务各类企业、合作社、农民协会等 1075 次，创办领办企业、合作社、农民协会 75 个，建立各类示范基地 175 个，

培训农牧区科技创新创业人员及致富带头人约2476人次。在几年的科技人才服务工作中,涌现出了徐世晓、安小龙、郑建宗、李生楷、刘玉皎等服务于脱贫攻坚工作的优秀"三区"人才,并在《科技日报》、《中国农村科技》、《中国组织人事报》、《青海日报》及新华网、青海新闻网、长云网等媒体进行宣传。

四是完成民和科技示范县建设成效总结。对民和县集成组织管理、信息化、人才服务、"一村一品"产业化精准帮扶和电子商务等要素打造的科技扶贫示范模式进行总结并形成了科技报告。

(五)继续做好定点帮扶村工作

结合2019年脱贫攻坚"清零"目标,落实省委农村牧区及扶贫开发工作领导小组《关于做好新一轮党政军机关和有关单位定点扶贫工作的实施意见》《关于青海省扶贫开发干部驻村及联户工作实施方案》要求,持续做好巴音村、却藏寺村和夏曲村的定点帮扶工作。

一是按照省委组织部的要求,对海西州茶卡镇巴音村和海东市互助县南门峡镇却藏寺村的两名扶贫干部进行调整,3月12日前完成了与当地组织部门对接,调整到位。

二是指导海东市互助县南门峡镇却藏寺村完成了脱贫第三方评估检查工作,指导开展产业到户情况排查等工作。

三是2019年3月份玉树、果洛连续发生大范围的降温降雪,组织协调省牧科院专家、省国科公司等赴玉树市哈秀乡和果洛州达日县特合土乡夏曲村开展抗灾保畜工作,累计捐款1.6万元,提供价值15万元的40吨抗灾保畜饲草料等物资。

四是协调完成夏曲村黑土滩治理13000多亩,完成饮水点升级改造20处,持续推进光伏扶贫工程等项目。

五是统筹安排3个定点扶贫村驻村工作队和第一书记集中开展"两不愁三保障"再排查工作,确保无遗漏、无死角,全力保障全省2019年脱贫攻坚"清零"。

三 强化政策保障，推动农业科技园区健康发展

青海省科技部门高度重视园区建设工作，通过加大支持力度、优化管理服务、强化督促指导，全面提升园区建设水平，努力把园区打造成为现代农业创新高地、人才高地和产业高地。同时，按照国家农业科技园区"333"布局要求，不断优化省级农业科技园区布局，完善园区示范区、辐射区设计，增强县域科技创新能力培育，连片带动乡村振兴。

（一）重视农业科技园区的建设和发展，全面提升园区可持续发展能力

为全面加快推进农村科技创新创业，进一步发挥国家农业科技园区在发展现代农业上的示范带动作用，按照国家农业科技园区社会化管理的改革精神，在科技部的指导下，青海省2015年申请建设的"青海海西国家农业科技园区""青海海北国家农业科技园区""青海海南国家农业科技园区"3个国家级农业科技园区，2019年经过材料审查、现场考察、视频答辩等环节，顺利通过验收。青海省共有5个国家级农业科技园区。

2019年，经园区自评估、视频答辩、现场考察以及综合评议等评估环节，"青海西宁国家农业科技园区"和"青海海东国家农业科技园区"评估结果为达标。

（二）强化政策保障，推动农业科技园区健康发展

为进一步发挥农业科技园区在实施创新驱动发展战略和乡村振兴战略中的引领支撑作用，按照《青海省农业科技园区管理办法》和《青海省农业科技园区绩效评估办法》，依据2018年全省38家省级农业科技园区绩效评估结果，通过以奖代补方式对评估为优秀的10个省级农业科技园区给予每个园区100万元的补助，指导推进不同园区实现差异化发展，不断引领县域特色农牧业发展转型升级和提质增效。

（三）完善服务体系建设，支持县域科技创新

加强县（市）科技工作是强化科技支撑引领能力、解决基层科技工作突出问题的迫切要求。2019年继续通过实施县域创新驱动专项，立足县域经济社会发展基础条件、发展定位、资源禀赋和人才储备，精准施策，因地制宜，以差异化发展突出产业特色、区域优势和功能定位，支撑县域经济社会发展，助力乡村振兴。继续对乐都区、乌兰县、祁连县、河南县、甘德县、湟中县6个县（区）支持县域创新试点县建设，每个试点县（区）获省级科技经费资助300万元，共计1800万元。同时完成了首批5个县域创新试点县的年度绩效评价工作，进一步督促以科技创新支撑引领县域经济社会高质量发展，不断提升县域科技创新能力。

（四）打造创新高地，加快推进国家农业高新技术产业示范区建设

落实2019年国家农业高新技术产业示范区工作会议精神，聚焦"三农"发展，突出科技特色，推进青海省国家农业高新技术产业示范区创建工作。对标国家"农高区"创建条件，调研海东市、海西州国家农业科技园区现有条件，拟定由海西州创建"国家农业高新技术产业示范区"。经与海西州政府对接，以海西州政府为主体、以省科技厅为支撑，完成组建农高区建设协调组，制定农高区建设初步规划，完成"国家农业高新技术产业示范园建设项目建议书"，并向省政府、科技部汇报。省科技厅将从项目、平台、机制等方面予以重点支持。省科技厅在2020年新开项目计划中列支都兰县"县域创新示范县"资金300万元；并积极推进海西州建立国家农业高新技术产业示范区。

四 深化科技特派员制度，推动农业农村经济持续快速健康发展

科技特派员制度是农业和农村经济改革与发展实践中的一项创举。青海

省科技特派员工作自2002年开展试点以来,积极引导激励广大科技人才投身基层开展创新创业服务,充分发挥科技示范引领作用,加速成果转化落地,形成了依靠科技解决发展技术短板的长效机制,在推动农业农村经济的持续、快速、健康发展中发挥了重要作用。

一是促进了全省农村科技服务体系的建立和完善。通过推行科技特派员工作,进一步探索人才、技术及资金等资源面向贫困地区流动,促进全省农村科技服务体系的建立和完善,构建"三区"科技人才服务的长效机制。党的十八大以来,青海省累计选派科技特派员、"三区"人才6500多名,举办各类培训班500期次,培训农牧民42000人次,共计支持经费1.1亿元,通过科技服务、农业技术承包、创建实体以及建立利益共同体等形式在广大农牧区基层开展科技创新创业和科技服务工作,建立完善了青海省农村科技服务体系,为青海省的农牧业发展和生产方式转变发挥了积极作用。

二是促进了全省农村信息化综合服务平台发展和完善。为全面提高青海省农村信息化水平,依靠科技特派员主动推送服务建立健全青海省农牧区科技信息服务体系,青海省通过支持《青海省农村主动服务信息网络技术集成与应用》等科技支撑计划,建立了1个省级农村科技信息服务平台、710个村级科技服务站点,实现了青海省388个乡镇、3829个行政村、490万亩耕地、39.5万户农户的农业科技信息服务覆盖。通过采集农业气象、土壤等本底信息数据,利用科技特派员形成了基于地理信息系统的"专家+科技特派员+农户"三位一体的农村科技信息主动推送服务模式,该模式与地理信息系统结合,引导科技特派员利用主动推送系统开展服务,通过系统建立的多种服务通道预先、主动地将农牧业生产技术、病虫害防治技术、市场交易、气候预警、社会管理等信息精准推送给农牧民。

三是助力全省精准扶贫精准脱贫工作深入推进。充分发挥和调动全省各级科技特派员和科技人员服务基层的积极性,积极构建新型贫困地区科技人才服务体系。重点依托"三区"科技人员专项推进精准科技扶贫,以就近

就便、省内调配形式为主,每年选派1000名科技特派员和科技人员深入全省42个贫困县(市、区、行委),围绕贫困村特色产业发展、农牧民能力提升开展各项服务,累计建立科技扶贫示范基地51个,涉及贫困村113个,带动贫困户及边缘户3309户,推广示范新品种、新技术116项,户均年收入增长2600元。

五 谋划国家牦牛技术创新中心建设

牦牛产业是青海省畜牧业经济的特色典型,是治边稳藏、巩固深度贫困地区脱贫成果的重要途径,是推进高原特色有机农牧产业兴旺和涉藏地区乡村振兴战略的有力抓手。青海作为全国四大牧区之一,享有"世界牦牛之都"的美誉,牦牛存栏量480万头,居全国之首,占世界牦牛存栏量的32%。2018年,省政府印发《加快推进牦牛产业发展的实施意见》《牦牛和青稞产业发展三年行动计划(2018~2020年)》等文件,明确提出,力争到2025年将青海省打造为全国牦牛特色产业优势区、全国重要的牦牛肉生产基地、精深加工基地。

近几年,青海省牦牛产业发展步伐虽已加快,但仍存在生产落后,品种原始,生长缓慢、成熟晚,个体生产性能低,现代畜牧业生产适用技术应用差,经营管理粗放,畜群周转慢,产品商品率及经济效益不高等问题。因此,需要建立更高层次的牦牛工程技术创新中心,解决关键工程技术供应不足、全产业链条技术集成度不高的关键问题,充分挖掘牦牛产业的生产潜力,对于牧民群众脱贫致富奔小康、保护草原牧区生态平衡、变牦牛资源优势为经济优势具有十分重要的作用。

为加快推进落实,省科技厅将谋划建立以牦牛产业链为纽带,具有前瞻性、战略性要求,具备遗传育种繁殖学、动物营养与饲料学、分子生物学、食品科学与工艺学、兽医学、草原学、管理学等方面现代科技的国际一流科研平台,确立青海牦牛在全国乃至世界牦牛产业中的核心地位。

六 青海省农业农村科技发展未来展望

(一)深入实施乡村振兴战略

贯彻落实青海省委"一优两高"战略部署和《青海省乡村振兴战略规划(2018~2020年)》,围绕制约乡村振兴的关键问题,围绕打赢脱贫攻坚战、实施乡村振兴战略、奋力推进"一优两高"战略、创建绿色有机农畜产品示范省目标,继续以高原特色现代生态农牧业产业化发展和提质增效为重点,以绿色生态为导向,以科技项目实施为手段,努力月科技创新实现质量兴农、特色兴农、品牌兴农、绿色兴农,为推动全省特色农牧业产业绿色发展提供科技支撑和服务。

(二)以脱贫成果巩固提升为重点,持续做好科技支撑

以习近平新时代中国特色社会主义思想为指导,不断强化"四个意识",坚持精准扶贫方略不动摇,以巩固提升脱贫攻坚成果为重点,以提高脱贫攻坚成果为导向,全面梳理自脱贫攻坚以来科技扶贫的成效,总结提炼成功、成熟的科技扶贫案例、技术,并进一步推广应用。扛住农民增收、村集体经济"破零"不动摇,凝聚合力,攻坚克难,尽锐出战、真抓实干、精准施策,激发内生动力,扶贫与扶志、扶智相结合,把扶志与扶智作为"精神脱贫"的主要方式抓紧、抓实,确保脱贫攻坚任务如期完成。

(三)以落实乡村振兴战略为重点,提供科技创新动力

围绕产业兴旺、生态宜居等科技需求,加强农业农村科技领域的部署,同时统筹好"十三五"收尾与"十四五"起步阶段的有效衔接,以青稞、牦牛、藏羊、冷水鱼等优势产业为重点,抓好现代牧场、化药双减等农牧业重点项目。实施好县域创新试点县、农业科技园区、星创天地建设等工作,推进国家农业高新技术产业示范区等工作。

（四）以创新示范园区建设试点为重点，发挥科技引领作用

聚焦农牧产业发展基础好、产业集中度高、特色优势明显，但产业链条不完备、制约产业发展问题突出的地区，发挥科技引领作用，以产业发展科技需求为项目导向、省级农业科技园区为载体，整合项目、平台、人才等创新要素，打造区域特色优质农业科技示范园区。

（五）集聚创新资源，助推海西农高区创建培育工作

落实海西农高区创建工作要求，聚焦都兰、格尔木、德令哈3个地区枸杞产业发展，在前期工作基础上，与相关地区和部门共同推进，强化协作督促，全力助推海西农高区创建培育工作。

（六）深化科技特派员制度，助推乡村振兴

一是在进一步深化科技特派员制度上下功夫，为科技特派员创新创业提供坚强的制度保障。深入贯彻落实《国务院办公厅关于深入推行科技特派员制度的若干意见》（国办发〔2016〕32号）和《青海省人民政府办公厅关于深入推行科技特派员制度的实施意见》（青政办〔2016〕220号）精神，坚持机制创新和制度建设并举，进一步深化科技特派员制度，探索实行特殊、优惠的政策措施，切实保障科技特派员的合法权益，为科技特派员创新创业提供坚强的制度保障。

二是继续做好科技特派员贫困村全覆盖工作，为脱贫攻坚提供科技支撑。用科技扶贫的"组合拳"和"整体战"，为精准扶贫、精准脱贫提供强有力的科技支撑。

三是在加快科技特派员知识更新上下功夫，努力提升农民的科技文化素质。结合"三区"人才科技人员专项计划工作，进一步加强对科技特派员的"充电"培训，加快知识更新，更好地为农民提供技术指导和服务。同时加强农村实用人才技术培训，特别是加强对"三区三州"深度贫困地区

致富带头人、创新创业人才的培训，提高农民素质，培养和造就一批留得住、不脱产的农民技术员、"土专家"，使其成为带动农村经济发展的中坚力量，提高农业科技推广普及率，带动农民增收致富，全面推进农村小康社会建设。

G.7
2019年青海科技支撑社会发展报告及其展望*

摘　要： 2019年青海省社会发展科技工作坚持新发展理念，结合《青海省"十三五"科技创新规划》相关任务，聚力解决生态环境、生物医药、公共安全、民生改善等领域关键科技问题，取得了丰硕成果。2020年，要按照国家战略和青海省需求，围绕青海生态特色资源禀赋、发展定位，加强关键技术攻关和集成示范，着力推进生态环保、特色生物资源发展、高品质生活创造全面创新，为建设美丽、富裕、健康、平安青海提供科技支撑。

关键词： 科技支撑　社会发展　青海省

一　2019年青海科技支撑社会发展状况

2019年青海社会发展科技工作坚持新发展理念，深入实施"五四战略"，奋力推进"一优两高"，结合《青海省"十三五"科技创新规划》相关任务，聚力解决生态环境、生物医药、公共安全、民生改善等领域关键科技问题，取得丰硕成果。

（一）加强学习，积极谋划，确定社会发展创新支持方向

一是认真学习全国科技工作会议和省委十三届四次、五次、六次全会对

---

* 课题组成员：张超远、马瑞、赵以莲、杨广智、曲家鹏。

社会发展科技创新的要求，深入学习习近平总书记关于科技创新的重要论述，全面落实全省科技工作会议精神，重点围绕青海生态特色资源禀赋、发展定位，加强调研谋划，组织专家座谈，确定资源环境、生物资源和民生改善3个方向的科技创新重点。

二是认真做好"十四五"社会发展科技创新前期规划研究工作。按照《青海省"十四五"科技创新规划前期相关工作计划方案》，组织召开专题会，开展生态环保和绿色发展、特色生物资源、民生改善3个方面的专题前期研究，积极与相关专家进行充分沟通衔接，调研座谈，确定专题研究方案，以问题为导向，确定"十四五"发展目标、重点任务、项目建议，撰写完成前期研究报告。

（二）积极协调，认真组织，争取国家的大力支持

1. 积极争取国家支持全面参与第二次青藏高原科考

通过积极争取和努力，青海省成为第二次青藏高原综合科学考察研究领导小组副组长单位，刘宁省长以副组长身份参加领导小组会议。

一是先后多次赴科技部和中科院汇报对接第二次青藏高原综合科学考察研究以下简称"第二次青藏科考"相关工作，主动对接青海省在此次科考活动中能够提前谋划和开展的工作，咨询科考把握的重点方向和工作任务。二是积极组织青海省科研力量参与第二次青藏科考。青海已有278名科研人员参与了10个方面29个专题的青藏科考任务，各项工作正在有序推进。三是认真做好第二次青藏科考成果转移转化的顶层设计，多次组织专家和学者召开专题座谈会，围绕青藏高原资源环境承载力、灾害风险、绿色发展途径和科考成果服务支撑青海地区高质量发展，研讨青海省参与国家第二次青藏科考项目的具体思路、任务和目标，研究提出科考需求。四是及时向省委、省政府汇报青海省参与第二次青藏科考进展情况，成立了青藏科考服务和成果转化中心，该中心承担第二次青藏科考的服务保障以及全省科技成果转移转化的技术支撑和服务工作职能。五是围绕建设国家一流的科考保障服务基地，青海省科技厅依托科研院校正在积极筹建第二次青藏科考西宁保障基地

和野外考察基地，为参与青海片区的科考队伍设立后勤基地、培训基地和科考装备中转基地。六是为承接推动科考成果转化落地，正在谋划建立格尔木成果转化基地。

2. 积极推进海南州国家可持续发展议程创新示范区申报创建

青海省政府高度重视创新示范区的申报创建工作。省政府主管领导多次赴海南州开展专题调研，并就推进海南国家可持续发展议程创新示范区申报工作做出批示要求。省科技厅认真贯彻落实政府决策部署和省领导批示精神，将创新示范区建设纳入年度工作重点，积极协调海南州制定2019年工作方案，全力推进示范区创建工作。会同海南州政府先后6次赴科技部、21世纪议程管理中心就海南州创新示范区创建工作进行对接汇报，了解青海省创建工作存在的问题及不足。同时带领海南州积极参加2019中国可持续发展研究会学术年会暨可持续发展论坛、全国可持续示范体系建设培训班，学习研讨全球可持续发展面临的新问题、新挑战和新举措，交流中国落实《2030年可持续发展议程》的创新理念和实践经验，认真学习借鉴相关示范区建设经验及模式。通过调研学习，征求专家和科技部意见建议，进一步修改完善《海南藏族自治州可持续发展规划》和《海南州可持续发展议程创新示范区建设方案》，该规划和方案2019年底已通过科技部组织的国家可持续发展议程推进会专家评审会议。

3. 组织申报国家重大新药创制、生物安全和生态文明建设等重点领域科技项目

一是组织申报2019年三江源生态保护和建设二期工程科研与推广项目"三江源区'黑土山'退化草地生态系统修复技术研究与示范"，申请中央预算资金资助2700万元。二是组织申报2019年青海祁连山生态保护与建设综合治理工程科研示范与推广项目"祁连山林草植被结构调整与功能提升试验示范"，申请中央预算资金资助560万元。三是组织省畜牧兽医科学院申报中央引导地方项目"祁连山高寒草地生态试验站二期建设项目草地治理与保护最新机械设备引进与示范"，申请资助200万元，为祁连山草地生态保护与建设技术研发和示范搭建平台。四是组织青海大学附属医院申报中

央引导地方专业性技术创新平台项目"肿瘤临床医学研究中心",申请资助200万元,为青海省搭建肿瘤临床医学平台。五是组织青海互丰农业科技集团有限公司申报地方科技创新项目示范"青海省大宗中药材规范化生产技术集成创新与示范",申请资助200万元,为青海省建立高产高效生产基地。六是组织中科院西北高原生物研究所、中科院盐湖研究所、青海师范大学等单位重新申报第二次青藏高原综合科学考察研究项目对应专题;同时围绕青海省特有高原藏药资源和水资源高效利用,组织青海大学等单位补充申报了藏药植物保护利用、水循环全过程高效利用等科考专题。申请中央预算资金资助9200万元。七是组织省环境科学研究院有限公司申报国家重点研发计划"高寒高海拔生态脆弱区城市多源固废综合处置及示范"项目,申请资助2500万元。八是组织青海大学申报国家重点研发计划"中医药现代化研究"重点专项"青藏高原道地药材大黄、羌活高品质生态种植技术研究及精准扶贫示范"项目,申请资助1000万元。九是组织青海金诃藏医药集团有限公司申报国家重点研发计划"中医药现代化研究'重点专项"经典藏药'玛诺系汤'系列制剂开发"项目,申请资助500万元。十是组织中科院西北高原生物研究所申报中科院战略性先导科技专项美丽中国生态文明建设科技工程"生态脆弱区绿色发展途径与区域综合示范"项目,申请资助1231万元。十一是组织中科院西北高原生物研究所申报国家重点研发计划"典型脆弱生态修复与保护研究"重点专项"祁连山自然保护区全过程监控技术与示范"项目,申请资金518万元。2019年共组织申报国家项目11项,资金18809万元,落实国家科技项目资金5009万元。

(三)重点攻关,突破社会发展领域关键技术瓶颈

1. 推进生态文明建设科技支撑

(1)国家公园示范省建设。坚持把生态保护作为推进绿色发展的首要任务,组织开展"三个最大"省情定位专题研究;主动融入国家战略,全面参与了第二次青藏科考10大任务23个专题;积极对接国家相关部门,大力推进海南州国家可持续发展议程创新示范区创建工作;加强特色资源综合

利用和环境保护，启动实施"柴达木盆地水循环过程高效利用与生态保护技术研究与示范""祁连山黑河源草地生态生产共赢模式创建与示范"等重大科技专项，为推动青海省以国家公园为主体的自然保护地体系示范省建设提供科技支撑。

（2）支撑三江源国家公园体制试点。一是编制《中国科学院三江源国家公园研究院发展规划》，从基础研究、技术突破、模式集成、生态监测、体制机制等方面开展全链条设计，将为三江源国家公园建设提供科技支撑。2019年3月该规划通过专家组评审。二是组织召开了中科院三江源国家公园研究院第一届理事会第二次会议，邀请科技部社发司领导参加"第一届国家公园论坛"。三是省级重大科技专项立项支持"三江源区代表性动物基因资源保护与应用"，通过与青藏高原隆升重大气候事件的相关性研究，探讨三江源生物多样性形成的历史和演化特征。构建三江源有蹄类动物基因库，为三江源动物资源的保护、开发和利用提供科学知识数据库。四是在三江源国家公园实施星空地一体化生态监测及数据平台建设和系列数据产品开发应用重大科技专项。通过项目实施，在三江源国家公园建立3种典型植被类型野外长期试验样地；初步构建星－空－地一体化监测体系；在海拔4600米的可可西里首次应用红外传感设备针对藏羚羊夜间行为进行监测，获取藏羚羊夜间交配等行为视频材料；获取2000～2016年可可西里及周边区域NDVI变化，三江源国家公园源区整体变绿，但变化速率趋小，无人区（可可西里）植被变化趋势好于放牧重叠区（曲麻莱县等区域）。编制技术标准1～2项；集成三江源国家公园生态监测航空遥感载荷2类；研发三江源国家公园生态监测多源数据产品1～2类；完成软件著作权1～2项。为三江源国家公园生态监测、环境保护、区域适宜畜牧业可持续发展提供数据支撑和综合决策依据。五是三江源智慧生态畜牧业平台建设成效显著。通过4年实施，经过专家们的努力，三江源智慧生态畜牧业平台建设项目实现了基于现代科学技术手段的生态畜牧业科技支撑体系"从无到有"的建设，为构建三江源生态保护"减压增效"的"智慧生态畜牧业"新模式提供技术支撑。项目已建成具备生态畜牧业信息采集、分析、诊断、决策与指导等功能的智慧生态畜牧业全流程一体化综合信息系统，形成三江源地区目前最完整、最系统、最准确的智慧生态畜牧业数据，并在贵南、河南、泽库县开展试验示范。研发集成"天然草地合理放牧－优质人工草地建植－优良牧草青贮－饲草料精准配置－牦牛、藏羊冷季补饲和健康养殖－特色畜产品加工－追溯和电商平台"为一体的全产业链技术体系；分别在专业合作社、家庭联营牧场、保种场、国有牧场、私营企业5种不同经营主体的基地展开示范，初步探索出了一条从传统饲养向信息化精准饲养的转型之路。六是利用研发的系统开展2018～2019年冬春三江源雪灾对草地畜牧业影响的评估。全三江源区受到中度及以上雪灾影响的家畜数量约有231.2万羊单位，约占全区受灾家畜羊单位总量的78.3%；全区受重度及以上雪灾影响的家畜约有154.0万羊单位，约占全区受灾家畜羊单位总量的52.1%。提出了加强雪灾应对能力建设方面的建议。评估报告已于2019年3月13日通过科技部专线呈报国务院办公厅，同时提交省政府和中国科学院，并得到刘宁省长和匡湧副省长的批示。创新性地发展了基于无人机遥感监测＋卫星定位跟踪＋红外相机自动拍摄＋地面样带调查相结合的大型野生食草动物种群数量调查技术，首创了航空遥感监测野生动物和家畜解译标志库，摸清了玛多县大型野生动物种群数量，近20年玛多县野生食草动物呈稳定增长趋势，野生动物与家畜比为1∶4.5。首次评估了大型野生动物对草畜平衡的影响，提出了野生动物和家畜分布与环境因子关系分析方法，被第二次青藏高原综合科学考察研究采用。

（3）为实现祁连山生态生产共赢提供科技支撑。一是省级重大科技专项立项支持"祁连山黑河源草地生态生产共赢模式创建与示范"。通过优化草地生态系统配置方式和新型草地管理制度，构建高寒草地功能提升综合技术体系，实现草地生产功能的稳步提升。开展种质资源的系统保护、开发草原特色旅游资源，牧区"绿色节能"生态宜居住宅的设计、建造，形成不同生产模式下适宜牧区居住空间环境建设体系，提出黑河源区生态－生产功能优化与可持续利用关键技术，打造祁连山地区生态生产共赢模式，为高寒牧区坚持生态保护优先、推动高质量发展和创造高品质生活提供科技支撑和示范样板。二是持续推动祁连山高寒草地生态试验站二期建设——草地治理与保护最新机械设备引进与示范，为祁连山草地生态保护与建设技术研发和示范搭建平台。三是通过实施高寒矿区植被恢复技术集成与示范，筛选出适宜木里矿区渣山不覆土种植多年生牧草6种，越冬率达70%；确定了"重施肥（化肥和有机肥）+大播量+牧草混播+无纺布覆盖"混播植被重建模式。研究成果对木里煤田植被恢复和生态环境治理提供技术支撑。

（4）为柴达木盆地水资源高效利用与生态保护提供技术支撑。省级重大科技专项立项支持"柴达木盆地水循环过程高效利用与生态保护技术研究与示范"，以水资源高效利用为核心，通过开展多源降水数据同化技术和陆面实际蒸发时空连续模拟技术、尾闾水自然生态及其有价元素富集规律、基于生态水文耦合关系的耗水调控技术、柴达木盆地可持续发展水资源支撑模式研究，初步搭建了适合于高寒干旱内陆盆地的遥感蒸散发模型。建立了柴达木盆地分布式水文模型，构建分流域空间信息库，利用上述建立模型对柴达木盆地水文过程进行了初步模拟。选择香日德河流域荒漠草原、灌木、农田等典型生态系统开展了典型生态系统耗水实验设计、布置和年度定位监测任务。完成雨洪资源利用的盐湖开采示范工程选点和方案设计，并进行了采补水工程建设。完成项目区智慧河长（湖长制）信息化平台、农业水价综合改革信息化平台和水权交易平台建设与安装调试，开展了农业水价改革、水权交易等相关政策的研究。将为柴达木盆地经济、产业与生态环境的可持续发展提供技术支撑。

（5）三江源生态保护与建设二期工程和青海祁连山生态保护与建设综合治理工程科研与推广稳步推进。组织实施三江源生态保护与建设二期工程科研与推广项目"三江源区'黑土山'退化草地生态系统修复技术研究与示范"和祁连山生态保护与建设综合治理工程科研与推广项目"祁连山林草植被结构调整与功能提升试验示范"。通过项目实施，三江源防沙治沙已种植黑燕麦+披碱草+冰草混播沙障、黑燕麦沙障等，设置了网笼等3种模式沙障。在设置内种植了菊芋中药材、柠条、祁连圆柏等苗木，有的沙丘已被种植的菊芋覆盖，防沙治沙效果明显。在达日县建立2.5万亩黑土山流域单元生态修复示范区，在玛多县建立三江源国家公园退化高寒草原生态系统近自然修复示范区1万亩。安排部署了黑土山水土侵蚀、适宜草种筛选、混播组合、土壤修复等相关试验，为三江源区大范围开展"黑土山"有效治理提供科技支撑和示范样板。进行优良牧草青贮利用最佳收获时间的优化和适宜菌剂筛选，研发藏系绵羊冷季补饲草料精准搭配系统，为高寒牧区藏系绵羊冷季补饲提供关键技术依据；建立现代草业等4个关键技术应用示范基地；在贵南县开展藏系绵羊"暖牧冷饲"两段式饲养和羔羊短期舍饲出栏技术的规模化应用。开展三江源区不同生态类型区"四水"转化观测与试验；建立三江源区基于遥感影像数据的蒸散发模拟估算框架，分析三江源区蒸散发变化、月平均植被归一化指数（NDVI）变化和月平均地表温度变化规律；初步构建了分布式（HEC-HMS）水文模型并对模型参数优化调试。初步筛选出4个高效发酵菌株，组装复合微生物菌剂2个，在贵南县新建菌剂发酵中试生产线1条，在河南县建立有机肥生产线1条，南迦有机肥生产线试生产有机肥产品在同德牧场共示范4.8万亩。完成技术培训共计1300人次。在果洛州玛多县、海南州贵南县、黄南州同仁县完成新建农房的主体建设，完成三江源地区清洁采暖、清洁炊事和可再生能源集成的安装配套设施，开展数据监测。2019年省科技厅在三江源生态保护和建设工程年度目标考核中获优秀。

（6）矿产资源开发取得突破。通过开展柴达木盆地南北缘成矿系统与勘察开发示范，建立柴达木盆地南北缘铁、铜、铅锌、金等金属矿床成矿模式和找矿模型。以矿床成矿系统、成矿系列理论为指导，利用"协优找矿预测"思维和"相似类比"的方法，划分了成矿远景区37处。共圈定97处找矿靶区，为此获得48项地勘基金的资助，进而新增铜铅锌资源量310万吨、金资源量40吨、铁矿石资源量6900万吨、锰矿石资源量220万吨、石墨资源量167万吨、银资源量500吨。解决了柴达木盆地南北缘干旱浅覆盖区火山岩型铅锌矿床、岩浆热液－石英脉型钨矿床和构造蚀变岩型金矿床有效找矿方法的瓶颈问题。

2. 推动生物医药产业高质量创新发展

（1）深入调研生物医药产业科技需求。为防范化解青海省生物医药产业存在的重大风险，解决行业发展存在的科技问题，进一步推动生物医药产业健康发展，切实发挥科技创新对全省经济社会稳定的支撑引领作用，对生物医药产业开展"大走访、大排查、大调研"工作。切实落实省委、省政府工作部署，排查生物医药发展危机，为产业发展提供科技支撑。调研覆盖海东市、西宁市以及海西州相关生物医药企业，调研走访生物医药企业15家，开展风险排查、科技问题调查、成果转化现状和困难座谈分析，充分了解掌握行业科技需求、发展趋势、技术难题及产业现状。

（2）重大科技专项"高原特色生物资源产品技术集成创新与示范项目"顺利完成。该项目建设完成"青藏高原生物科技集成创新中心"，中心建成 $2268m^2$ 研发及中试实验平台和 $1600m^2$ 办公生活用房，主要开展生物医药关键技术研究与产品开发，为生物医药企业提供技术支持、产品技术升级改造、高层次人才培养和咨询服务等工作，促进青海省生物医药产业良性发展，提供专家、技术、人才、产品等生物医药科技资源与企业互动对接的交流平台，实现生物医药领域科技成果与企业的直接对接和高效转化。该项目研制高含量中藏药提取物11个、化学对照品11个、健康新产品11个，申请发明专利29件，获得授权专利14件，发表论文31篇（其中SCI论文29篇）。

（3）持续推进特色生物资源种植加工技术体系建设。全面贯彻全省中藏医药发展大会部署，深度挖掘特色生物资源优势，支持藏药新药开发企业国家重点实验室建设，依托"青藏高原生物科技集成创新中心""国家藏医药产业技术创新服务平台"等，推动建立冬虫夏草种质资源数据库网络共享平台，推进虫草、沙棘、枸杞等特色资源精深加工，开展珍龙醒脑胶囊的二次开发、仿制药非诺贝酸和藏茵陈新药研发临床前研究工作，不断提升青海省中藏药新药研发能力和产业化水平。持续推进虫草、沙棘等特色资源精深加工，加快特色浆果黑果、红果枸杞和藜麦新产品开发，沙棘、白刺新资源食品申报，高原道地、大宗中藏药材种植、种子种苗繁育、规范化栽培研究。构建冬虫夏草寄主昆虫种质资源数据库，探索建立三江源地区冬虫夏草种质资源网络共享平台，建成高产优质规范化黄芪、当归、贝母、秦艽、麻花艽等中药材种子种苗和示范基地共计6000余亩，其中引进新品种（系），建立中药材资源圃5亩；研究良种繁育技术，建立示范基地50亩；研究种苗繁育技术，建立示范基地430亩；培训种植企业生产工人、农牧民300人次以上。实现70户农户脱贫，脱贫人口300人。

（4）高原特色资源冻干中试平台为高原特色生物资源产品加工提供技术及平台支撑。重大专项"高原特色资源冻干中试平台建设"项目在青海省海东工业园区建成2000m²冷冻干燥技术研究及中试实验平台，为青海省生物企业提供冻干新产品的研发技术服务，加快企业发展壮大，为青海省的生物医药产业转型升级提供技术支撑。完成14种特色生物资源的冷冻干燥实验研究，其中有7项内容完成中试放大研究，开发冷冻干燥新产品4种，制定企业质量标准1个。同时平台向全省生物医药行业内企业开放，提供以冷冻干燥技术为核心的技术咨询、技术实验、中试研究及技术转移、产业化指导服务，为省内14家企业提供20批次的技术实验服务、技术咨询与指导服务。集中解决生物资源干燥共性技术问题，有效衔接基础研究和产业化生产，加快实验室研究向产业化生产的转化，提高科研成果的集成转化；低成本进行生产中试，提高青藏高原特色生物资源产业的自主创新能力。

3. 推进民生领域关键技术攻关和示范

（1）重点领域临床医学研究中心建设取得积极进展。为加强青海省医学科技创新体系建设，打造临床医学和转化研究高地，根据《青海省临床医学研究中心暂行管理办法》，围绕心脑血管、呼吸、消化和慢性肾病等疾病领域临床需求，在广泛征集意见的基础上，经专家论证，2019年在省科技计划中设立专项，投入科技资助经费1800万元，支持心脑血管、呼吸、消化和慢性肾病等临床医学研究中心培育建设。通过搭建重点疾病领域跨区域医疗服务协同网络平台，推动国家临床医学研究中心与青海省医疗机构对接，在青海设立分中心。青海省人民医院与北京友谊医院、长海医院签订国家消化系统疾病临床研究中心青海分中心协议；青海省人民医院、青海大学附属医院分别与北京协和医院、中国医科大学第一附属医院、西京医院、北京友谊医院、上海长海医院、南京总医院、中国医学科学院阜外医院等签订了医学检验、消化、肾病、呼吸、心血管病合作协议。在科技部协调帮助下，乌兰县人民医院与中国医学科学院阜外医院、解放军总医院、中南大学湘雅二医院、广州第一医院、西京医院签订了心血管、呼吸、肾病、代谢性疾病、神经系统疾病等国家临床医学研究中心网络协同创新成员协议；格尔木市医院与中国医学科学院阜外医院、广州第一医院、北京天坛医院签订了心血管、呼吸、神经系统疾病等国家临床医学研究中心网络协同创新成员协议，将为青海省重大疾病的防控提供极大帮助和有力支撑。2019年10月11日，青海省科技厅、省卫健委和省药监局在西宁共同组织召开青海省临床医学研究中心建设工作会，为已批复建设的6个省级临床医学研究中心进行了授牌；邀请国家代谢性疾病临床医学研究中心副主任、中南大学湘雅二医院周后德教授从临床资源集聚、医学科技创新人才培养、临床医学研究中心体制机制创新等方面进行了专题授课。

（2）包虫病防控研究示范取得新进展。围绕包虫病病原生物学特性、控制与阻断，继续推进"青海省人畜包虫病防控策略与创新技术应用"重大专项等计划项目实施，同时将"包虫病诊断与治疗综合创新技术研究"列入2019年科技计划，科技资助300万元，通过开展包虫病的人工智能诊断、远程+智能超声辅助诊断系统研究，加强包虫病临床诊疗创新技术应用。研究集成超声、核磁共振技术、微波消融治疗，研究分析中国和欧洲国家不同肝包虫病的影像学表现，提高其检出率和诊断准确率。加强规范化诊疗和果洛、玉树等属地化技术的转化推广，通过临床实地现场指导培训、远程影像诊断技术平台，极大地提高了基层包虫病外科治疗水平和能力。

（3）集成信息化技术，提升社区健康服务水平。为加强对青海省老龄人口健康的有效管理，积极探索建立互联网支撑下的"主动、协同、连续"的数字化健康服务新模式。委托省内外优势科研机构，完成了"互联网+健康管理云工程""青海省基层社区及农牧区医疗健康保障一体化平台示范建设"，建立了高血压、糖尿病等慢性病数据库，其中高血压患者为111638

人、糖尿病患者为34846人,将"早期筛查、早期干预、早期诊断、规范治疗、随访检测"的"全程健康服务与管理理念"灌输于社区人群,减少或延缓疾病及其并发症的发生。同时针对青海省社区健康养老实际需求,搭建"智慧社区健康管理服务云平台",为2000余名老年人建立了身心健康档案,及时掌握老年人血压、血糖、血养、心率、呼吸频率、饮食生活习性、运动管理信息等20多项数据。监测发现50.73%的老年人处于亚健康状况,其中高血压患者270人,糖尿病患者134人,血糖、血压、血脂均异常患者70人。智慧健康社区服务平台的应用有效提升了社区居民健康水平,形成居民主动检查,个性化健康方案定制、辅助医疗结合的健康服务新模式。

(4)加强医疗创新技术的集成研究。通过"基于高通量测序技术的新生儿出生缺陷筛查新技术研究与示范"项目实施,构建了青海省新生儿出生缺陷数据分析系统,可在48小时内分析得出变异信号。建立了青海省新生儿出生缺陷数据库,涉及临床信息、质谱信息、测序信息、分析统计信息等。确定了青海省新生儿出生缺陷筛查基因面板。制定了青海省高原新生儿出生缺陷筛查规范,新生儿出生缺陷筛查新技术将有助于减少伤残智障人口比例。实施完成的"造血干细胞移植技术在青海儿童重大恶性血液疾病治疗中的应用研究"项目,系统掌握了造血干细胞采集、移植技术,为近30例有移植指征的患儿进行HLA配型,并在青海成功实施了4例高危白血病和重型再障异基因造血干细胞移植手术,移植后的患儿健康恢复良好,无任何排异现象,解决了儿童血液重大疾病中的技术难点问题,培养了一支年轻的造血干细胞团队,填补了青海省异基因造血干细胞治疗史上的空白,提高了医学技术支撑能力。通过"缺血性脑卒中规范化诊疗信息网络平台建设",制定出高原地区缺血性脑卒中诊疗指南和脑卒中康复适宜技术指南,在全省30家基层医院指导完成200例高原地区缺血性脑卒中规范化诊疗、400例脑卒中规范化康复治疗,培训基层医院专业技术人员300人。

(5)青藏高原人类遗传资源样本库建设取得积极进展。在科技部支持下,国家重点研发计划生物安全关键技术研发重点专项"青藏高原人类遗传资源样本库建设"项目于2019年5月14日顺利通过中国生物技术发展中

心组织的国内相关技术专家和财务专家的中期检查评估。各课题单位基本完成样本库实体库建设。其中，青海大学建设的西宁库已完成基础设施建设及仪器设备采购，并形成一套样本库建设规范和标准。

（6）城市安全预防手段取得进展。国家科技支撑项目"城市生产安全风险防范与控制关键技术研究与示范"项目通过科技部验收。项目通过开展生态环境的敏感性、不稳定性、脆弱性及风险性分析以及事故场景遥测技术，事故溯源与重构技术，城市生命线管网生产安全风险防范技术，城市生产安全大数据组织管理与挖掘技术，数字可视化应急预案与虚拟演练培训系统开发，主控中心平台设计等研究，充分发挥无人机测绘等先进技术，以绘制城市管线危险源地图为核心内容之一，选取了工业厂矿较多、天然气等管道密集的德令哈市作为试点城市，通过无人机航空测量、现代遥感技术等，将把所有的城市管线和危险源精确标上地图，录入信息化系统，并进行动态监测，为提前预防安全事故的发生提供技术支撑。

（7）智慧城市建设技术手段取得突破。通过省级重大科技专项"西宁市智慧交通关键技术集成与示范"，建成了西宁交通信息化指挥中心，并在西宁市中心城区进行了应用示范。项目针对缓解交通拥堵、公交线网优化、交通信息服务、交通指挥决策、交通安全管理决策中一系列智慧交通核心问题和关键技术进行了攻关，梳理了交通数据资源，开发了缓解交通拥堵决策支持系统、公交线网优化与调整支持系统、交通指挥决策辅助系统、交通安全管理辅助决策系统等，提出了西宁市智慧交通发展对策。有效降低了西宁市的交通拥堵指数，全面提升了交通运行效率，提高了交通精细化管理、信息服务能力和公众出行满意度，为西宁市智慧交通发展提供了重要科技支撑，展现了以科技创新推动城市发展、服务社会民生的广阔前景。

（8）高寒被动式低能耗建筑技术集成示范取得成效。针对青海气候环境条件特点，通过实施"被动式低能耗建筑在高寒地区的适应性研究与示范"项目，建成一栋地下1层、地上17层、建筑面积1.1万平方米的被动式低能耗建筑，建筑将太阳能采暖技术和被动式低能耗建筑集成技术结合，利用被动式低能耗建筑中良好的维护结构特性、气密性、高效新风热回收机组与智能化控制技术，构建太阳能新风+热水+采暖复合系统，取代传统的供热系统，有效保障了室内空气温度、湿度、二氧化碳浓度等室内环境参数，提升了室内舒适度水平。每个采暖期节约标煤189吨，实现二氧化碳减排491吨，为被动式低能耗建筑在高寒地区推广提供了科学依据。

（9）高海拔农牧区村镇垃圾无公害处理技术取得阶段性成果。针对青藏高原农牧区村镇生活垃圾回收转运以及综合处置难的问题，通过组织实施"高海拔农牧区村镇垃圾无公害处理研究示范"项目，首先在三江源核心区果洛藏族自治州甘德县江千乡建成一座建设面积400平方米、生活垃圾日处理能力1.22吨的生活垃圾低温热解处理示范站，项目采用低温裂解技术将垃圾可燃物质作为热解燃料，通过热化学反应，将大分子物质分解成小分子物质，经湿式静电净化、尾气处理喷淋、尾气催化等处理环节，实现垃圾处理低能耗，尾气处理达到无烟无色，外排气体和灰分符合国家排放标准，可有效改善当地环境质量，节约土地资源，保护周边原生生态体系，环境效益显著，为青藏高原高海拔农牧区生活垃圾处理大面积推广做出了有益探索，取得了可复制、可推广的经验，为果洛州全域无垃圾治理行动提供了有力科技支撑。

（10）"互联网+"智慧矿山安全监管技术进一步提升。通过实施"互联网+"智慧矿山安全监管可靠性保障机制研究及应用示范项目，提出适合煤矿井下细长狭窄地理特点的物联网节点可靠拓扑部署方案，在应用层面上将研究结果与矿山安全生产相结合，建成了青海能源鱼卡矿井调度指挥中心，建成井下安全监控、环境监测、人员定位、应急处理为一体的矿山防灾减灾综合信息管控平台，实现了对环境因子的实时动态监测，在实施区域内井下人员三维定位精度在25～30米，实现了基于位置信息的人员管理和应急自救通信系统。

（11）高原高速公路、桥梁施工关键技术研究取得进展。通过"高原库区船舶运输辅助高速公路施工关键技术研究""高原大温差地区钢管混凝土桁式肋拱桥关键技术研究"项目的实施，解决了地质地形复杂的峡谷地带和黄河上游公伯峡库区修建施工便道严重破坏环境的工程难题，结合库区船舶运输组织现状和现有安全保障系统，提出高原库区施工船舶辅助运输安全

预警指标体系，研发了无塔架缆索吊装系统，降低了施工安全风险，有效地保护了生态环境，实现了西部地区钢管混凝土桁式肋拱桥缆索吊装工艺和关键施工技术的创新，对高原地区内河运输装卸码头选址辅助高速公路施工具有重要的技术支撑作用。

二 2020年青海科技支撑社会发展展望

以习近平新时代中国特色社会主义思想为根本遵循，按照国家战略和青海省需求，围绕青海生态特色资源禀赋、发展定位，谋划宏观调研，加强关键技术攻关和集成示范，着力推进生态环保、特色生物资源发展、高品质生活创造全面创新，为建设美丽富裕健康平安青海提供科技支撑。

（一）服务保障青藏科考，推进成果转移转化

对接相关部门和地区，为来青科考队做好境内科考活动的服务保障工作；建设青藏科考管理平台，实现科考信息线上、线下信息应用；梳理摸底省野外观测台站布局情况，收集整理省科考数据战略资源，凝练省科考问题和任务。与国内相关科研院校建立科考合作交流工作机制；承接科考成果在青海省有效转化，服务全省经济社会发展。

（二）推进海南州国家可持续发展议程创新示范区建设

贯彻落实国家要求，深入推进海南州国家可持续发展议程创新示范区建设，加强生态保护、生态畜牧业发展、新型清洁能源综合利用、生态文化旅游、民生改善等领域技术创新集成，为区域生态保护和可持续发展提供有力支撑，为可持续发展提供示范样板和典型经验。

（三）继续推进"中科院三江源国家公园研究院""高原科学与可持续发展研究院"国家级创新平台建设

发挥"三江源国家公园研究院""高原科学与可持续发展研究院"等国

家级科技创新平台优势，加强体制机制创新研究，联合国内高水平创新团队，谋划建立特色资源样本库，加强青藏高原气候变化、全球变化及水资源、人类活动等关键问题研究，有力推动青海国家公园示范省建设。实施好"青海最大的价值在生态、最大的责任在生态、最大的潜力在生态"重大科技专项等研究工作。

（四）推进科技援青和东西部科技合作

聚焦省委、省政府战略部署，推动青海省生物产业、医药产业、生态环保等领域的发展，加强与山东省、上海市科技工作主管部门的对接，组织青海省科研院所、高校、企业等赴山东、上海实地考察学习，开展精准对接，牵线搭桥，汲取先进经验，推进科技援青和东西部科技合作，推动社会发展领域成熟技术在"一带一路"地区示范推广。

（五）加强典型脆弱区生态保护建设支撑

围绕国家重点保护区三江源、祁连山、青海湖和柴达木国家循环经济区生态保护建设需求，加强退化草地修复治理、沙漠化防治、水资源综合利用，促进生态畜牧业可持续发展，维护国家生态安全屏障。持续打好污染防治攻坚战，聚焦难点精准发力。加强水－土－气一体化环境管理体系、污水处理技术攻关、大气污染最优控制方案，有效支撑美丽青海建设。

（六）建立支撑高质量发展的现代技术体系

加快人工智能技术、新一代信息通信技术、大数据技术、现代交通技术、空－天－地一体化技术的引进转化。根据青海藏医药发展重点，做好藏医药传承与创新、高原特色资源开发利用、特色中藏药二次开发；加快推进青海地质矿产战略资源探采，推动固废资源化科技创新，加强国家资源安全的科技支撑。

（七）促进民生科技创新发展

推动实施自然灾害防治技术、监测预警信息化技术集成。加强社会治理领域技术开发和应用,推进公共安全领域科技创新。推动科技和文化旅游融合,加强省临床医学研究中心建设与培育,推进包虫病国家临床医学研究中心培育,推动呼吸、消化等国家重大疾病领域的临床医学研究中心在青海设立分中心。加强癌症、心脑血管等重大疾病防治研究,大力开展新药、仿制药和医疗器械等产品研发。加强健康养生、亚健康保健等关键技术及用品开发。加强人类遗传资源管理和信息平台建设等。

G.8 2019年青海科技合作与交流发展报告及其展望*

摘　要： 2019年，青海科技合作与交流工作积极拓宽合作领域，注重合作实效，在扩大对外影响方面下功夫，引进、聚集了一批国际国内相关领域的科技人才，促进解决了经济社会发展中的一些技术难题。2020年，要继续坚持创新引领发展，提升科技支撑能力，着力培育新动能，围绕产业链部署创新链、围绕创新链完善技术链，重点在新材料、新能源、生物医药、装备制造、节能环保、盐湖化工等领域加大合作交流步伐，着力引进一批新兴产业领军人才、培育一批掌握高新技术本土人才、突破一批核心关键技术，打造青海经济社会发展新引擎。

关键词： 国际科技合作　引智引才　省院合作　青海省

2019年，青海科技合作与交流紧密围绕省委、省政府的重点工作任务，坚定不移贯彻新发展理念，深入实施创新发展战略，在拓宽合作领域、创新合作模式、提高合作质量、扩大对外影响方面下功夫，引进、聚集了一批国际国内相关领域的科技人才，解决了制约青海省经济社会发展的一些瓶颈问题，推动"一优两高"战略深入实施。

---

* 课题组成员：姚长青、叶拴劳、褚琳、颜有奎。

一 国际科技合作不断贴近实际需求

（一）以需求为导向加大高端外国专家引进力度

2019年，青海省引进高端外国专家工作坚持以问题为导向、以需求为导向，紧紧围绕青海省生态环保、农林牧渔、化工、能源、医疗和科研等多个领域，邀请来自世界知名企业、著名高校的外国专家和学者，开展技术指导、参与技术攻关和课题研究，帮助解决相关单位在生产、科研等方面遇到的技术瓶颈问题，对项目单位技术创新和转型升级发挥了积极作用。2019年度外国专家资助项目（国家级）8项，备选项目1项，科技部资助经费245万元。2019年度外国专家资助项目（省级）23项，省级财政资助500万元。同时，外专局推荐青海师范大学申报2019年度高等学校学科创新引智计划又称"111计划"，是继青海大学之后青海省又一个入选高等学校学科创新引智计划"111计划"的高校。同时，为加大青海省在国家级项目中的话语权，根据科技部的要求，推荐5名专家为国家外专局项目评审专家，推荐长期在青海省红十字医院工作的瑞士籍专家鞠天伟博士参加了由国务院举办的新中国成立70周年外国专家招待会。

为推动青海绿色有机农畜产品示范省建设，进一步提升海东市农业科技水平，拓展农业科研人员视野，学习掌握先进现代农业技术，在科技部中国国际人才交流协会与以色列外交部国际合作中心马沙夫组织（MASHAV）的大力支持下，在海东市平安区举办以色列"节水灌溉技术"专家来青讲学活动。来自海东市及6个县区从事农业技术推广和服务工作的70余名专业技术人员参加了培训。在为期3天的讲学活动中，以色列水肥专家卡尔玛（Shlomo Kramer）先生、土壤和水科学专家摩塞斯（Gad-Moshe Moses）先生介绍了以色列先进的节水灌溉技术、水肥一体化技术和全球领先的智能微灌解决方案等，并与学员开展了热烈的互动式交流研讨。讲学活动结束后，以色列专家还为学员颁发了由以色列MASHAV签发的结业证书。此次活动的成功举办，不仅使青海省基层一线农业专业技术人员第一次有机会在家门口接触到本行业的国际前沿知识，更新了观念、了解和掌握了世界先进经验，提高了为本地区经济社会发展服务的能力，也是省科技厅利用国外人才智力资源，为绿色有机农畜产品示范省建设搭建国际交流合作平台的有益尝试，对于科技助力"一优两高"战略目标的实现发挥了积极作用。

为了切实推进青海大学三江源生态演变与修复保护技术创新引智基地"111"计划建设工作，由青海大学、青海省科技厅联合主办，青海大学省部共建三江源生态与高原农牧业国家重点实验室、农牧学院、"三江源生态演变与修复保护技术学科创新引智基地"项目组联合承办"黄河源区草地、湿地与河流综合治理国际研讨会"，来自新西兰、美国、意大利、法国、澳大利亚、新加坡等国家的14名外国专家学者以及国内相关领域官员、专家教授和师生百余人参加了研讨会。研讨会主要就黄河源区生态保护理论创新方面展开研讨，介绍该学科国际新理论、新方法和新成果，为促进黄河源区生态环境保护与建设提供科技支撑。

近年来，青海在引进国外智力方面，始终坚持从国内、国际两个市场出发，瞄准科技前沿，利用多种形式，在外国专家、专业技术人才和团队的引进中，通过不拘一格开展柔性引才、建设"飞地经济"、联系建立实践室等途径，使引进人才能更好地为我所用，发挥了积极作用。2019年青海红十字医院通过外专计划邀请外籍专家5名：瑞士籍小儿外科专家鞠天伟博士、主任医师，瑞士籍产科医疗专家鞠瑞欣主任医师，英国籍耳鼻喉科专家李槐兰博士、主任医师，澳大利亚籍专家孙明义护士和马来西亚籍陈诗琪护士。鞠天伟博士，擅长小儿外科和心脏外科的各种危重、疑难病的救治和手术治疗，特别是小儿外科疾病及先天性心脏病治疗，成功开展了小儿先天性心脏手术近200例，包括严重先心病、法洛氏四联症、大动脉转位、单心室等很多疑难心脏病手术，成功实施全省第一例RH溶血病换血疗法等，以及多项国内领先甚至世界先进水平的手术。在鞠天伟博士的积极努力下，开展了贫困家庭小儿疝气康复项目，已治愈疝气患儿2000余例，得到广大贫困家庭的赞誉，取得了良好的社会效益。李槐兰博士，在耳鼻喉科方面开展了听骨链重建、诊断及定位技术，不同年龄段患者的置入式助听器、电子耳蜗的手术并开展耳科纤维手术及改良乳突根治术伴鼓室成形术，并对医生进行国际标准的听力电测听技术操作规范和听力障碍的评估培训。同时，外籍专家通过自己的言传身教，以其高超的医术和敬业精神，帮助医院培训出一批技术精湛、操作规范、能力超强的业务骨干，使省红十字医院新生儿科从无到有、从小到大，一步步走到青海省新生儿科前列。

青海泰丰先行锂能科技有限公司于2010年1月11日正式注册并入驻西宁（国家级）经济技术开发区南川工业园区，这是北大先行旗下的新能源正极材料西宁生产基地。近年来邀请的外国专家着力瞄准锂电、光伏、光热发电工程化验证、全产业链配套等方面的"卡脖子"关键核心技术攻关，按照高效率、低污染、低能耗、经济合理以及技术先进可靠的原则，给企业制定项目设备方案，选用国内外先进设备，帮助企业改进了产品生产工艺及流程，改造产线布置，提高了企业生产技术水平，大大提高企业效益，外籍专家作用突出。

（二）立足省情做好出国（境）培训工作

2019年，出国（境）培训工作严格按照"从严控制、突出重点、少而精"的原则，认真做好培训需求调研和立项必要性分析，紧紧围绕青海省"一优两高"战略和"五四战略"，着力"五个示范省"建设，围绕盐湖化工、新能源、新材料、锂电等"四个千亿元"产业和粮油种植、畜禽养殖、果蔬、枸杞沙棘"四个百亿元"产业技术需求，依托现有优势产业，加大对本土人才的出国（境）培训，围绕技术创新和成果转化、加大"提质增效"核心技术攻关等确定培训主题和培训人员、培训机构、课程设置、参观教学，使每一次出国（境）培训项目更加切合青海省经济社会发展需要，成为必需的"量身定制"。积极争取科技部外专部门的大力支持，获批"人工智能制度技术创新研发及精细化管理体系建设"等45项培训团组，青海省专业技术、社会工作等类人员共计826名列入2019年出国（境）培训计划，组织实施32个团组的出国境培训，为三江源生态保护、高原特色生态农牧业、高原特色旅游业等产业的发展培养了一大批专业技术人才。同时，2019年组织完成5个班次共计100人赴台培训工作。通过组织赴台培训的实施，有力地促进了青海省与台湾地区的科技合作与交流，同时也拓展了青海省人才培训渠道，做到培训模式创新、方法创新，使青海省出国（境）培训工作表现出了多样性、针对性和有效性，培训工作得到各厅局的广泛认可和高度重视，培训效果明显，为青海省经济社会发展提供了有力的人才技术支撑。

（三）做好外国人来华工作许可服务

2019年初由于机构改革，面对职能和人员变化，为做好外国人来华工作许可服务工作，熟悉掌握相关政策，加强与有关部门沟通协调，及时调整政府政务外网端口，开通了政府政务外网，确保了《外国人来华工作许可证》及时、准确发放。截至12月底，共办理外国人来华工作许可业务186件（其中新办52件、延期89件、注销43件、变更1件、补办1件），发出《外国专家来华邀请函》2份。同时，进一步提高对外国人才签证制度的落实，通过采取全程在线、立报立审立办的方式，大幅压缩审核、审发时限，外国人才资质确认时限压缩至5个工作日内，高端人才及其配偶子女在驻外使领馆申请，可在最短时间内获得人才签证，同时还免除了申请费用，实现"零费用"办理。

（四）积极推进融入"一带一路"倡议

2019年，深入贯彻党的十九大和十九届二中、三中、四中全会精神以及省委第十三届五次、六次、七次全会精神，遵循习近平总书记在第二届"一带一路"国际合作高峰论坛上提出的"共建'一带一路'，顺应经济全球化的历史潮流，顺应全球治理体系变革的时代要求，顺应各国人民过上好日子的强烈愿望"的发展方向，协同"推进西部大开发形成新格局"和实施"西部陆海新通道建设"等国家战略，秉承共商共建共享原则，坚持绿色开放可持续发展理念，紧盯打开新时代对外开放新格局目标，统筹推进全省"一优两高"战略；以政策沟通、设施联通、贸易畅通、资金融通、民心相通为主要内容，立足青海在"一带一路"中的战略通道优势、人文资源优势、物流枢纽优势以及能源资源优势，坚持"对外开放"与"对内开放"并重、"引进来"与"走出去"并举，着力构建全方位对外开放新格局；加强与"一带一路"沿线国家的科技合作交流，建立良好的科技合作机制，鼓励科研人员走出去开展合作交流活动，紧紧围绕青海省"一优两高"战略的推进，着力在盐湖化工、高原医学、现代农牧业、特色生物医药、生态保护与利用等领域，培育和建设具有青海特色的国际科技合作机制，组织科研人员实施国际科技合作项目，促进一批先进技术、科技成果的引进、输出和转移转化，推进青海省"一带一路"建设向更深层次、更高质量发展。

一是深入实施国际科技合作专项。在深入调研、多方论证的基础上，推荐青海大学申报国家级国际合作项目，此项目为近几年来青海省唯一获批的援外项目。组织5个项目申报国际合作发展中国家培训班国风培训项目。实施省级国际合作项目13项，项目内容涵盖经贸、科教等领域。从合作方来看，合作面在增加，合作领域在延展，合作意向在拓宽，既有美国、法国、加拿大、新西兰等核心大国，又有韩国、西班牙、瑞典等关键小国。由青海省草原总站、瑞典耶夫勒大学、广州市华南自然科学技术研究院、青海友元空间信息技术公司合作的项目《大数据驱动的国产高分遥感高寒草地监测技术》，拟通过合作研究完成：建立多源异构高原草地数据库；开发适合于高寒草地快速精准监测高分遥感技术；筛选出相应的动态演绎驱动因子，将因子作为驱动输入，分析MODIS及国产高分遥感数据与草地生态系统之间遥感指数，形成"机理－因子－结果"三位一体的定性定量指标体系；研发大数据驱动的动态监测系统，挖掘和提取与高寒草地相关的气候、环境、人类活动和经济发展数据，构建各种气候、环境、人口和社会经济发展方案，完成高寒草地系统动态预测，分析高寒草地系统退化的风险评估。在开展国际合作项目中，注重把握政策界线，体现政策支持，对一些申报项目坚持按照国家政策先取得许可后再立项，保证了数据安全。

二是对日科技交流成果日益显现。2019年组织青海省西宁、海东、海西在校品学兼优的30名高中生及3名带队老师共计33人，分两批顺利完成"中日青少年科技交流计划"高中生访问日本科技交流活动。"中日青少年科技交流计划"由科技部与日本科技振兴机构（JST）于2014年签署协议正式启动，由JST全额资助我国青少年短期访问日本学校、科研机构和企业，与日本青少年及各前沿领域科学家、研究人员等全面开展科技交流。此次出访为青海省第三次通过该计划选派高中生赴日交流，出访人员由省科技厅、省教育厅联合发文选拔的高中生组成。2019年出访的30名学生来自西宁市二中、四中、五中、十四中、师大附中，海西州德令哈、格尔木及乌兰县中学，海东市二中、三中、四中及民和县、化隆县、循化县中学。在科技部交流中心的领导和组织下，在日方主管部门日本科技振兴机构（JST）和接待部门日本国际协力机构（JICE）的精心安排下，青海代表团先后访问了日本冈山和东京两地，按照计划安排参观和访问仓敷美观地区大原美术馆、仓敷天城高中、冈山大学、千叶工业大学、高能加速器研究机构KEK、日本科学未来馆等。访问期间，学生还体验了日本文化，与诺贝尔奖获得者、知名学者和当地高中学生开展了积极的交流互动。参观科学未来馆时，参访学生聆听了日本首位宇航员、科学未来馆馆长毛利卫博士分享的遨游太空的经历；在东京工业大学，听取了对超级计算机TSUBAME的介绍，体验了神奇的科技，观赏了机器人阿西莫的表演；参观冈山大学时与中国留学生进行交流，参观了部分实验室，参与了有趣的科学实验。在日本科学未来馆，讲解员中很多都是有多年科研工作经验的人士，他们参与到向公众传播科学知识的行列中，这样的科普讲解深入浅出，更加专业，也更有实效。另外，组织青海大学等单位参加"中日大学展"，组织青海农科院、轻工所等单位参加"中日技术项目洽谈暨工作研讨会"，参加项目洽谈对接的青海省科技机构和高校科研人员，在医疗养老、轻工产业加工、有机畜牧业、应对人口老龄化等领域与日方进行了广泛的交流，并对下一步的合作提出了建设性意见。

三是在坚持"请进来"的同时，积极组织青海省优势资源、特色产业

"走出去",实现对外合作交流,让"青"字头品牌主动融入国际社会,成为国际社会的新宠。利用第二届中国国际进口博览会、外交部青海全球推介会、中国-阿拉伯国家博览会、广西-东盟博览会、西安国际科学技术产业博览会、重庆智能博览会等平台,积极推介青海省科技发展的优秀成果。组织联通公司、国家电网、青海大学、青海师范大学等十几家单位带着最新先进的技术成果参加重庆智能博览会推介展示,"走出去"的路子进一步拓宽。组织16家科研单位和企业,组成青海交易团科技采购分团赴上海参加第二届中国国际进口博览会。省科技厅积极参与筹备外交部青海全球推介会,征集筛选3项重大科研技术成果参加推介。中-阿博览会推荐11个项目参展,在参展的同时,加强与参展外方人员、机构交流,建立沟通渠道,扩大"朋友圈"。西安国际博览会期间,省科技厅、西宁市科技局、大通县农牧科技局等单位组织10多家单位参展,向与会代表递出了青海名片。

四是完成了"青洽会"各项工作。按照《第二十届中国·青海绿色发展投资贸易洽谈会总体方案》《第二十届中国·青海绿色发展投资贸易洽谈会组织工作方案》分工任务要求,省科技厅高度重视,为确保第二十届"青洽会"科技口各项筹备工作的落实,及时研究制订了工作方案,明确由分管厅领导和相关处室成立领导小组,各项工作指定专人负责,协调督促各项工作按计划节点全面推进。"青洽会"分配青海省科技厅6项任务,各项任务均圆满完成。按照组委会的统一部署,邀请了科技部社发司领导、中科院兰州分院领导、中科院李永舫院士出席会议,李永舫院士做了主题发言;同时组织120名省内外科研机构、高校人员参加会议。

(五)不断加大省院合作力度

一是组织实施"西部之光"人才培养计划。协助中科院完成了青海省2015年度"西部之光"入选者终期评估实地检查及专家评审工作。同时对2017年度"西部之光"入选者项目进行了中期检查。积极组织征集推荐2019年度"西部之光"项目,经兰州分院现场评审、答辩,10个项目成功入选。

二是联合省人才办、中科院大学为青海省举办科技人员"实施乡村振兴战略"培训班。全省科技系统管理人员、厅驻村第一书记、科技工作者等30人在中科院大学进行理论学习，并赴山东进行实地考察。通过一周的学习，大家不仅掌握了实施乡村振兴所需理论知识，特别是实地参观山东先进的农业种植技术，收获丰厚。

三是组织青海省10名科技工作者，参加由中科院兰州分院在延安市安塞区举办的"科技工作者野外生存技能培训"，为青海省参与青藏高原科学考察研究工作提供了有效支持。

二 2020年科技合作与交流发展展望

青海省2020年科技合作与交流工作按照省委、省政府战略部署，结合新一轮科技革命和产业变革，坚持创新引领发展，提升科技支撑能力，着力培育新动能，突出青海省优势资源禀赋，围绕产业链部署创新链、围绕创新链完善技术链，重点在新材料、新能源、生物医药、装备制造、节能环保、盐湖化工等领域，加大合作交流步伐，着力引进一批新兴产业领军人才、培育一批掌握高新技术本土人才、突破一批核心关键技术，打造青海经济社会发展新引擎。

（一）紧紧围绕国家"一带一路"建设规划，加强青海省国际合作与交流工作

围绕国家"一带一路"倡议和青海省"一带一路"建设实施方案，积极发展与沿线国家的科技合作交流，秉承共商共享原则，坚持绿色开放可持续发展理念，紧盯新时代对外开放格局，继续加强对传统大国合作交流，同时突破与关键小国的合作交流。依托中以、中阿等合作平台，共同打造政治互信、经济融合、文化包容的利益共同体、命运共同体和责任共同体；通过政府间双边和多边科技合作协定或协议框架等合作方式开展国际科技合作交流，争取更多对青海省经济社会发展有重要支撑作用的政府

间科技合作交流项目；利用"走出去"和"请进来"的方法，组织青海省优势资源和特色产业，通过"一带一路"平台，进行技术转移转化；积极争取国家项目和实施省级科技计划国际合作专项，加强青海省国际合作科研水平。

（二）加强引进外国高端专家，服务青海经济社会发展

坚持问题导向、需求导向，邀请世界知名企业、著名高校高层次、急需紧缺的专家和学者，紧紧围绕青海省生态环保、有机畜牧业、化工、新能源、新材料、医疗和生物、文化体育等多个领域，针对发展过程中的短板和不足，开展合作研究攻关、参与技术指导等活动，帮助相关单位解决在生产、科研等方面遇到的技术瓶颈问题。结合项目征集、需求分析，梳理出青海省引进专家项目需求，制定出急需紧缺人才目录，通过"一个单位一项策略"，不断引进急需紧缺人才，为青海省科研、医疗、教育、文化、体育等事业发挥积极作用。

（三）积极争取国家经费支持，加大青海省出国（境）培训工作力度

严格按照"从严控制、突出重点、少而精"的原则，认真做好培训需求调研和立项必要性分析，紧紧围绕青海省经济社会发展重点行业、关键领域的瓶颈问题确定项目主题，使出国（境）培训项目更加切合青海省经济社会发展需要。在必要性审查中，把前一年出国（境）团组出外管理、遵守纪律、学习收获及成果转化等作为当年立项的重要考量指标；按照过紧日子的思想，进一步压缩党政团组的数量，保持有足够的资源留给一线的专业技术人员，确保有限的经费用在关键点上。

（四）提高服务能力，高效办理外国人来华工作许可

按照科技领域"放管服"改革的要求，加强对外国人来华许可证梳理，简化办理流程、缩短办理时限，对来华工作的外国专家、高端人才签证审

核,进一步提高高端人才签证的申办效率,采取全程在线、立审立办的方式,大幅压缩审核、审发期限,外国人才资质确认时限压缩至 5 个工作日内,高端人才及其配偶子女在驻外使领馆申请,可在最短时间内获得人才签证。积极推行"不见面审批"和承诺制,对来青工作的外国人,可以通过线上提交原件、要件资料,单位出具承诺书的形式进行审批,同时教育引导来青外国专家做好个人及家属新冠肺炎疫情防控,自觉遵守我国、青海省关于疫情防控的政策要求,加大对外国专家的关心关爱。

(五)积极协调,加强与中国科学院、中国工程院合作交流

利用省院合作机制,不断加强同中国科学院、中国工程院合作力度,利用两院人才、资源等优势,不断扩大合作的渠道和方式。继续与省人才办合作,利用中科院大学这个平台,为青海省培训"美丽乡村建设"所需人才,通过"西部之光"项目、科技人才野外培训、科技合作交流等为第二次青藏科考服务;发挥中国工程院战略咨询服务的优势,以院士服务青海行活动为载体,在人才培养、技术联合攻关等方面补短板、提效率,提升青海省技术研发水平。

(六)利用多种合作平台,不断拓宽合作渠道

一是根据省政府的安排部署和工作要求,认真总结前两届参与进口博览会的经验,做好调研,全面统筹科技资源,积极准备、提前科学谋划参加第三届进博会工作,力争第三届进博会组团采购工作取得实效。二是积极筹办以"开放合作,绿色发展"为主题的"青洽会"。坚持"创新、协调、绿色、开放、共享"新发展理念,组织有关省市、中科院、中国工程院等单位,以加强区域性协调经济贸易合作、着力深化合作交流、实现互利共赢为目的,以多层次多领域的交流合作,着力打造开放合作、优势互补、互利共赢、区域协调发展的交流平台。三是依托广西-东盟博览会、西安科博会、中-阿博览会等平台,发挥这些平台的桥梁纽带作用,为青海省"青"字头产业走出国门、走向世界提供优质服务。

G.9 2019年青海大众创业万众创新发展报告及其展望＊

摘　要： 2019年，青海省深入推进大众创业万众创新，坚持以创新带动创业、创业促进创新，优化创新创业环境，增强科技创新引领作用，大众创业万众创新生态不断完善、主体持续壮大、服务体系不断健全、服务能力逐步提升，充分释放全社会创新创业潜能，为加快培育发展新动能、实现更充分就业和经济高质量发展提供了坚实保障。

关键词： 大众创业　万众创新　青海省

2019年3月5日，国务院总理李克强在《政府工作报告》中明确提出，要进一步把大众创业万众创新引向深入，鼓励更多社会主体创新创业，拓展经济社会发展空间，加强全方位服务。青海省大众创业万众创新（以下简称"双创"）工作，坚持以创新带动创业、创业促进创新，全省创新创业制度建设不断完善，创新创业孵化载体不断丰富，创新创业孵化体系不断健全，财政投入、社会资本和税收优惠政策持续发力，通过举办各类创新创业大赛和"双创"活动周，在全社会营造了浓厚的文化氛围，进一步激发了创新创业的热情，为加快培育发展新动能、实现更充分就业和经济高质量发展提供了坚实保障。

＊ 课题组成员：许淳、张银廷、李岩、赵以莲、高亚锋、郭敏、刘永庆、米杰、杨发、周成录、沈利玲。

2019年青海大众创业万众创新发展报告及其展望

一 2019年青海省"大众创业、万众创新"发展状况

（一）"双创"生态不断完善

2015年以来，青海省"双创"工作紧密衔接国家工作总体部署，密集出台《青海省人民政府办公厅关于发展众创空间推进大众创新创业的实施意见》（青政办〔2015〕144号）、《青海省人民政府办公厅关于加快大众创业万众创新支撑平台建设服务实体经济转型升级的实施意见》（青政办〔2017〕2号）、《青海省人民政府关于强化实施创新驱动发展战略进一步推进大众创业万众创新深入发展的实施意见》（青政〔2018〕28号）、《青海省人民政府关于推动创新创业高质量发展打造"双创"升级版的实施意见》（青政〔2019〕28号）等一系列政策措施（见图1），围绕规范载体建设、创新激励机制、促进服务升级、培育创新型企业等目标，着力从整合政策资源、完善服务体系、释放创新活力和提升"双创"质量等方面施策，大力宣传"双创"典型，为推进"双创"工作持续升级营造了良好的政策环境。省政府从2015年起，每年安排5000万元资金支持大学生创新创业；从2018年开始设立科技创新券，专门支持为"双创"提供技术服务的专业机构。省直11家部门联合制定了《青海省深化科技领域"放管服"改革二十条（暂行）》，创新创业环境不断得到优化完善。

（二）"双创"主体持续壮大

以创新带动创业，全面提升"双创"主体核心竞争力，组织实施科技型企业和高新技术企业"双倍增"计划，通过梯级培育、综合施策、精准服务，加强对科技企业产权保护、技术创新、管理提升、市场开拓、品牌建设、融资增长等方面的支持和服务，全省创新主体数量持续增长。2019年新认定高新技术企业38家、科技型企业98家、科技小巨人企业7家，全省高新技术企业、科技型企业、科技小巨人企业总数分别达到184家、432家、49家，较"十二五"末增长78.64%、110.73%和58.07%（见图2）。

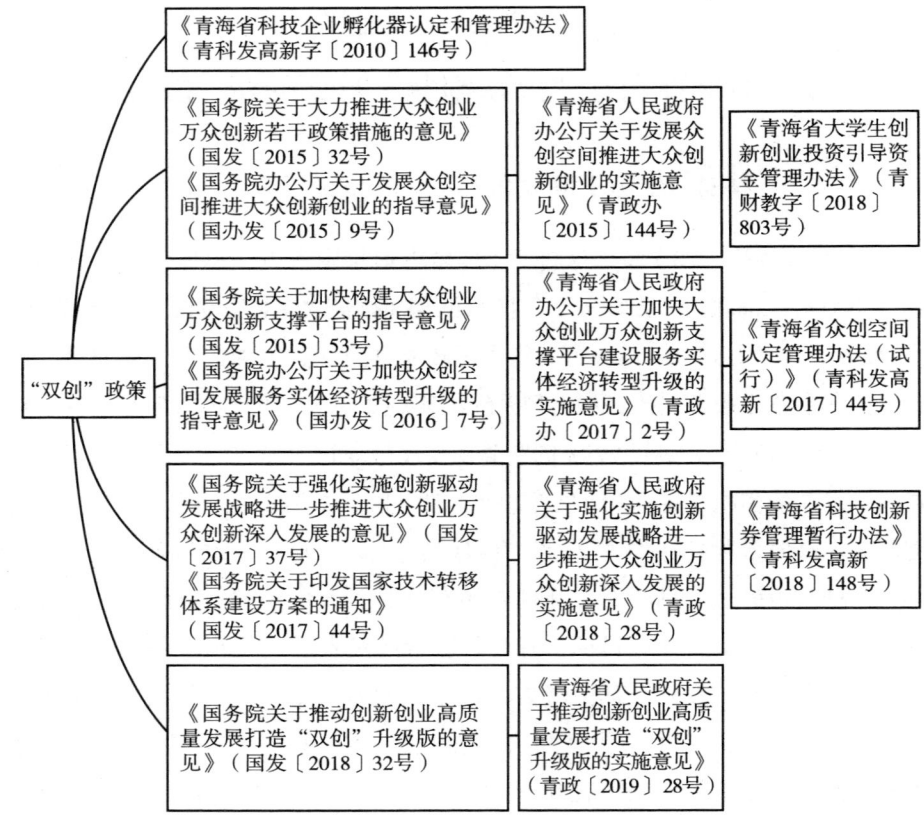

图1 青海省"双创"政策

(三)"双创"服务体系不断健全

以构建众创空间等创新创业服务平台为着力点,充分发挥各市州县政府、省级各类工业园区和高校等主体作用,有效整合资源,集成落实政策,促进社会公共资源开放共享,利用互联网、云计算等现代信息化手段,构建开放的创新创业服务平台。2019 年,新认定省级科技企业孵化器 1 家、省级众创空间 9 家,全省孵化器总数达到 15 家、众创空间达到 48 家,实现了各市州全覆盖(见图3)。其中 1 家孵化器被认定为国家级,总数达到 6 家;4 家众创空间获得国家备案,总数达到 15 家。全省孵化器和众创空间孵化

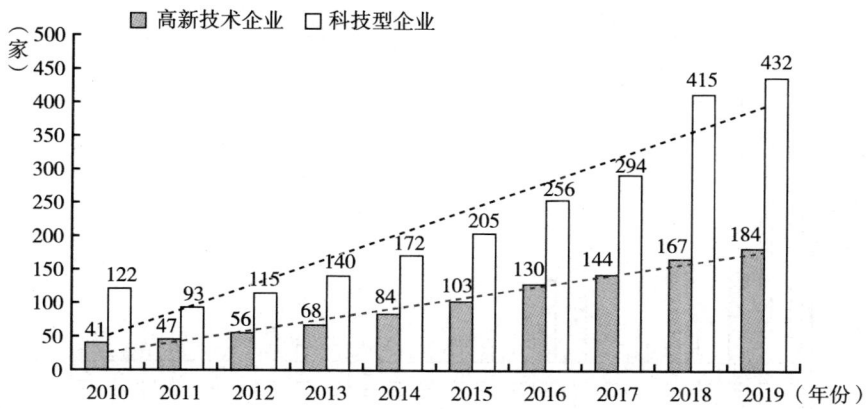

图2　2010~2019年青海省创新主体发展情况

总面积达到160.52万平方米，拥有孵化管理人员800余人、专兼职创业导师1700余人，在孵企业1174家、团队686个，签约中介机构99家，创业人数近16000名。

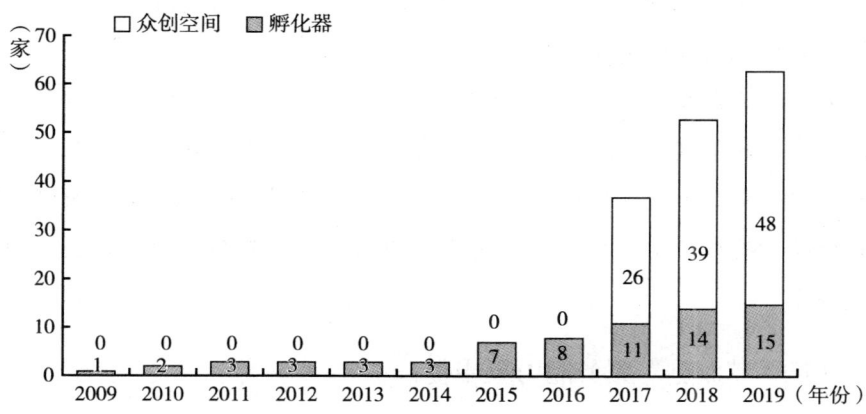

图3　2009~2019年青海省孵化器载体发展情况

2019年全省认定孵化器15家，较"十二五"末增长1倍，尤其是从2017年起，青海省着重引导各地加快众创空间建设，全省孵化器和众创空间数量均得到大幅提升，2019年载体数量较2015年增长了近8倍（见图4）。

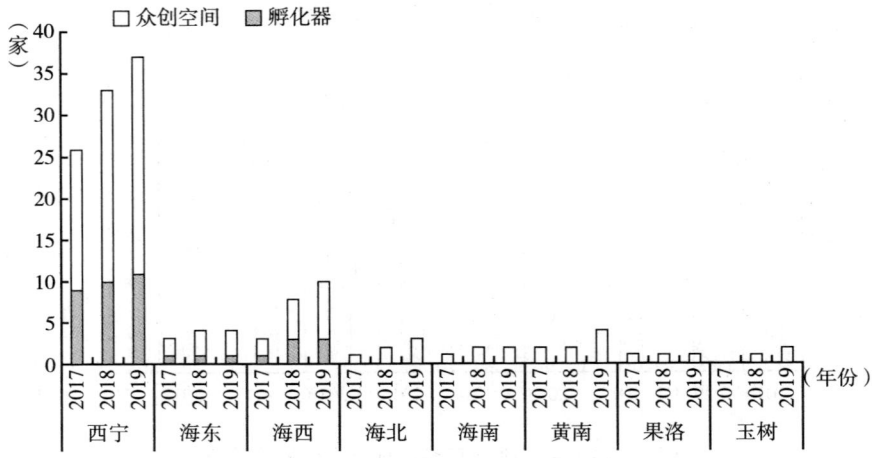

图4 2017~2019年青海省孵化载体区域分布情况

从图4可以看出,青海省众创空间已经实现全省各市州全覆盖,孵化器由西宁向海西、海东辐射。从各地分布数量来看,西宁市无论是孵化器还是众创空间均是一枝独秀,分别占到全省的73%和54%,海西、海东次之,其分布趋势也基本符合青海省经济发展现状。

此外,全省拥有国家级大学科技园1家、国家级大众创业万众创新示范基地1个,西宁(国家级)经济技术开发区、格尔木昆仑经济开发区先后获批国家大中小企业融通型创新创业特色载体。这些载体的建设和发展,有效构建了青海省"众创空间-孵化器-加速器-产业园"全链条创新创业孵化体系。

(四)"双创"服务能力逐步提升

引导众创空间等"双创"孵化平台围绕产业细分领域和新兴产业培育,提供低成本、便利化、全要素、开放式服务,指导青海省孵化器协会有效发挥作用,面向全省孵化机构开展从业培训。进一步加强对孵化器和众创空间的业务指导,引导和鼓励其不断拓宽服务,提升服务水平,连续2年组织开展孵化平台绩效评估工作,对绩效突出的孵化载体,由省级财政科技资金给予每家100万元以内的奖励补助。2018年共奖励孵化载体17家、奖励资金1065万元，2019年奖励27家、奖励资金1020万元。相比于发展早期，近几年青海省"双创"孵化平台在政策解读、财务管理、人才招聘、知识产权、论坛培训、资源对接等方面的服务功能日趋完善，部分孵化平台已能够提供金融、营销等专业服务。为入孵企业和团队提供的服务、举办的活动，以及入孵企业质量等均在显著提升（见表1），青海省孵化平台正在向2.0升级。

表1 青海省众创空间、孵化器部分指标增长情况

众创空间指标	数量	同比增长（%）	孵化器指标	数量	同比增长（%）
众创空间总面积（平方米）	416330.43	125.39	孵化器总面积（平方米）	1188858.05	0.26
提供工位数（个）	3045	19.98	在孵企业数（个）	471	3.06
常驻初创企业拥有有效知识产权数量（项）	302	51.76	其中:高新技术企业（个）	32	33.33
创业导师队伍（人）	1240	7.08	科技型中小企业（个）	113	20.21
当年举办创新创业活动（场次）	615	33.41	当年毕业企业（个）	65	10.17
当年新注册企业数量（家）	278	2.96	孵化器内企业总数（个）	611	8.91
当年服务的初创企业数量（家）	1022	15.09	在孵企业总收入（万元）	258523	31.85

（五）科技创新券撬动创新创业服务

为贯彻落实国务院、青海省政府关于强化实施创新驱动发展战略进一步推进大众创业万众创新深入发展的意见措施，有效支撑创新创业服务，创新财政科技专项资金支持方式，青海省2018年启动开展了科技创新券试点工作，支持省内科技企业和团队向创新券接收机构购买科技服务。2019年，青海省共有105家企业获得561.4万元的创新券支持，其中孵化器和众创空间在孵企业19家，获得支持金额73万元（见图5）。

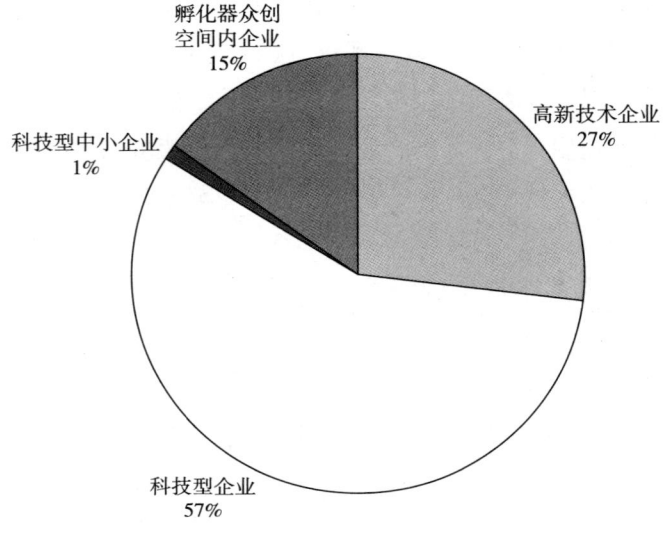

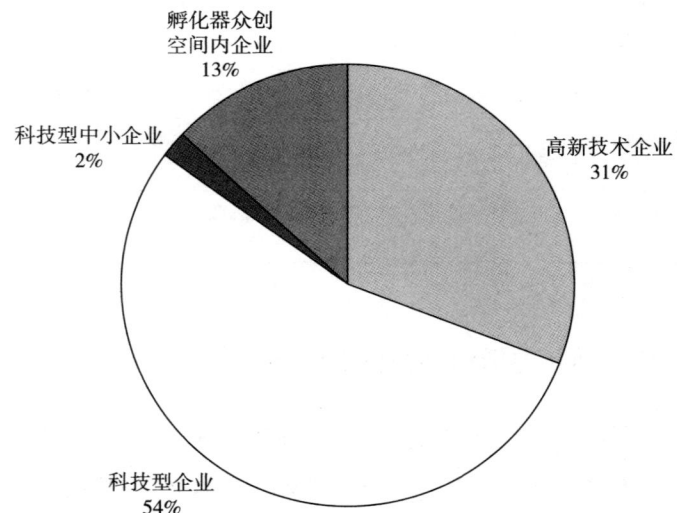

图 5　2019 年青海省科技创新券不同企业类别订单和兑付金额情况

从创新券使用的服务内容来看，主要为知识产权服务、科技咨询服务和检验检测服务，其中，知识产权服务创新券累计兑付金额 1424160 元，占

25.37%；科技咨询服务 4161120 元，占 74.12%；检验检测服务 28680 元，占 0.51%。从中可以看出科技咨询服务所占金额较大（见图 6）。

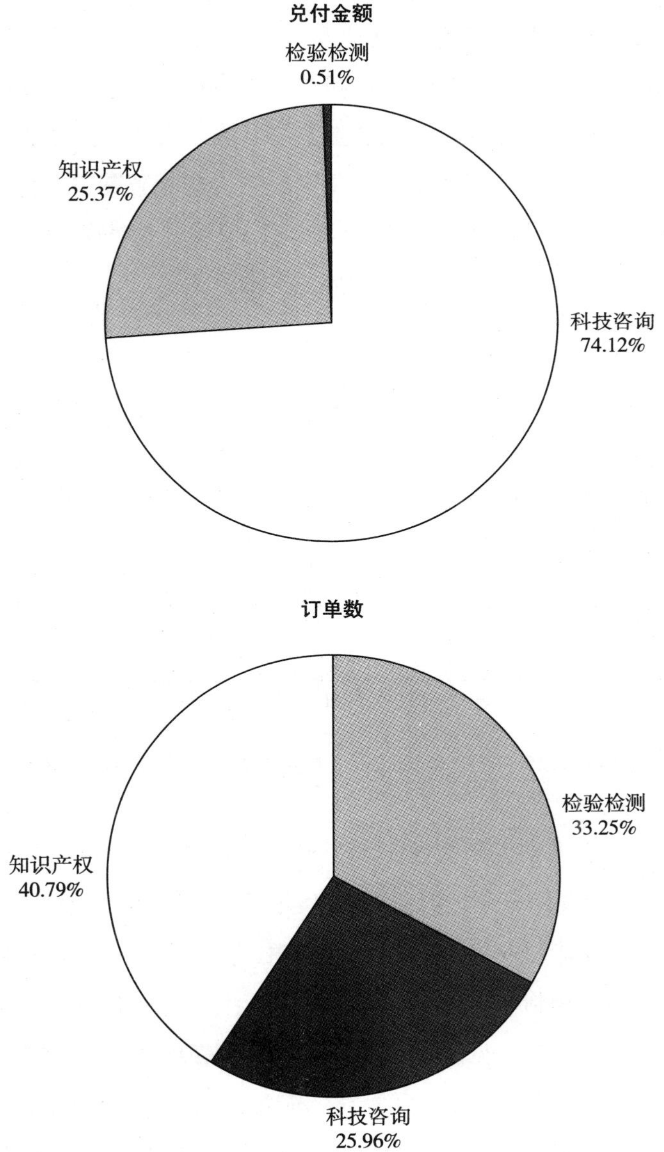

兑付金额

检验检测 0.51%
知识产权 25.37%
科技咨询 74.12%

订单数

检验检测 33.25%
知识产权 40.79%
科技咨询 25.96%

图 6　2019 年青海省科技创新券不同服务类别兑付金额和订单数情况

（六）"双创"社会氛围日益浓厚

一是举办创新创业大赛。举办了第五届"交通银行杯"青海省大学生创新创业大赛、第八届中国创新创业赛"青海赛区"等各类项目竞赛，引进各金融机构、风险投资机构和孵化机构与大赛优胜项目进行对接，为创业者保驾护航，促进创新创业项目及企业发展壮大。青海省大学生创新创业大赛是青海省多部门联合、覆盖全省、最具影响力的品牌赛事，截至2019年，五届大赛报名数量从2015年的281项增加至2019年的447项，累计参赛项目达1665项，年平均增长率达12.31%（见图7）。

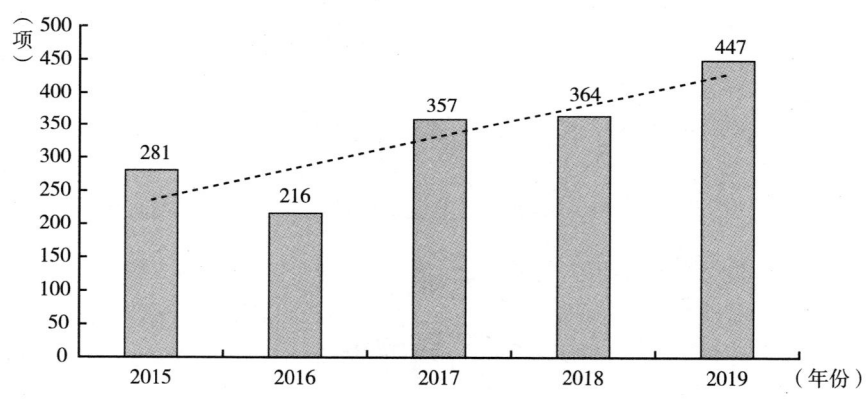

图7　2015~2019年青海省大学生创新创业大赛参赛数量

2019年青海省大学生创新创业大赛报名项目共计447项，从创业项目技术领域分布看：互联网电子信息领域167项，占37.4%；文化和旅游领域96项，占21.5%；新能源及节能环保领域50项，占11.2%；高技术服务领域46项，占10.3%；生物制药领域42项，占9.4%；先进制造领域和新材料领域各23项，分别占5.1%（见图8）。其中：互联网领域占比从2015年开始一直保持在第1位；文化旅游领域项目数量逐渐增加，位居各领域第2位。

通过大学生创新创业大赛平台，激发了全省大学生的创新创业热情，调动了大学生创新创业实践的主观能动性，将创新创业追求内化为大学生自我

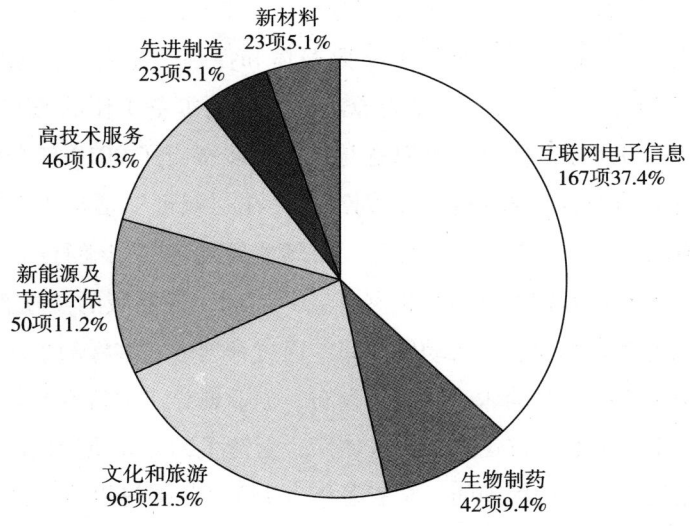

图8 2019年青海省创业项目领域分布

实现的需求,为培育出符合国家社会需求的创新创业人才发挥了重要作用,同时也在引导大学生择业价值观的转变。5年来,通过主题鲜明的大学生创业赛事活动,累计开展各类创业辅导培训及讲座80余场,培训人员7000多人次。依托大赛设立的青海省大学生创业资金扶持企业100余家,创造就业岗位约1500个,累计带动就业1430余人。大赛不断提升对技术创新和成果转化的要求,强化技术交流合作、产学研用协同机制,引导企业增强知识产权保护意识,提升企业核心优势,增强自主创新能力。数据显示,以大赛为平台,获得青海省大学生创业资金支持的105家企业已累计获得各类知识产权583项,相比支持前增长62.3%。例如,青海盐如玉科技开发有限公司成功转让中国科学院青海盐湖研究所的《人工培育"盐花"的方法及其产品》发明专利技术,利用该项技术公司建立了"盐花"生产线,生产出独具特色的工艺品。青海誉一泽新能源开发有限公司在获得200万元无息贷款后,完成了复杂地形光伏组件清洗车的研发工作,2018年实现营收460万元。截至2019年底,公司已获得发明专利1项、实用新型专利7项、软件著作权8项。

二是组织开展"双创"活动周。全国"双创"活动周主题鲜明、内容丰富，已成为全国推动"双创"的重要载体和抓手。按照《国家发展改革委关于做好2019年全国大众创业万众创新活动周筹备工作的通知》（发改高技〔2019〕880号）要求，青海省与全国同步举行了2019年全国大众创业万众创新活动周青海省分会场系列活动。在"双创"活动周前期，省科技厅联同省教育厅、工信厅、人社厅、市场监管局等部门举行新闻通气会，共同解读《推动创新创业高质量发展打造"双创"升级版的实施意见》，为活动周进行了充分的预热。活动周期间，通过开展形式多样的主题展示、经验交流、文化传播、互动体验、成果发布、创业辅导、项目竞赛等各类创新创业活动，推动形成全方位创新服务体系，营造了助力高质量发展的浓厚社会氛围。据统计，活动周期间，全省各市（州）、各部门累计举办各类活动55场次，直接参与人数近14000人次。自2016年与全国同步举办"双创"活动周以来，全省累计参与人数达到62200余人次，辐射人群约50万人。通过各类渠道，全方位传播"双创"文化，传递"双创"理念，使得创新创业深入人心，成为社会关注的焦点。

三是开展"双创"服务能力提升活动。为加强政策学习，促进经验交流，青海省于2019年8月中旬组织全省孵化器、众创空间相关人员，在玉树州举办了全省"双创"服务能力提升培训与现场交流会，通过政策培训、座谈交流、实地观摩等形式，全面贯彻落实党中央、国务院关于"双创"工作的决策部署，加强政策宣讲与落实，促进经验交流，进一步提升全省科技企业孵化器和众创空间服务能力，推动全省"双创"载体快速健康发展。

二 问题分析

总体来看，青海省"双创"工作正在快速推进，创新创业服务体系逐步健全，全社会鼓励和参与创新创业的良好氛围日益浓厚。但受区域经济科技教育发展不平衡不充分等因素影响，青海省"双创"工作在专业化管理人才引进与培养、优质创新创业企业孵化、促进科研成果转移转化、引导基层创新意识和精准服务方面与东、中部乃至西部发达地区在质量和数量上都有较大间距，在省内也存在创新创业载体发展区域不平衡、创新能力普遍较低、创新创业人才紧缺、创业层次和水平较低等问题。

（一）创新创业公共服务能力不足，运营模式单一

专业的服务人才和团队不足致使青海省创新创业公共服务平台和服务机构相对缺乏，公共服务能力水平低下，为创新创业活动有效提供法律、知识产权、财务、技术咨询、检验检测和技术转移等一站式服务的机构相对较少。多数孵化载体运营模式还处于2.0以下（收租+物业+服务平台）模式，新型孵化模式（3.0和4.0模式，租金免费+深度创业服务+股权投资等）少之又少。缺乏具有核心竞争力的孵化载体，同质化现象较为普遍。大部分孵化载体运用模式不健全，盈利模式单一，主要收入来源仍以提供低成本办公服务，或者依靠地方政府财政支持，管理服务水平和整合社会资源能力严重不足，孵化载体多以政府主导为主，在缺乏地方资源以及技术支撑的情况下，无法产生有效的收益或者产出，创业孵化机构与创业企业尚未形成真正的利益共生。

（二）运营团队不稳定，孵化能力不足

孵化载体的发展定位、运营模式等因素决定了其发展能力，同时也影响到运营团队的稳定性，青海省很多孵化载体已经陷入运营团队频繁流动和发展能力停滞不前的僵局。究其原因：一是定位不准，对孵化载体的孵化职能认识不够透彻，缺乏专业化服务、精细化服务的意识；二是孵化载体的发展能力不足以稳定团队，两者不能相辅相成；三是缺乏专业化团队，短期培训无法提升服务能力，无法满足创业企业成长需求。

（三）缺乏深度服务能力

省内创业资源开发不充分，省外服务资源对接难度大、成本高，致使服务层次低，解决实际问题能力弱。以培训服务为例，大多数孵化载体每年会

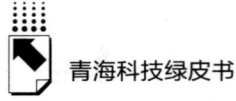

结合"双创"活动组织一些相关的创新创业培训，但综合来看，培训内容雷同，专业性、针对性、精准性不足，培训只停留在课堂或者一些理论、案例层面，无法真正帮助企业具体解决实际的问题，致使培训效果大打折扣，存在"活动多收获少"的问题。

（四）融资困难，创新主体成长乏力

青海省的创新人才较为缺乏，创新创业基础较薄弱，以大学毕业生为主的创新创业群体缺乏创业经验，抵御市场风险能力弱，创业项目很难被投资机构看中，加之普遍存在轻资产的特征，创业融资困难较大。

三 发展建议

（一）适度倾斜，鼓励西部地区创新创业发展

针对西部地区人才缺乏、创新能力不足等现实问题，在国家顶层布局、政策引导、平台建设和资金扶持等方面，应进一步加大对西部省份创新创业工作的支持，通过省部联动机制等，加强政策创新，使创新创业的特殊优惠政策在西部地区先行先试，推动西部地区跟进全国发展趋势。

（二）坚持人才引进与培养相结合，摆脱引才难、留才难的困境

由于青海所处特殊地理环境以及经济发展水平等影响，人才引进一直是困扰青海经济发展的难题。借力"科技援青"等渠道，加大发达地区创新创业人才对青海的援助和支持，同时通过改革创新高校创新创业课程设置、师资力量建设，培养本地区的创新创业人才，是解决人才瓶颈的有效途径。

（三）创新服务模式，促进社会公共资源开放共享

利用互联网、云计算等信息化手段，构建开放的创新创业服务平台，综

合运用市场化、专业化和资本化的运行手段，为创新创业提供全链条增值服务。同时，加强与东部地区的合作，开展"飞地合作"，促进跨区域孵化载体之间的经验交流和资源共享，通过结对帮扶、联合共建、模式输出、异地孵化等方式，引导东部发达地区孵化载体与青海省孵化载体的合作，提升青海省创新发展动力，使发达地区的创新创业资源惠及后进地区，提高创新创业效率。

（四）深化融资服务，鼓励社会投资

一是深化工商融资服务。通过进一步深化股权质押登记，支持以商标权、专利权、著作权、域名权等知识产权出资设立创业创新主体，盘活企业资产，突破初创企业融资难的发展瓶颈，激发"双创"主体的创新活力。二是引导民间资本和社会力量参与。通过租金减免、财政补贴等优惠政策，鼓励各类企业、投资机构、行业协会、社会组织等社会力量以市场化机制投资参与孵化载体筹建和运营，并鼓励创投机构、孵化载体运营机构设立天使、创业投资类基金，多层面拓宽企业融资渠道，为创新创业注入活力。

专题篇
Special Reports

G.10
2019年青海科技计划与重大科技项目评价报告[*]

摘　要： 2019年，青海省科技部门积极落实青海省"十三五"科技创新规划目标，面向青海省科技创新发展的战略需求，持续强化科研攻关，精心组织科技计划项目，完善科技创新系统布局，着力打造具有高原特色的战略科技力量，创新型省份建设步伐不断加快。2019年共安排省级财政科技专项资金5.4亿元，组织实施新开科技计划项目385项，在绿色产业技术体系构建、重大科技创新工程实施、重大科技行动推进等方面取得长足进展。

关键词： 科技计划　产业技术体系　青海省

结合《青海省"十三五"科技创新规划》《青海省贯彻〈国家创新驱

---

[*] 课题组成员：毛学荣、柏为民、张巍山、巩志娟、马茹、李琴、马冠奎、赵润身。

动发展规划纲要〉实施方案》《中共青海省委青海省人民政府关于坚持生态保护优先推动高质量发展创造高品质生活的若干意见》等文件精神，青海省以建设创新型省份为目标，从绿色产业技术体系构建、重大科技创新工程实施、重大科技行动推进、科技体制机制改革深化等方面对全省科技创新工作进行了全方位部署。2019年共立项支持新开科技计划项目385项，在助力生态文明建设、引领产业发展、支撑创造高品质生活、释放创新活力、优化创新创业氛围和科技合作交流等方面取得了积极进展。

一 2019年青海科技计划项目资助强度

为切实推进具有青海特色优势的区域创新体系建设，加快步入创新型省份行列的步伐，结合《青海省"十三五"科技创新规划》重点任务部署，编制了《2019年青海省省级科技计划项目申报指南》（以下简称《指南》），明确了2019年省级科技计划项目重点资助方向。根据《指南》中确定的重点方向，结合重大科技专项、重点研发与转化计划、基础研究、创新平台建设专项和其他奖补资金等不同定位，2019年共安排新开科技计划总资助经费68800.35万元，当年拨付44181万元，集中力量攻克制约经济社会发展的重大科技问题。以下将分别从项目经费资助强度、项目分布、重点技术体系及创新载体等不同维度，对年度新开省级科技项目部署情况进行分析。

（一）项目资助经费概况分析

2019年新开科技计划项目总计385项。其中，重大科技专项项目计划安排项目12项，拟资助经费15500万元，2019年资助经费7940万元，科技投入40505万元，带动社会总经费共41725万元；重点研发与转化计划项目149项，拟资助经费27222万元，2019年资助经费10962.65万元，科技投入55702.6万元，带动社会总经费68826.6万元；基础研究计划项目202项，拟资助经费9500万元，2019年资助经费9500万元，科技投入10293万元，带动社会总经费793万元；创新平台建设专项部署项目22项，拟资助经费13602万元，2019年资助经费13002万元，科技投入16913万元（见图1）；其他计划项目共拟资助经费3629万元，科技投入3629万元。

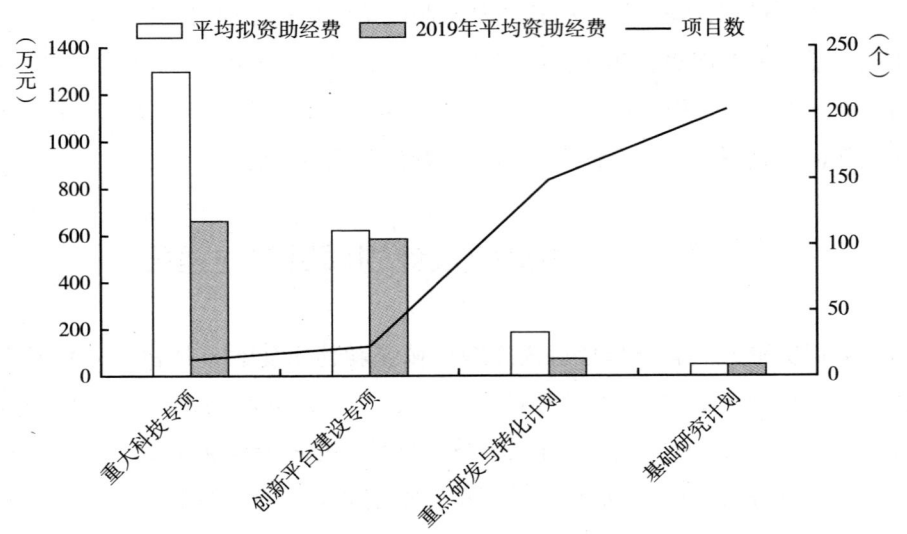

图1　2019年青海省各科技计划平均资助情况

注：本书图表除标注外，均为课题组自制。

重大科技专项、重点研发与转化计划以及创新平台建设专项重点关注的是青海省经济结构调整、产业转型中亟须解决的关键科技问题，针对性强，资助力度相对大；基础研究主要面对经济社会、民生领域中的基础研究问题，涉及面广，开设项目多，总经费投入相对较少。2019年科技计划项目部署中，基础研究部署项目数最高，占2019年新开项目总数的52.47%，单个项目资助力度低于其他计划类别。因其更加关注于基础研究，带动的社会总经费也相对较少。重大科技专项项目数少，但拉动社会总经费的能力显著高于其他计划类别。无论是从项目数、资助力度还是投入经费的角度来看，重点研发与转化计划是2019年度科技计划资源配置度最高的计划。

重大科技专项的平均拟资助经费强度远高于其他计划类别，平均资助经费约为1291万元,充分体现了部署项目精简、资助强度大的特点;创新平台建设专项计划次之,平均资助经费约为618万元;重点研发与转化计划的平均拟资助经费强度约为182万元;基础研究计划的平均资助经费强度最低,约为47万元。

(二)拟资助经费与自筹经费配套比例分析

2019年青海省各计划项目的经费来源主要包括资助经费及项目申报单位的自筹经费两大类。其中,重大科技专项计划安排项目共12项,自筹经费25005万元,拟资助经费15500万元,自筹经费和拟资助经费的配套比例约为1.61∶1,带动社会总经费41725万元;重点研发与转化计划部署项目149项,自筹经费28940.6万元,拟资助经费27222万元,自筹经费和拟资助经费的配套比例约为1.06∶1,带动社会总经费68826.6万元;基础研究计划部署项目202项,自筹经费793万元,拟资助经费9500万元,自筹经费和拟资助经费的配套比例约为0.08∶1,带动社会总经费10293万元;创新平台建设专项部署项目22项,自筹经费3311万元,拟资助经费13602万元,自筹经费和拟资助经费的配套比例约为0.24∶1,带动社会总经费16913万元(见图2)。其他类计划没有以项目方式进行支持,总经费全部来自专项经费。

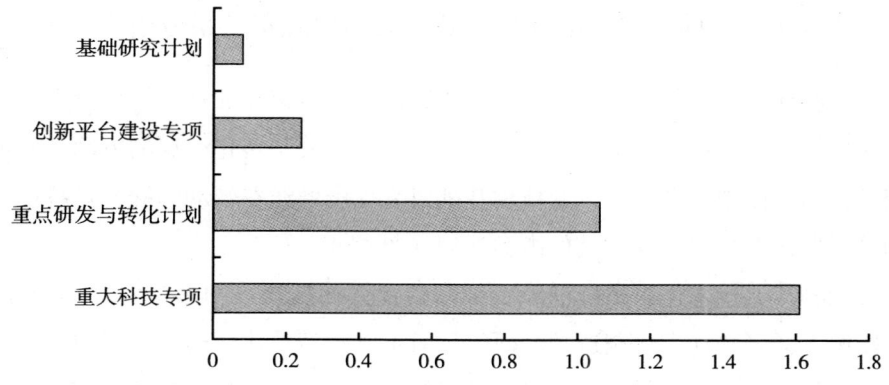

图2 2019年青海省各计划类别自筹科研经费和拟资助经费配套比例

从各产业技术体系的自筹和拟资助经费配套比例来看,各技术体系的经费主要为自筹科研经费。其中,新能源、新材料以及先进制造领域的配套比例较高,均超过1.8∶1,这3个产业技术体系从企业中的筹集经费强度相对较高;现代生物、生态环保、现代农牧业和新一代信息领域的配套比在1∶1左右,其中现代生物及新一代信息产业技术体系的自筹经费多于资助经费,生态环保和现代农牧业产业技术体系的资助经费多于自筹经费;高原医疗卫生与食品安全和其他类产业技术体系的自筹科研经费相对较少,配套比例分别为0.40∶1和0.03∶1(见图3)。

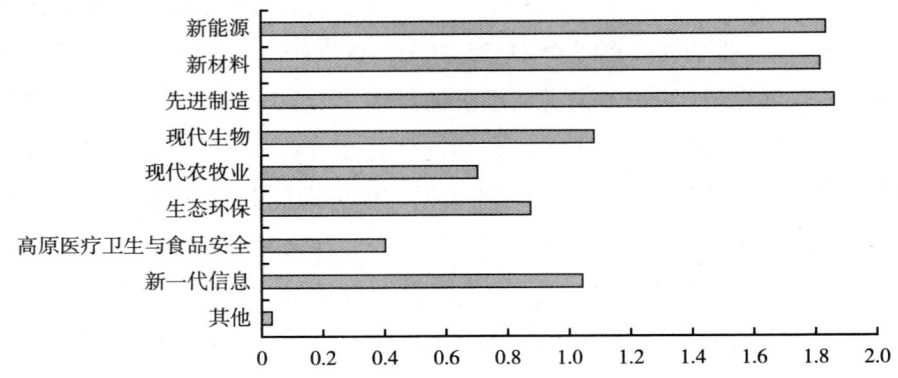

图3　2019年青海省各产业技术体系自筹科研经费和拟资助经费配套比例

(三)拟资助经费带动社会科技投入与总经费关系分析

在各计划类别中,重大科技专项的拟资助经费带动的社会科技投入、总经费比例在所有计划类别中都是最高的。重点研发与转化计划的带动比例也相对较高。而创新平台建设专项和基础研究拟资助经费带动的社会科技投入和总经费比例则明显低于其他两类计划(见图4)。

从各产业技术体系拟资助经费带动的社会科技投入和总经费比例来看,新能源、新材料和先进制造领域研究项目带动经费的比例较高。其中,新能源产业技术体系、新材料产业技术体系和先进制造产业技术体系的拟资助经费分别带动约2.83倍、2.82倍和2.87倍的科技投入,以及3.14倍、4.89

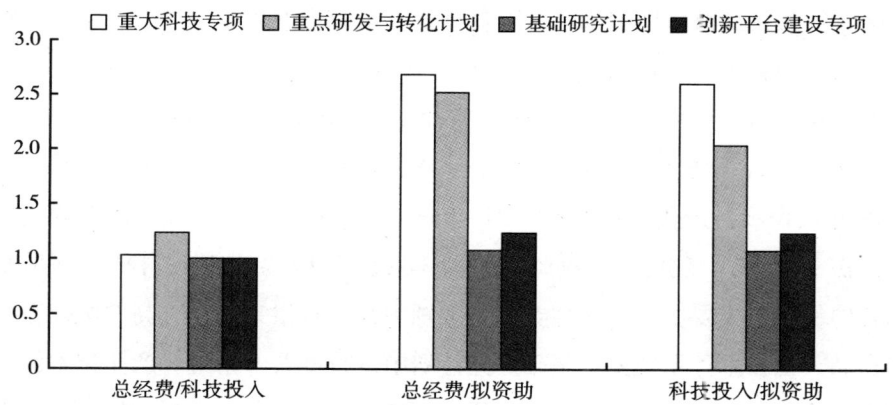

图 4　2019 年青海省各计划类别拟资助经费带动的社会科技投入和总经费比例

倍和 3.32 倍社会总经费；科技投入分别带动约 1.11 倍、1.74 倍和 1.16 倍的社会总经费。其他产业技术体系拟资助经费带动的社会科技投入和总经费比例相对较低。

二　2019年青海科技计划项目重点产业技术体系

2019 年青海科技计划围绕《青海省"十三五"科技创新规划》提出的科技发展重点技术体系进行了项目部署。

（一）计划类别的产业技术体系结构

围绕《青海省"十三五"科技创新规划》中提出的重点任务，2019 年青海省科技计划项目部署在不同技术体系既有侧重，又有互补；既符合《2019 年青海省科技计划项目申报指南》中对各计划类别的基本定位，又能满足青海省经济社会发展需要。就项目数而言，2019 年科技计划项目产业技术体系主要分布在高原医疗卫生与食品安全、生态环保、现代农牧业、现代生物、新一代信息、先进制造六大领域，新开项目数超过当年新开项目总数的 83.90%。高原医疗卫生与食品安全技术体系是 2019 年最受关注的技术体系，是基础研究计划中部署项目最多的领域，重点关注高原医学领域和与藏药应用相关的基础研究，如开设"青海东部地区酒精性肝病中西医防治技术集成研究""藏药红景天防治急性高原病的效应物质基础研究"等项目。在经费资助方面，现代农牧业是资助经费最多的产业技术体系，占2019年新设项目产业技术体系的24.18%；新一代信息产业技术体系紧随其后，占15.12%。现代农牧业产业技术体系是2019年青海省科技计划项目部署中的一个重要主题，在各类计划类别中都占有很大比重。高原医疗卫生与食品安全技术体系主要在基础研究计划中进行部署。新材料产业技术体系主要在重点研发与转化计划和基础研究计划中进行部署。不同计划类别对不同领域各有侧重，定位不同，支持力度也不同。

（1）2019年青海省重大科技专项计划项目在新能源、先进制造、现代农牧业、生态环保、新一代信息和其他共6类产业技术体系部署项目，开设重点集中在现代农牧业和生态环保两类产业技术体系，在新材料、现代生物以及高原医疗卫生与食品安全领域中没有部署项目。2019年当年拨付资助经费占重大科技专项拟资助经费总额的51.23%。

（2）2019年重点研发与转化计划部署中，现代农牧业是项目部署及经费资助最多的产业技术体系，其资助经费占重点研发与转化计划拟资助经费总额的30.45%。新一代信息产业技术体系占比约为19.51%。重点研发与转化计划对现代农牧业和新一代信息两类产业技术体系的拟资助经费近50%，是重点研发与转化计划的资助重点。

（3）2019年基础研究在高原医疗卫生与食品安全技术体系部署项目最多，共计50项，占基础研究计划的24.75%；其次为现代生物产业技术体系、生态环保产业技术体系和先进制造产业技术体系，分别开设35项、30项和25项，占比分别为17.33%、14.85%和12.38%。从资助经费来看，2019年基础研究计划紧密结合青海省最新发展形势和自身特点，加大对高原医学领域的基础研究和高技术研究攻关力度和资助强度，为进一步提高人口健康保障能力、建设健康青海提供了有力支撑。

（4）2019年创新平台建设专项中科技基础条件平台、青海省科研基础条件和能力建设专项资金、省级临床研究中心3个子计划在现代农牧业产业技术体系、生态环保产业技术体系、高原医疗卫生与食品安全技术体系和新一代信息产业技术体系均有项目部署。其中，新一代信息产业技术体系部署项目最多，开设项目8项；其次为现代农牧业产业技术体系和高原医疗卫生与食品安全技术体系，分别开设项目7项和6项。

（二）产业技术体系分布

2019年科技项目部署分布情况如图5至图7所示。2019年高原医疗卫生与食品安全技术体系开设项目最多，占2019年新开科技项目总数的18.70%。高原医疗卫生与食品安全技术体系是2019年青海省科技项目的主要部署领域，围绕健康青海建设，以提升全民健康水平为目标，依托高原医学重点实验室开展高原病、地方病等重大疾病的防治示范。其次，现代农牧业产业技术体系和生态环保产业技术体系以及现代生物产业技术体系部署项目较多，项目数占比分别为15.06%、13.25%和13.25%。

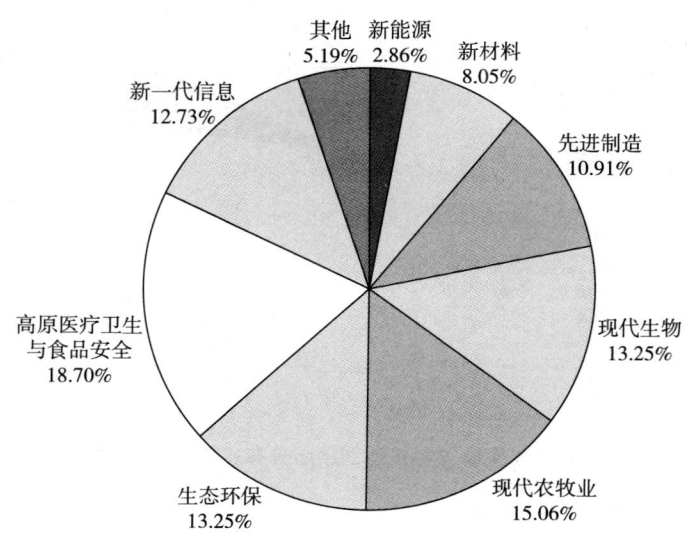

图5　2019年青海省科技计划领域分布：项目数

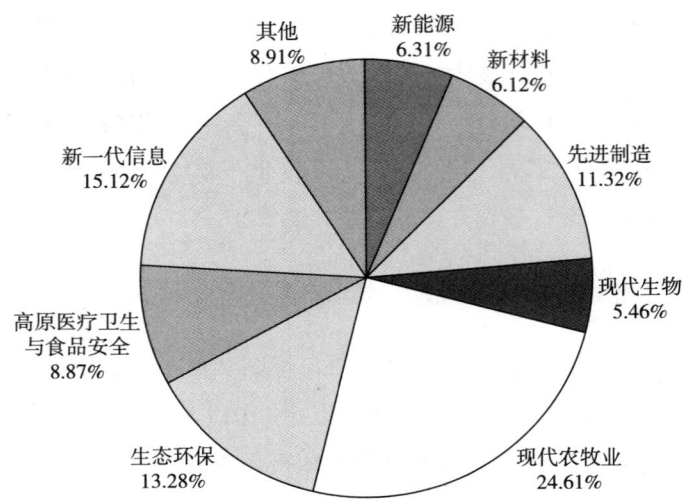

图6 2019年青海省科技计划领域分布：拟资助经费

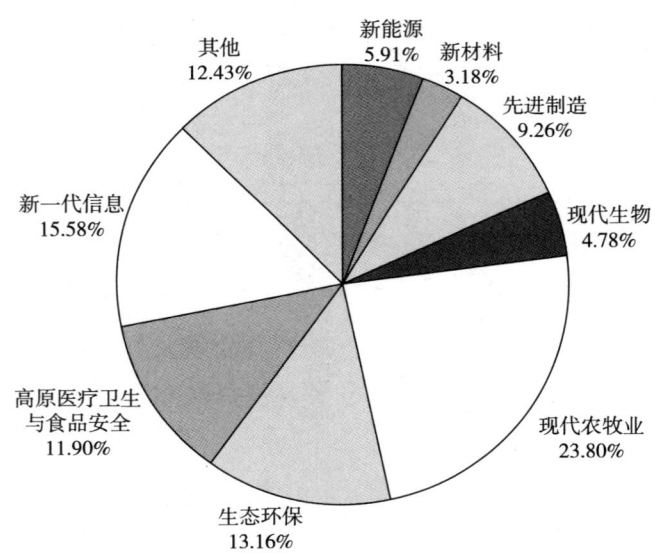

图7 2019年青海省科技计划领域分布：2019年资助经费

（三）2018~2019年省级科技计划项目产业技术体系分布对比

表1列出了2018年和2019年青海省科技计划项目在不同技术体系的部

署情况。与 2018 年相比，2019 年科技计划项目的重点技术体系侧重有所不同。

表1 2018 年和 2019 年青海省科技计划项目的重点技术体系侧重

序号	项目数		拟资助经费		当年资助经费	
	2018 年	2019 年	2018 年	2019 年	2018 年	2019 年
1	高原医疗卫生与食品安全	高原医疗卫生与食品安全	现代农牧业	现代农牧业	现代农牧业	现代农牧业
2	现代农牧业	现代农牧业	新材料	新一代信息	生态环保	新一代信息
3	生态环保	生态环保	生态环保	生态环保	新材料	生态环保
4	新材料	现代生物	新一代信息	先进制造	新一代信息	其他
5	新一代信息	新一代信息	新能源	其他	高原医疗卫生与食品安全	高原医疗卫生与食品安全
6	现代生物	先进制造	高原医疗卫生与食品安全	高原医疗卫生与食品安全	现代生物	先进制造
7	新能源	新材料	现代生物	新能源	新能源	新能源
8	先进制造	其他	先进制造	新材料	其他	现代生物
9	其他	新能源	其他	现代生物	先进制造	新材料

从部署项目数来看，2019 年高原医疗卫生与食品安全技术体系、现代农牧业产业技术体系和生态环保产业技术体系仍是部署项目最多的 3 个领域；现代生物产业技术体系代替新材料产业技术体系项目部署排在第四位。从拟资助经费来看，2019 年现代农牧业产业技术体系仍是拟资助经费最高的领域，受到高度重视；而相比之下，新一代信息产业技术体系和先进制造产业技术体系的资助排名有所上升，新材料产业技术体系和新能源产业技术体系的资助地位则有所下降。从当年资助经费来看，现代农牧业产业技术体系是 2019 年度资助的重点领域，和 2018 年保持一致；相比之下，新一代信息产业技术体系和先进制造产业技术体系的资助排名有所上升，新材料产业技术体系和现代生物产业技术体系的资助地位则有所下降。这也表明，"十三五"期间，青海省科技计划项目每年部署的重点有所不同，各领域协同发展。

三 2019年青海科技计划项目承担单位合作网络

（一）承担单位分布分析

2019年青海省科技计划项目由企业、高校科研机构、行政事业单位等多种机构共同参与承担。不同科技计划项目类别在科技项目部署中对不同类型的承担单位各有侧重。2019年青海省各科技计划类别承担单位（牵头单位与参与单位）分布情况如表2、图8所示。

表2 2019年青海省各科技计划类别参与单位类型分布

（其他载体主要包括非营利性社团组织和合作社） 单位：项

计划类别	企业	高校科研机构	行政事业单位	其他载体	总计
重大科技专项	26	34	7	0	67
重点研发与转化计划	124	126	55	6	311
基础研究计划	25	167	57	0	249
创新平台建设专项	3	7	12	0	22
总计	178	334	131	6	649

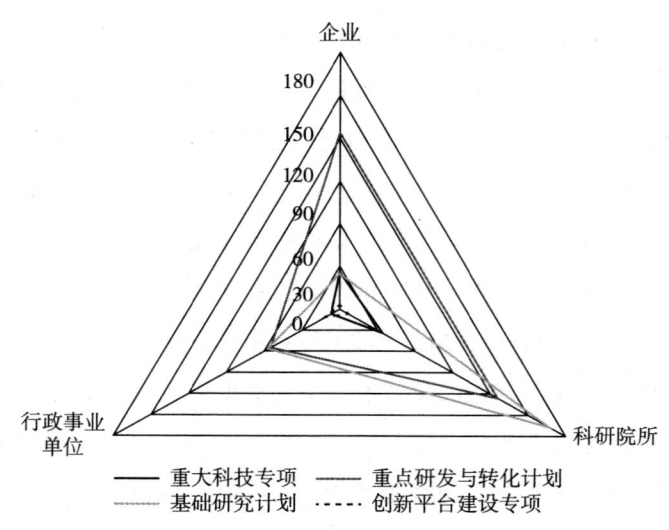

图8 2019年青海省各科技计划类别承担单位类型分布（家）

从整体上来看，各科技计划类别的顺利实施都离不开企业、高校科研机构以及行政事业单位的协调配合。但具体而言，不同的科技计划类别因基本定位不同，创新载体的分布也各有特点。

在重大科技专项、重点研发与转化计划实施过程中，企业和高校科研机构是主要的创新主体，行政事业单位的参与度相对较低；与其他各类计划不同的是，重点研发与转化计划的参与主体更加多样化，合作社和非营利性社团组织在研究过程中也起到积极的辅助作用。

在基础研究计划中，高校科研机构在参与的承担单位中占据主体地位，具有明显的优势，企业参与度相对较低。这主要与基础研究计划的基本定位有关，基础研究计划主要关注一些具有前瞻性、全局性、带动性技术的前期基础理论研究，因此更加需要高校科研机构的参与。

创新平台建设专项各项研究计划仅由一家承担单位主要负责，研究内容相对聚焦。从类别上来看，科研院所和行政事业单位是主要的创新主体，承接了86%以上的研究项目，而企业的参与度相对较低。

从产业技术体系的视角来看，各类产业技术体系的项目实施都离不开各类创新载体的合作与配合。整体上，大部分产业技术体系都是以高校科研机构作为主要创新载体，与企业主体协调配合，并在行政事业单位的辅助下顺利开展各类科学研究（见图9）。

值得注意的是，高原医疗卫生与食品安全技术体系其专业的医疗属性，吸引了包括青海省人民医院和青海省中医院等众多医院的参与，使得行政事业单位的占比显著提高。新能源产业技术体系中，企业主体的参与度较高，成为九大产业技术体系中唯一企业创新载体占主导地位的领域，这与新能源领域的专业化特性密不可分，很多电网专业设备的铺设、石油开采等行为都离不开中石油等企业的参与。此外，现代农牧业和生态环保产业技术体系的研究过程中，合作社等自治组织由于其专业的生产经验，也成为重要的创新载体。新一代信息产业技术体系中，作为非营利性社团组织的"青海省科技企业孵化器协会"也参与其中，为企业创新和技术发展提供有力支持。

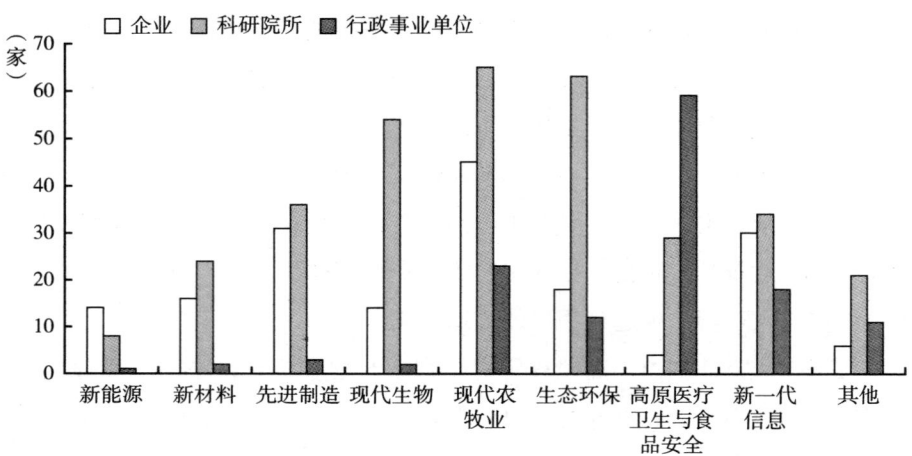

图 9　2019 年青海省各产业技术体系承担单位分布

（二）承担单位合作网络

为更加清楚地探究科技计划项目创新载体的合作情况，我们绘制了 2019 年青海省科技计划项目的承担单位（牵头单位与参与单位）活跃度网络图（见图 10、图 11）。

创新载体活跃度网络可以对科技计划项目承担单位的参与程度进行统计与展示。在创新载体活跃度网络图中，节点表示参与完成项目的每个承担单位，连边表示两个承担单位之间共同完成了某一项目。节点越大表示某一单位参与完成的项目越多，连边越粗表示两单位之间共同参与完成的项目越多。为了分析创新载体参与合作情况的变化，将 2018 年和 2019 年创新载体合作网络图进行对比。图 10 和图 11 分别展示了 2018 年和 2019 年去除孤立点之后的合作网络，凸显了参与单位之间的合作关系。

由图 10 和图 11 可以初步判定青海省科技项目承担单位合作网络的一些基本特点。

1. 2018 年和 2019 年青海省科技项目创新载体合作网络的一些共性特点：一是合作网络结构均比较松散，有众多彼此孤立的小团体；二是虽然参

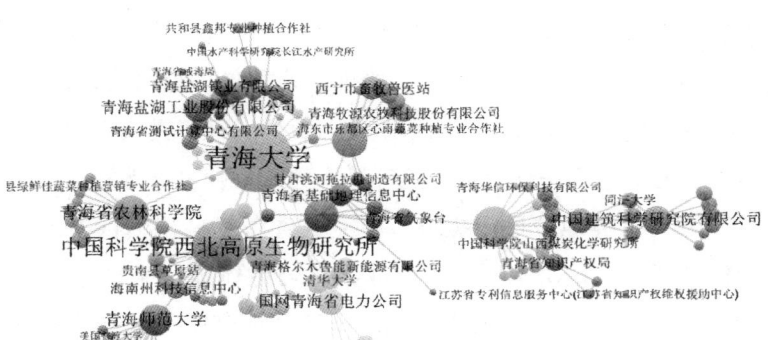

图 10 2018 年青海省科技项目参与单位合作网络

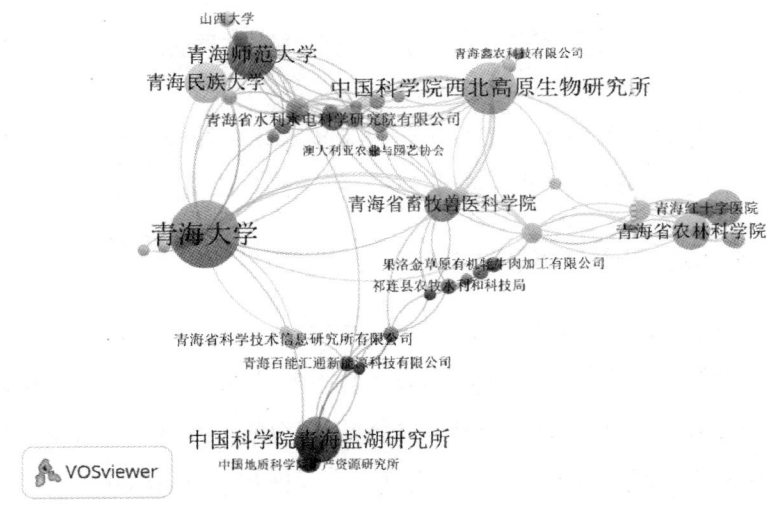

图 11 2019 年青海省科技项目参与单位合作网络

与合作的机构有企业、高校和科研机构，但高校和科研机构相对于企业和行政事业单位的参与活跃程度更高；三是从合作领域来看，主要集中在盐湖、农牧业科技、医药卫生等方面，主体集聚现象尤为明显，己初步呈现创新集群雏形。

2. 青海省科技项目创新载体合作网络的演变态势是：2018 年，活跃度最高的创新主体被青海大学、青海师范大学、中国科学院西北高原生物研究所、青海畜牧兽医科学院、青海省农林科学院等单位所占据。2019年，上述几个创新载体仍然维持着较高的活跃度。此外，青海民族大学、中国科学院青海盐湖研究所、青海红十字医院等机构的参与度也显著提高。

3. 企业参与主体地位逐步提升。在完成青海省科技项目中，虽然活跃度较高的仍是高校与科研院所，但企业的参与主体地位呈现逐步提升的趋势。从图11中可以看出，青海省水利水电科学研究院有限公司、青海省科学技术信息研究所有限公司、果洛金草原有机牦牛肉加工有限公司、青海百能汇通新能源科技有限公司等青海省本土企业已担负起不同单位合作的关键节点，起到重要桥梁联结作用。

四　2019年青海科技创新亮点

2019年度青海省科技创新在绿色产业技术体系构建、重大科技创新工程实施、重大科技行动推进以及科技体制机制改革深化等方面有诸多亮点。

（一）绿色产业技术体系构建

1. 推动了新能源产业技术体系的技术研发与应用

（1）多能源电力系统互补协调调度与控制技术研究。以多能互补提高可再生能源消纳能力为目标，利用不同能源资源的互补特性，研发多能源电力系统互补协调调度与控制系统，为进一步促进新能源消纳和未来全清洁能源供电实践提供强劲的技术支撑。

（2）太阳能热发电多元熔盐开发及工程化验证。研究完成新型低熔点熔盐筛选配置和热腐蚀性实验研究，并完成了1MW工程测试平台和两处熔盐储热材料生产线的搭建工作。

（3）启动可再生能源与储能集成应用关键技术研究。依托青海省太阳能资源优势，面向青海省100%可再生能源替代的重大战略需求，通过开展太阳能与储电、储热、储氢集成应用关键技术攻关，探索在发电、供热、交通方面的可再生能源创新应用模式。

（4）启动高原型风机叶片及增压舱装置技术研发与应用研究。依托青海风力发电产业，通过开展风机叶片高原适应性研究及高原型风机叶片增压舱装置关键技术攻关，突破高原地区风机叶片真空灌注成型工艺技术瓶颈，满足风机叶片真空灌注成型工艺要求，实现风机叶片在高原地区的本地化、高质量生产。

2. 实现了新材料产业技术体系的关键技术突破

（1）高抗拉高延伸率锂离子电池用电解铜箔研发取得关键突破。开展了新型铜箔电解液添加剂、喷淋式溶铜设备、电解铜箔电解液分散设备等研发工作，解决了锂离子电池用电解铜箔电解工艺能耗高、电解液纯度不达标等瓶颈问题，为促进青海省锂电池产业链延伸和高质量发展提供了技术支撑。

（2）P型掺镓单晶的研发与示范取得新进展。完成了P型掺镓掺杂工艺研究、P型单晶炉超纯度高效节能热场关键工艺优化、大直径掺镓单晶硅棒径向电阻率均匀性控制，并实现了P型掺镓单晶规模化生产。该研究有利于青海省光伏产业的健康可持续发展，同时也将为清洁能源示范省建设提供科技支撑。

（3）金属氧化物晶体生长和晶面调控方法取得新进展。对单配体离子作用下铁、镍、钨、钴、等金属氧化物纳米颗粒的生长行为进行了研究。相关成果为晶体的设计与制备提供了一种新的方法，对扩展晶体的性能及应用，尤其是对盐湖吸附剂的设计与制备具有一定的指导意义。

3. 形成了先进制造产业技术体系的典型技术示范

（1）盐湖资源开采与综合利用关键技术研究与示范。围绕盐湖深部卤水开采、岩盐矿资源开发及盐湖高镁锂比卤水锂分离加工等进行技术攻关，重点突破碳酸锂、锂同位素、金属锂制备工艺及装备，形成深部卤水勘探与开采技术方法及满足亚热带气候的绿色环保岩盐矿氯化钾生产工艺与装备，为我国钾肥工业持续发展与新能源战略提供技术支持。

（2）盐湖金属镁项目试车中关键技术研究与应用取得突破。通过对卤水精制工艺优化、氯化氢尾气循环利用、无水氯化镁颗粒料气力输送以及镁锭铸造机系统改进四大关键核心问题的攻关研究，推动金属镁一体化项目的发展，实现了以金属镁为核心、以钠利用为副线、以氯气平衡为前提、以煤炭为支撑、以天然气为辅助的循环经济全产业链条贯通。

（3）盐湖镁资源功能化利用关键技术研究与工业示范。解决了利用盐湖镁资源制备轻质保温镁质建材、水合盐相变储能材料的关键技术问题，在镁水泥改性剂、太阳能和相变储能材料耦合应用等方面具有创新性，有效拓宽了镁水泥等镁基功能材料在农业、民居等领域的应用，延长了盐湖资源产业链，有力推动了盐湖镁资源的大宗利用和工程应用。

（4）启动盐湖资源制取金属锂产业链关键技术研究与示范。在金属锂产能全国第一的基础上，2019 年青海省进一步加强对高效绿色分离提取氯化锂新工艺、高纯盐湖无水氯化锂制备工艺、电解制备金属锂工艺以及盐湖氯化锂生产线的优化升级，着重解决氢化锂生产过程中的若干关键问题，加速建立电解金属锂产业化示范。

（5）启动以深层卤水为原料高品质碳酸锂制备工艺研究与示范。将着重对卤水提锂工艺过程中膜分离技术、传统吸附材料吸附容量低稳定性差以及固溶体对微量元素富集行为的影响等关键技术难题开展研究，实现新技术、新工艺在盐湖深层卤水及油田水中提锂工艺技术成熟化，推动我国盐湖锂资源绿色、持续、高质量开发利用。

（6）硫化镍精矿直接湿法冶炼工艺技术研究取得新进展。在机械力–化学耦合活化硫化镍精矿、高级氧化协同浸出技术和钴、镍、铜、铁、硫多元素综合回收工艺等方面取得了创新性的研究成果，对于多金属硫化矿资源开发技术提升具有引领作用，形成的硫化镍精矿直接浸出制备电池级硫酸镍产品的成套工艺及关键技术，具有良好的应用前景。

（7）电解槽破损判定及软带短路口系列不停电修复技术研究。实现了对槽内衬破损情况的高效预警，并设计研发出了适用性强的焊接模具和焊接工艺，解决了强磁场下不停电焊接的技术难题，从监测方法和修复技术两个层面保障电解槽安全生产，降低了安全风险。

4. 加快了现代生物产业技术体系的特色开发利用

（1）高原特色生物资源产品技术集成创新与示范。建成了青藏高原生物资源高效利用技术集成创新平台。在天然产物纯化分离、结构修饰、活性筛选方面技术优势突出，能够充分依托产学研结合为企业提供科技服务与技术支撑。

（2）青稞精深加工技术与系列产品研发及产业化研究。通过产学研合作，对青稞的功效成分发掘、解析和深精加工等方面进行了深度的研究探索，研发出青稞黑醋、青稞饼干等以青稞为主料的系列产品并建成生产线，实现了产业化，促进了青稞的高值化开发和综合性全利用，助力省内青稞种植区域广大农牧民脱贫攻坚。

（3）西红花苷预处理改善急性高原低氧大鼠脑海马神经元损伤影响研究。研究发现，西红花苷预处理能明显改善急性高海拔低氧导致的大鼠学习记忆功能障碍、大鼠脑海马神经元结构紊乱等多种病理损伤。研究成果为西红花苷预防治疗急性低氧脑神经损伤提供了一定的基础依据。

（4）唐古特红景天干预低氧性肺动脉高压的活性部位及其抗增殖机制研究。有效研究了唐古特红景天干预低氧性肺血管重构的活性部位及其作用机理，并建立了测定唐古特红景天中有效成分含量的超高效液相色谱（UPLC）方法，对进一步了解和发掘唐古特红景天的药用价值具有重要意义。

5. 取得了农牧业产业技术体系的重要技术进展

（1）青海省春油菜品种改良取得重大突破。由青海大学农林科学院油菜研究团队培育出的高产优质多抗广适甘蓝型春油菜波里马细胞质雄性不育三系杂交种青杂15号通过农业农村部非主要农作物品种登记。该品种能够有效解决现有品种抗倒性不强、不利于机械化收获等问题，大幅度提高我国春油菜的产量和含油量，是我国春油菜品种改良的重大突破。

（2）青海湖裸鲤小瓜虫病分子免疫学研究。通过病理学分析，对青海湖裸鲤感染小瓜虫病的病理特征及免疫应答过程进行了研究探索。研究结果对青海湖裸鲤免疫学和寄生虫疾病预防治疗具有一定的理论和应用价值。

（3）青海、甘肃小麦条锈菌传播规律研究。探索了青海东部麦区条锈病菌源向外传播的路径、过程、时空关系及与邻近省份之间的菌源远程交换关系。相关成果较为全面地了解了青海省、甘肃省小麦条锈菌传播规律,深入研究分析了青海条锈菌源区在我国流行区系中的作用,对全国小麦条锈病的源头治理和综合治理具有重要意义。

(4)青海省牦牛胚胎细胞及体细胞核移植技术合作研究。开展了牦牛体细胞传代培养、牛卵母细胞成熟培养等胚胎学研究,使牦牛体外受精、胚胎细胞核移植、体细胞核移植囊胚率以及胚胎冷冻保存解冻后成活率大幅提高。同时,项目还从基因层面进行了深入研究,探索了牦牛核移植效率低的部分原因,掌握了各项技术的理论知识和操作方法,为胚胎工程技术在牦牛上的研究和推广应用搭建了重要技术平台。

(5)基于 RNA-seq 的藏羊抗病免疫基因发掘及功能研究。通过高通量测序技术对藏羊抗病免疫相关基因进行了筛选、功能分写和验证,最终通过 RACE 技术拼接获得一个全长为 1236bp、编码 230 个氨基酸的藏羊抗病免疫基因,并对其编码序列进行了生物信息分析。项目的实施,发掘了藏羊抗病免疫种质基因,为藏羊抗病免疫分子机制的深入探索提供了重要基础。

6. 提供了生态环保产业技术体系的必要发展支撑

(1)获批国家重点研发计划"固废资源化"重点专项。项目围绕青海盐湖化工多产业聚集区大宗废弃物处置及环境问题,提出盐湖化工产业区大宗废弃物循环利用综合性解决方案并开展综合示范,为青海柴达木循环经济试验区扩大资源循环利用产业规模、大幅提高盐湖资源利用效率、支撑生态文明建设提供了科技保障。

(2)青海高原地区沥青路面绿色铺装关键技术取得新进展。通过室内外试验和实体工程应用,对高原地区沥青路面绿色铺装技术、基层材料耐久性、沥青稳定性控制以及节能减排等问题开展了系列研究。研究成果已在青海地区多条国省干道上进行应用,取得了良好的社会、经济效益和环保效果。

(3)青海省扎碾公路旅游生态环境与景观融合技术取得成效。依托省道 S204 扎龙沟至碾伯镇公路,基于该路段自然景观、人文景观、旅游资源等优势，运用3S技术、色彩认知等理论与技术方法，进行了路域景观特征综合分析与评价。项目成果实现了公路建设与沿线旅游景点、森林公园、自然地貌的有机融合，为旅游公路设计建设提供了良好借鉴。

（4）高寒高海拔地区绿色循环低碳公路技术与示范。依托花久高速公路工程，将绿色循环低碳理念贯穿于规划、设计、施工、运营、养护等全部环节，依托于21项专业技术全方位实施绿色循环低碳管理，将花久高速公路建设成了一条绿色循环低碳公路，实现了公路全寿命绿色循环低碳效益。

（5）开展三江源区高海拔城镇造林绿化关键技术研发与示范。选择在青海省果洛州达日、甘德和玉树州称多、杂多四县海拔3850～4060米的城镇，开展高海拔造林绿化关键技术的试验研究。计划通过3年的实施，解决制约青海省三江源高海拔地区乔灌树木造林的关键限制因素。

7. 提升了高原医疗卫生与食品安全技术体系的保障能力

（1）藏成药"洁白制剂"质量控制及安全性评价研究取得新进展。研究建立了洁白制剂中多种有效成分含量的测定方法，结合薄层色谱、高效液相色谱研究结果，统一了洁白丸和洁白胶囊处方基原，制定并提高了洁白丸和洁白胶囊的质量标准；研究制定《洁白制剂中非法添加松香酸国家药品补充检验方法》，并经中国食品药品检定研究院审核通过。该项目的实施，提高了洁白制剂的整体质量控制水平和安全使用规范，为藏成药质量研究探索出了新模式和新思路。

（2）纳米药物载体在斑唇马先蒿抗癌活性成分筛选中的应用研究。采用二维色谱技术和高速逆流色谱分离技术分离鉴定了32个化合物，合成了GQPN纳米复合物，研究表明该复合物具有良好的载药性能，增加了药物在癌细胞内部的靶向性富集。研究结果对纳米载体在天然产物抗癌活性筛选方面的应用具有一定的理论和应用价值，对提升青海省中藏药研究水平和技术水平有重要促进作用。

（3）成功研制6种藏药国家天然产物标准样品。诃子酸、诃黎勒酸、胡麻苷、雏菊叶龙胆酮、大麦黄苷和皂草黄苷6个国家天然产物标准样品成功研制，将极大地推动诃子、毛诃子、甘青青兰、藏茵陈等藏药材及相关药品的标准升级工作，对于解决藏药标准化过程中化学对照品严重匮乏的技术瓶颈问题具有重要的示范意义和应用前景。

（4）慢性高原病造血细胞PI3K-Akt信号通路变化及其对细胞凋亡的影响机制研究。利用CMS患者的骨髓有核红细胞和动物疾病模型，研究了PI3K-Akt信号通路对细胞凋亡及其相关分子的作用。研究成果为阐明慢性高原病（CMS）发病机制提供了科学依据，为深入研究其临床干预措施提供了借鉴。

（5）中国部分鼠疫自然疫源地野生型鼠疫噬菌体及其宿主菌的微生态学研究。通过多种方法和途径，在鼠疫检测和检测技术上取得了巨大进步，提高了鼠疫疫情判定的准确性。研究成果对全国鼠疫防控措施、鼠疫治疗药物筛选、噬菌体和宿主菌相互作用研究具有一定的参考价值。

（6）青海蚤类分类研究取得新进展。深入探讨了鼠疫疫源地存在的生态学机制以及鼠疫媒介蚤前胃形态结构与鼠疫传播的相关性，对科学指导鼠疫防治具有重要流行病学意义。研究结果对制定鼠疫防控措施、开展鼠疫溯源诊断及指导病媒生物防治工作等方面具有一定的参考价值。

8.促进了新一代信息产业技术体系作用的发挥

（1）积极建设"智慧盐湖"。依托工业互联网示范平台，围绕盐湖传统工业企业转型升级，积极建设"智慧盐湖"，开展对智能化盐湖工业系统的研发，建设与工业物联网技术、大数据技术和现代智能制造技术于一体的"盐湖工业互联网平台专业子系统"。

（2）西宁市智慧交通关键技术集成与示范取得实效。针对缓解交通拥堵、公交线网优化等交通安全管理决策中一系列智慧交通核心问题和关键技术进行了攻关，提出了西宁市智慧交通发展对策。项目有效降低了西宁市的交通拥堵指数，全面提升了交通运行效率，为西宁市智慧交通发展提供了重要科技支撑。

（3）启动机动车及非道路机械高原实际道路行驶测试关键技术研究与示范。在高原环境下，进行机动车和非道路机械的实际道路（实际工况）排放试验测试研究，分析不同PEMS检测设备的测试原理、性能、稳定性等的差异性，建立高原校准系统，制定机动车和非道路机械高原实际道路行驶（实际工况）排放测试的检测规程和技术规范，为我国机动车国Ⅵ标准和非道路机械国Ⅴ标准落地实施提供技术支撑。

（4）青海省支持舆情服务的藏汉机器翻译关键技术研究。建立了大型藏文语料库和藏文自动分词、标注系统，使主流藏文字符编码转换准确率达到100%，为藏文信息处理奠定了基础的同时，解决了藏文舆情分析与机器翻译系统的无缝链接技术问题，为藏文网络舆情的可控性提供了技术支持。

（5）青海省应用间歇性可再生能源的数据中心资源与能耗管理模型与算法研究取得新进展。从模型、策略、算法及系统入手，对数据中心混合类型应用进行了性能建模和功耗建模。在混合应用和可近似应用功耗建模、可再生能源利用自适应调度算法和数据中心电力成本优化研究方面具有一定创新性。

（二）重大科技创新工程实施

1. 以创新载体为依托带动特色产业科技创新工程

（1）青海省光伏工程技术研究中心通过验收。青海省光伏工程技术研究中心的光伏材料与设备研究室、太阳能发电系统实证实验室、太阳能发电系统设计研究室相继建立并通过验收，积极开展各类技术攻关和平台建设任务，取得了丰富的研究成果。

（2）建成青藏高原生物资源高效利用技术集成创新平台。青海省首家集技术开发、产品研发、中试实验、成果转化和产业服务为一体的"青藏高原生物资源高效利用技术集成创新平台"建设完成，在组份及单体化合物分离技术及规模方面处于行业领先地位，已取得了一批具有国际领先水平的科技成果。

（3）"青藏高原特色生物资源工程技术研究中心"获批"天然产物国家标准样品定值实验室"资格。青藏高原特色生物资源工程技术研究中心是藏药标准化领域首个获得天然产物国家标准样品定值认证的实验室。研制天然产物标准样品作为一个新兴的领域，对医药、保健食品产业的促进意重大。

（4）青海大学和中国空间技术研究院共同成立生态畜牧业大数据工程联合实验室。该联合实验室是国家航天研究机构与地方高校战略性互动合作、促进军民融合的有益尝试，能够为青海省生态畜牧业建设提供有力技术支撑、数据资源和大数据服务，标志着青海在空间技术农牧业应用研究领域迈出了实质性步伐。

（5）青海省春油菜工程技术研究中心能力建设取得新进展。该中心现设有品质分析组织培养、细胞遗传和分子生物学4个专业实验室，在青海、云南等4个亲本繁殖基地繁殖亲本653.4亩，在青海、甘肃等地建立青杂系列杂交油菜制种基地14个，制种面积6.45万亩，项目研究取得了丰富的学术成果，同时培养出一大批优秀的技术人员，带动了当地的生产进步。

2. 面向国家战略打造生态环保科技创新工程

立足"三个最大"省情定位，围绕支撑三江源、祁连山国家公园等建设，加强生态治理，促进可持续发展，以科技创新筑牢国家生态安全屏障。

（1）推动国家公园省建设。编制《中国科学院三江源国家公园研究院发展规划》，形成从基础研究、技术突破、模式集成、生态监测、体制机制等方面的全链条设计。围绕三江源区退化草地生态系统修复及生态保护，部署了多项重大科技专项项目，为推动青海省以国家公园为主体的自然保护地体系示范省建设提供科技支撑。

（2）积极推动第二次青藏高原科考研究服务和成果转化工作。青海作为第二次青藏高原科考研究领导小组副组长单位，全面参与国家第二次青藏高原科考研究10大任务的23个专题，落实青海省2019年度科考经费2100余万元。同时，成立了第二次青藏高原科考研究领导小组以及服务和成果转化中心，建立健全各项规章制度，先后为省内外科考队33批次400余名科考队员提供了服务保障。

（3）积极协调推进海南州国家可持续发展议程创新示范区创建。经过前期充分努力，申报的海南州创新示范区在科技部组织的国家可持续发展议程创新示范区创建工作推进会上获得顺利通过。

（4）国家环境保护青藏高原生态环境监测与评估重点实验室落户青海省。该实验室负责青藏高原生态环境状况监测评估以及促进国内相关领域优势单位和人员的学术交流与合作的重要任务，为青藏高原地区的生态环境管理决策提供科技和人才支撑。

3. 以智慧化建设为重点助推农牧业科技创新工程

（1）三江源智慧生态畜牧业平台建设通过验收。建立了智慧生态畜牧业全流程一体化综合信息系统，利用平台开展了基于智慧生态畜牧业技术平台的业务化运行和政府咨询服务。

（2）青海省主要农业资源台账建设研究取得新进展。系统分析了青海省农业资源管理现状及发达国家农业资源管理经验与启示，形成了青海省主要农业资源台账建设研究框架，建立了农业资源台账管理平台、农业资源数据库、农业可持续发展评价模块、手机移动端的农户农业资源台账采集系统、基于农业遥感技术的农作物空间分布图等，实现了数据管理与农业发展决策应用相结合。

4. 以打造高品质生活为目标落实科技惠民工程

（1）推动科技扶贫重点任务。抓好脱贫攻坚中央巡视反馈问题整改，建立整改台账，开展《青海省科技扶贫专项方案》工作"回头看"。聚焦2019年脱贫攻坚"清零"目标，支持科技扶贫产业化项目19项，投资7453万元，资助经费3980万元。

（2）支撑绿色有机农畜产品示范省建设。以科技创新支撑引领全省"十大"特色农牧业产业发展提质增效，重点围绕"四个百亿元"农牧产业，组织实施"1020"科技支撑工程项目36项，总经费22000万元，资助经费11960万元，当年资助经费5476.25万元。

（3）开展民生领域重点技术攻关和示范。投入科技资助经费1800万元，支持临床医学研究中心培育建设；资助300万元开展包虫病人工智能诊断、远程+智能超声辅助诊断系统研究，极大提高了基层包虫病外科治疗水平和能力；建成青藏高原人类遗传资源样本库实体库并通过中国生物技术发展中心中期评估。

（4）以科技推动新型城镇化建设。立足县域经济社会发展基础条件、发展定位、资源禀赋和人才储备，实施县域创新驱动专项，完成首批5个县域创新试点县的年度绩效评价工作，继续支持县域创新试点县建设，资助科技经费1800万元，支撑引领县域经济社会高质量发展。

（5）城市生产安全风险防范与控制关键技术研究与示范。选取德令哈市作为试点城市，围绕城市生产安全风险防范与控制，开展了城市生产安全遥感地理信息技术等多项研究及技术成果应用，形成了新技术、新装置、计算机软件等项目成果14项，示范工程和示范点8个。研究成果实现了生产安全监管由事故管理型向风险管理型的转变，显著提升了城市生产安全监管水平，对推动城市生产安全风险防范与控制具有重要支撑作用。

5. 以基础研究为抓手推进科技创新能力提升工程

（1）加大基础研究力度，提升区域原始创新能力。围绕青海优势学科领域和特色产业发展，加强基础研究项目组织实施，强化基础研究顶层设计，制定出台《青海省人民政府关于全面加强基础科学研究的实施意见》。推动签订《青海省人民政府加入国家自然科学基金区域创新发展联合基金协议书》，计划5年资助2亿元，支持青海省盐湖化工和高原生态领域基础研究工作。

（2）启动冷湖台址监测与时域天文先导科学研究，促进大科学装置在青海落地。面向中长期中国天文大科学装置布局需求，开展天文大科学装置冷湖台址监测与先导科学研究。将通过区域科技合作交流，进一步推进特色科普基地建设，提升科普基础设施服务能力，为青海冷湖打造世界级天文观测基地奠定基础。

（三）重大科技行动推进

1. 综合部署科技型企业培育行动

（1）"三型"企业数量显著增多。持续实施高新技术企业和科技型企业双倍增及科技小巨人企业培育计划，面向全省重点行业和特色领域，培育了一批科技水平高、市场前景好、带动作用强的"三型"企业。

（2）科技型企业活力持续迸发。2018 年，全省完成技术合同交易额 79.4 亿元，企业研发支出鉴定额达 10.28 亿元。全省高新技术企业实现工业总产值 494.28 亿元，同比增长 32.97%，占全省地区工业生产总值的 17.25%；科技型企业实现工业总产值 555.96 亿元，同比增长 56.41%。

（3）科技型企业育成环境不断优化。制定出台了《青海省深化科技领域"放管服"改革二十条（暂行）》等一系列政策文件，继续深入开展"双创"工作，建立健全"众创空间－孵化器－加速器－产业园"的全链条科技企业育成体系，形成了"微成长、小升高、高变强"的科技企业梯次发展格局，为企业技术创新营造了更宽松、更便利、更高效的成长和服务环境。

2. 大力推动科技成果转移转化行动

（1）科技成果转移转化保障工作实现新突破。首次举办青海省 2019 年促进科技成果转化现场会，为科技成果"供、需、介"三方搭建"面对面"对接交流平台。建成西宁科技大市场，打造"一网、一厅、三中心、八平台"服务体系，其成为全省首家区域性科技创新服务平台。优化改进科技成果登记办理流程和方式，省级科技成果登记实现了"不见面审批"。

（2）成立青海省青藏科考服务和成果转化中心。成立青藏科考服务和成果转化中心是青海省坚决贯彻落实习近平总书记关于第二次青藏高原综合科学考察研究重要指示精神的具体举措，标志着青海省青藏科考服务和成果转化工作的全面启动。中心将切实担负起青藏科考的服务保障以及全省科技成果转移转化的技术支撑和服务工作职能。

（3）《青海省促进科技成果转化条例（草案）》（以下简称《条例》）立法论证会召开。省科技厅就《条例》起草背景、起草过程、拟解决的主要问题和条例主要内容等情况进行了说明。与会人员围绕《条例》的法理层面、实务操作层面开展了研讨和论证分析。《条例》内容突出了青海省科技成果转化实际需要，针对性、操作性强，对促进全省科技成果转化意义重大，应尽快出台。

3. 加快推进创新人才队伍建设行动

（1）建设创新人才队伍。会同省人才办制定《进一步关心关爱专家人才的十条措施》等政策举措,健全"项目+人才+平台"的科技人才培养模式,围绕优势学科和特色学科,强化科技人才"引育用留"。

(2)强化科技创新主体和载体建设。大力推进省部共建民族教育与文化智能技术国家重点实验室申报和青海先进储能技术国家重点实验室筹备工作,全省科技创新体系日益完善,以科技创新主体和载体建设推动创新人才集聚。

(3)青海省实施创新驱动发展战略创新人才建设研究。在构建青海省创新人才研究理论体系基础之上,系统分析了青海省人才建设现状,明确了青海省实施创新驱动发展战略创新人才供需关系的偏离程度,阐明了创新人才综合评价体系,指出了创新人才建设存在的问题,并结合国内外创新人才建设经验,提出了推进青海省创新人才建设的措施建议,为丰富全省创新人才制度体系做出贡献。

4. 创新助力科技与金融结合行动

多项战略合作协议签署,引领科技金融深层次融合。青海省科技厅与民生银行西宁分行、省国科资公司与苏州厚扬景桥创业投资有限公司的多项战略合作框架协议顺利签署,对进一步促进科技与金融的深层次融合、完善科技领域金融服务和保障体系具有重要的指导意义。

5. 贯彻落实区域科技创新促进行动

推动高新区和国家农业园区建设。支持青海(国家)高新区及4个在建省级高新区创新发展,组织实施各类科技计划项目14项,总经费2.03亿元、资助经费6900万元。通过创新载体搭建和产业集群建设使得高新区引领高新技术产业发展的示范作用显著增强。同时,按照科技部要求组织开展第七批3个国家农业科技园区(海西、海南、海北)验收和第九批国家农业科技园区申报工作,不断引领特色农牧业发展转型升级和提质增效。

6. 积极促成科技交流合作行动

把握青海科技需求,主动融入国家战略,主要表现为:狠抓部省会商任务落实,进一步加强部省战略对接,主动争取国家项目经费;推动科技援青和东西部科技合作,在重点研发与转化计划中增设了科技援青专项,促进东部地区先进技术成果向青海省转移转化；省院合作步伐加快，不断加强政策衔接和人才交流，提升协同创新能力；开展对外交流合作，紧紧围绕"一带一路"，坚持"走出去"与"请进来"相结合，深入实施国际科技合作专项。

7. 全面实施大众创业万众创新行动

在科技创新供给侧和服务端发力，最大限度释放全社会创新创业动能，提高创新服务水平，集聚科技创新资源，营造良好发展环境。"双创"工作不断推进，各类创业赛事顺利开展，覆盖范围逐渐拓宽，创业孵化基地在数量和质量上都得到本质提升；科技金融服务体系不断完善，融资担保公司正式挂牌运营，为青海省科技创新活动的开展奠定了政策基础和经济保障；同时，《青海省省级科技计划科研诚信管理办法》顺利出台，为青海省科技计划项目的信用管理提供了操作依据。

五　总结与建议

（一）总结

1. 现代农牧业产业技术体系是2019年科技计划项目重点资助领域

紧密结合当前青海省经济社会发展的新形势，2019年青海省科技计划项目部署在兼顾全面的同时，资助重点更为突出。就部署项目数而言，2019年科技计划项目产业技术体系主要分布在高原医疗卫生与食品安全技术体系、生态环保产业技术体系、现代农牧业产业技术体系、现代生物产业技术体系、新一代信息产业技术体系、先进制造产业技术体系6个技术体系，新开项目数超过当年新开项目数的83.15%。在经费资助方面，2019年现代农牧业产业技术体系是拟资助经费最多的技术体系，占2019年新设项目产业技术体系的15.72%；新材料产业技术体系紧随其后，占14.79%。

与2018年相比，2019年青海省科技计划项目部署的重点有所不同。从部署项目数来看，2019年高原医疗卫生与食品安全技术体系、现代农牧业产业技术体系和生态环保产业技术体系仍是部署项目最多的3个领域；现代生物产业技术体系代替新材料产业技术体系项目部署排在第四位。从拟资助来看，2019年现代农牧业产业技术体系仍是拟资助经费最高的领域，受到高度重视；而相比之下，新一代信息产业技术体系和先进制造产业技术体系的资助排名有所上升，新材料产业技术体系和新能源产业技术体系的资助地位则有所下降。从当年资助经费来看，现代农牧业产业技术体系是2019年度资助的重点领域，和2018年保持一致。

2. 创新载体的活跃度与经费强度各有侧重

2019年青海省科技计划项目吸引了众多企业、高校科研机构及其他单位的参与，积极推进科技项目实施。从整个创新载体活跃度网络来看，合作网络中存在若干核心机构，通过合作将众多机构凝结成一个密集的科研网络。在2019年的创新载体中，活跃度较高的仍以青海大学、中国科学院西北高原生物研究所、青海师范大学、中国科学院青海盐湖研究所、青海民族大学、青海畜牧兽医科学院、青海省农林科学院等高校科研院所为主。此外，与2018年创新载体相比，在完成青海省科技项目中，虽然主力军仍是高校与科研院所，但企业的活跃度逐步提升。一些青海省本土企业已担负起不同单位合作的关键节点，起到重要桥梁联结作用，如青海省水利水电科学研究院有限公司、青海省科学技术信息研究所有限公司、果洛金草原有机牦牛肉加工有限公司、青海百能汇通新能源科技有限公司等。

3. 新一代信息技术进一步推动绿色产业技术体系建设

2019年青海省科技计划项目已逐渐将移动互联网、大数据、云计算等新一代信息技术应用于现代农牧业产业技术体系、生态环保产业技术体系、高原医疗卫生与食品安全技术体系、先进制造产业技术体系等体系当中。设立了"三江源国家公园草地生产力与大型食草动物精细遥感监测及应用""青海典型区地质灾害一体化监测关键技术研究与示范应用""中国盐湖科技产业智库及锂资源评价大数据平台""基于互联网数据的城市新区服务业空间布局及机理研究"等项目，覆盖了农牧业、制造业、服务业和公共安全等领域。面对新一轮科技革命和产业变革浪潮，青海省努力在创新发展上超前部署，主动迎接科技革命和产业变革带来的挑战，把握产业转型发展的主动权。新形势下为推进具有青海特色的创新体系建设，后续的项目部署中，应依托青海省特色资源，加快新一代信息技术在新能源产业技术体系、新材料产业技术体系、现代生物产业技术体系中的融合应用。这不仅有助于相关产业的转型升级，而且也为科技创新提供了广阔的发展空间。

4. 项目部署基本覆盖预定的关键技术

至 2019 年，青海省科技计划立项项目所覆盖的关键技术已达 75 项，仅有 4 项关键技术还没有进行匹配，已基本覆盖预定的关键产业技术。

从年度匹配重合度来看，既体现了各年度项目部署所研制技术的领域支持传承性，又体现了项目部署所研制的技术各有侧重。具体来看，2018 年对 2016 年和 2017 年没有相关项目部署的 12 项关键技术进行了项目部署，而 2019 年又弥补了历年来对"裸鲤保护技术"研究的缺失。这很好地体现了"十三五"科技创新规划目标有序进展的良好态势。

从技术匹配领域分布来看，不同产业技术体系的技术匹配性差异较显著。现代生物产业技术体系、高原医疗卫生与食品安全技术体系以及新一代信息产业技术体系近两年来的匹配度较高，表现最为突出。其中，2019 年高原医疗卫生与食品安全技术体系实现了关键技术的完全匹配。

（二）存在问题

2019 年，青海省科技计划项目部署取得成效，全省科技创新工作取得阶段性进展，但与"一优两高"战略、"五个示范省"建设、"四种经济形态"引领和建设创新型省份的要求相比还存在一定的差距。结合"十三五"青海省科技创新规划目标、任务与进度以及"十四五"规划预研的任务安排，对当前存在的主要问题进行了归纳。

1. 科技投入出现下滑

与 2018 年相比，受经济下行压力影响，年度科技投入总经费明显缩减；除了基础研究外，重大科技专项、重点研发与转化计划、创新平台建设专项的财政科技投入均出现不同程度的下滑；各类科技计划带动的社会研发投入显著降低，科技金融撬动作用发挥不充分。

2. 企业创新主体地位发挥不充分

在2019年新开科技计划项目创新载体活跃度网络中，虽然企业的参与活跃度逐步提升，但在参与青海省科技计划项目中，活跃度最高的仍是高校与科研院所。从计划类别来看，重点研发与转化计划的企业占比相对较高之外，其他各类计划研究的企业参与度仍相对较低。从产业技术体系来看，除新能源产业技术体系形成了较清晰的以企业为主体的创新体系外，其他八类产业技术体系企业的主体地位都有待提高。如何进一步引导企业在科技计划项目中的参与度与活跃度，更好地发挥其创新推动作用，还需要切实可行的应对之策。

3. 科技计划项目相应匹配的关键产业技术未进行具体的备注和统计

至2018年，"十三五"科技创新规划中的79项关键产业技术中，有5项关键技术还未设立科技计划项目去完成，分别是智能电网技术和远距离输电技术（新能源产业技术体系2项）、新能源汽车等制造技术（先进制造产业技术体系1项）、裸鲤保护技术（生态环保产业技术体系1项）、城镇公共安全风险防控与治理（新一代信息产业技术体系1项）。2019年仅补充部署了"裸鲤保护技术"1项。课题组对《2019年青海省科技计划项目指南》进行研读，发现2019年确立了对新能源汽车制造及基础设施建设方面进行支持，但未进行额外的备注与倾斜。

4. 尚未形成广泛、稳定的科研合作网络

当前科研合作网络结构比较松散，有众多彼此孤立的小团体，且集中于青海省内的科研机构，而省外和国际的企业与机构参与度不高。此外，大部分机构间的合作都是一次性的，不利于发挥机构间的合作优势和经验优势。

（三）对策建议

综合来看，《青海省"十三五"科技创新规划》在2019年度科技计划项目部署中得到进一步落实。在新的阶段，青海省科技发展面临新的机遇和挑战。因此，针对今后科技项目部署与管理提出以下建议。

1. 加大科技创新规划实施力度，为实现向"十四五"发展的有序平稳过渡打牢基础

系统开展科技项目部署的总结评估工作，紧盯"十三五"确定的各项目标任务，加快补短板、强弱项，抓紧推进重点工作任务、重大项目收官和成果转移转化。同时，按照《青海省"十四五"规划编制工作方案》任务进度安排，深度对接国家科技中长期规划，紧紧围绕省委、省政府重大战略部署和青海经济社会发展的阶段特征，在完成好前期16个专题研究基础上，继续加强战略研究、加大科技投入，在着力解决高质量发展关键技术瓶颈、提升科技治理能力、创新体制机制等方面，凝练科技创新思路，提出一批重大科技任务，形成创新型省份的时间表和路线图。

2. 面向青海省科技创新发展的战略需求，持续强化科研攻关

在后续编写《2020年科技计划项目申报指南》和部署项目时，重点关注支撑"一优两高"战略的主要产业，进一步实化面向"五个示范省""四种经济形态"的科技成果，并在科技评价、项目立项中予以倾斜支持，以更好地结合青海省实际发展需要，推动科技创新进程，支撑经济社会高质量发展；贯彻落实《青海省人民政府关于全面加强基础科学研究的实施意见》，会同国家自然科学基金委员会做好2020年区域创新发展联合基金项目指南的编制、项目立项等工作，着力解决一批面向青海战略需求的前瞻性科学问题，积极争取国家重大科技基础设施和大科学装置落户青海；主动融入国家战略，积极建设"青藏科考大数据分中心"、科考后勤保障平台，部署科考成果转移转化专项，全面推进第二次青藏高原综合科学考察研究。

3. 加快创新主体建设，打造以企业为主体、市场为导向、产学研深度融合的技术创新体系

十九大报告明确提出深化科技体制改革，建立以企业为主体、市场为导向、产学研深度融合的技术创新体系，加强对中小企业创新的支持，促进科技成果转化。应强化企业创新主体地位，支持龙头企业联合高校和科研院所组建产学研用联合体，大力培育发展新型研发机构，以科技计划项目为载体，进一步引导大中小企业和各类主体参与科技创新活动，发挥企业在资金

带动和市场导向等方面的积极作用；加强创新平台建设布局，全力支持中科院三江源国家公园研究院、高原科学与可持续发展研究院等国家级平台建设；依托骨干企业、高等学校、科研院所和医疗机构，部署培育一批省级重点实验室、技术创新中心和临床医学研究中心；促进科技服务业和科技中介组织发展，切实推进产学研用的协同创新，促进科技和资本的融合，不断增强科技创新的内生动力和活力。

4. 深化体制机制改革，进一步保障科技计划部署与落实

继续深化科研领域"放管服"改革，实施"绿色通道"和科研项目经费包干制改革试点，持续精简流程、减表减负，赋予科研人员更大的科研自主权；加强科研诚信体系建设，在全社会营造鼓励大胆创新、勇于创新、包容创新的良好氛围；完善科技计划管理体系，加快修订省级科技计划项目、研发经费等管理办法，建立健全以政府设立目标、提出问题为主，科研单位凝练需求、解决问题为辅的省级科技计划项目形成机制和组织实施机制，持续推进科技计划项目库建设；完善科技计划资金绩效管理，统筹推进科技统计与备注工作；继续做好对部署项目的追踪检查及后评估，强化科研项目法人责任制和科研人员主体责任。

5. 扩大国内外科技项目合作，积极融入全球创新网络

识别出各类产业技术体系中的重要合作单位，在同类研究项目实施过程中，可优先发挥这些单位间的合作优势和经验优势；完善上下联动的创新合作机制，深入推进部省会商工作，抓住国家实施黄河流域生态保护和高质量发展战略、新一轮西部大开发、支持藏区发展等重大政策和发展机遇，在盐湖化工、新能源、新材料、生态环保、高原特色农牧业和生物医药产业等重点领域，凝练一批重大科技需求，争取更多的国家政策、规划和项目支持；加强科技援青和东西部交流合作，积极争取国家和有关省市实施东西部科技合作项目，将青海省的资源禀赋和东中部地区人才技术优势有效结合起来，实现优势互补、共同发展；积极参与"一带一路"建设，加强与创新大国和关键小国政府间的科技项目合作，组织青海省优势资源和特色产业参与国际宣传展示，主动融入全球创新网络。

G.11
青海省科技投入及活动情况分析报告*

摘　要： 2018年青海省注重R&D经费投入强度，政府投入R&D活动的经费继续保持增长态势，在R&D创新活动中的引导作用进一步加大。科研机构和事业单位、高等院校R&D经费均大幅增长，而企业R&D经费较上年有所下降；地方财政科技支出有所增长，主要用于技术研究与开发活动。青海省虽然创新能力基础薄弱，但政府对科技创新的重视程度不断加大，科技创新发展潜力突出。未来应结合自身优势，紧跟前沿创新领域，为青海省的经济发展注入新活力。

关键词： 科技投入　科技活动　科技创新　青海省

一　2018年度青海省科技投入情况

（一）青海省R&D经费支出情况分析

1. 青海省R&D经费投入强度略有下降

2018年，青海省R&D经费支出为172951万元，同比下降3.44%。2018年青海省R&D经费支出占GDP的比重（R&D经费投入强度）为0.6%，同比下降0.08个百分点。青海省R&D经费支出从2014年的143235万元，增加到2018年的172951万元，年均增速4.83%（见图1）；R&D经

---

* 课题组成员：许淳、柏为民、张巍山、刘鲤君、薛仲萍、李琴、马冠奎、宋飞、赵润身。

费投入强度却呈现波动趋势，从 2014 年的 0.62%，上升至 2017 年的 0.68%，2018 年回落到 0.60%（见图 2）。

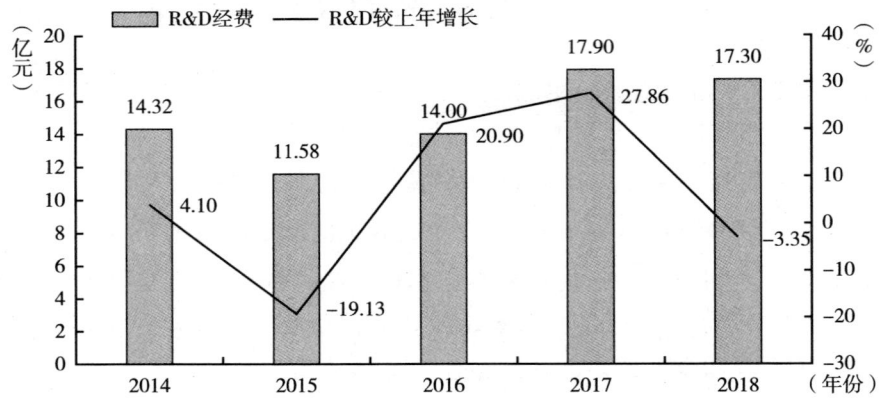

图 1　2014~2018 年青海省 R&D 经费投入及增长情况

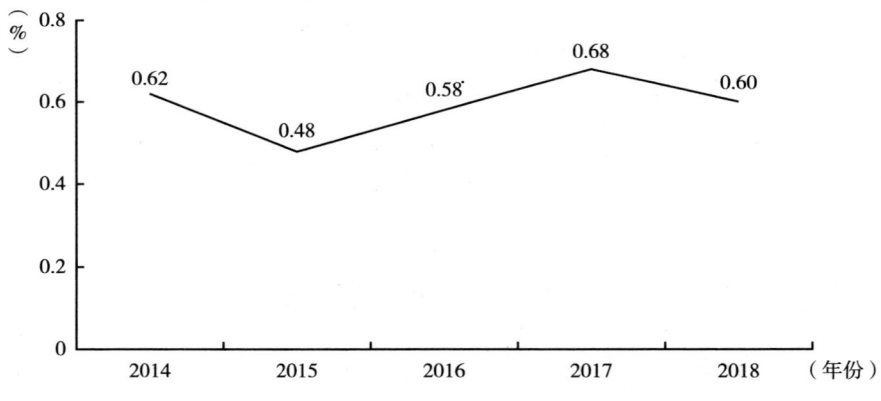

图 2　2014~2018 年青海省 R&D 经费投入强度

2. 政府投入 R&D 经费进一步加大

2014 年以来，政府投入 R&D 活动的经费一直保持增长态势，在 R&D 创新活动中的引导作用进一步加大。2018 年，政府投入 R&D 资金为 66838 万元（见表 1），同比增长 8.02%，占 R&D 经费的比重为 38.65%，同比提高 4.1 个百分点。

表1 2018年度青海省R&D经费执行部门、资金来源情况

单位：万元

按执行部门	按资金来源				
	政府资金	企业资金	境外资金	其他资金	合计
科研机构	30478	1162	0	2167	33807
事业单位	6969	2258	0	939	10166
企业	4949	97841	0	4	102794
高等院校	24442	1579	0	163	26184
合计	66838	102840	0	3273	172951

3. R&D投入执行情况及特点

R&D活动组成单位由科研机构和事业单位、企业、高等院校组成。2018年科研机构和事业单位、高等院校R&D经费均大幅增长，而企业R&D经费较上年有所下降。整体而言，企业仍是R&D投入的主要力量，但占比较上年略有下降。

（1）科研机构和事业单位R&D投入中技术服务业事业单位增幅显著。2018年科研机构R&D经费为33807万元，同比增长15.59%，占总额的19.55%，同比增加3.22个百分点；事业单位R&D经费为10166.6万元，同比增长31.22%，占总额的5.88%，同比增加1.55个百分点。

（2）高等院校的应用研究能力不断提高，试验发展经费大幅提升。高等院校R&D经费为26186万元，同比提高6.02%，占总额的15.14%。其中，基础研究经费为6928.9万元，同比下降46.53%，占青海省基础研究经费的36.2%；应用研究经费为12527万元，同比提高8.35%，占青海省应用研究经费的30.93%；试验发展经费为6729万元，同比提高3684.53%，占青海省试验发展经费的5.94%。

（3）企业自主创新活动力度有所放缓。2018年青海省企业投入创新活动的R&D经费102794万元，同比下降12.45%，占青海省R&D经费的比重为59.44%，同比下降6.16个百分点（见图3）。其中，规模以上工业企业R&D经费为67716万元，同比下降18.68%，占青海省企业R&D经费的65.88%。2018年，规模以上工业企业R&D经费占主营业务收入的比重为

0.3%，同比下降0.1个百分点，新产品产值为1619689万元，同比提高14.34%，增幅较上年下降296.13个百分点。这表明企业受经济下行压力影响，创新活动力度有所放缓。

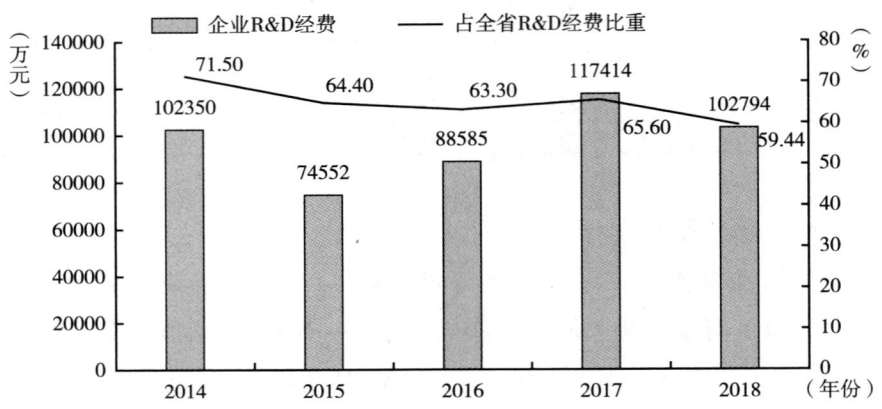

图3 2014~2018年企业R&D经费及占青海省R&D经费比重

（二）青海省地方财政科技支出情况分析

1. 2018年地方财政科技支出有所增长

2018年，青海省地方财政科技支出127963万元，同比提高7.21%。2018年，青海省地方财政支出合计为1647.43亿元，同比增长7.64%。2018年全省地方财政科技支出占地方财政支出的比重为0.78%，同上年持平（见图4）。

2. 全省地方财政科技支出主要用于技术研究与开发活动

2018年，全省地方财政科技支出中，科学技术管理事务支出9294万元、基础研究支出5308万元、应用研究支出8487万元，分别较上年增长14.73%、-14.59%和21.66%，占全省地方财政科技拨款总额比重分别为7.26%、4.15%和6.63%；技术研究与开发支出39303万元、科技条件与服务支出27742万元，同比分别增长36.98%和22.15%，占全省地方财政科技拨款总额比重分别为30.71%和21.68%（见图5）。

青海省科技投入及活动情况分析报告

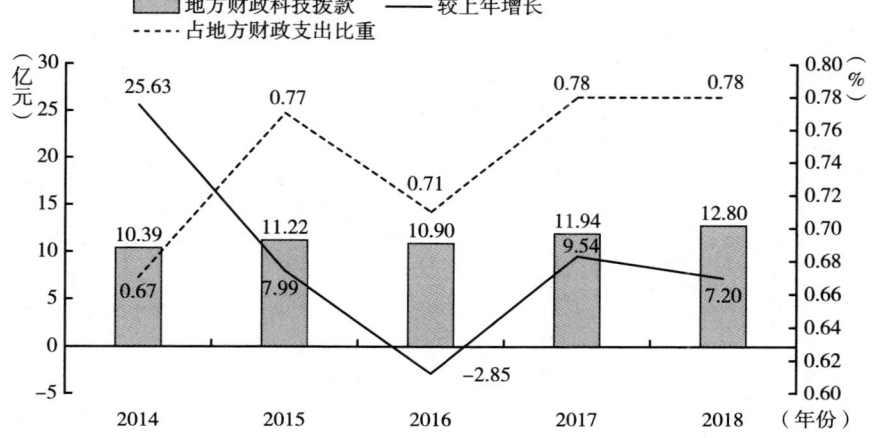

图 4　2014~2018 年青海省地方财政科技支出情况

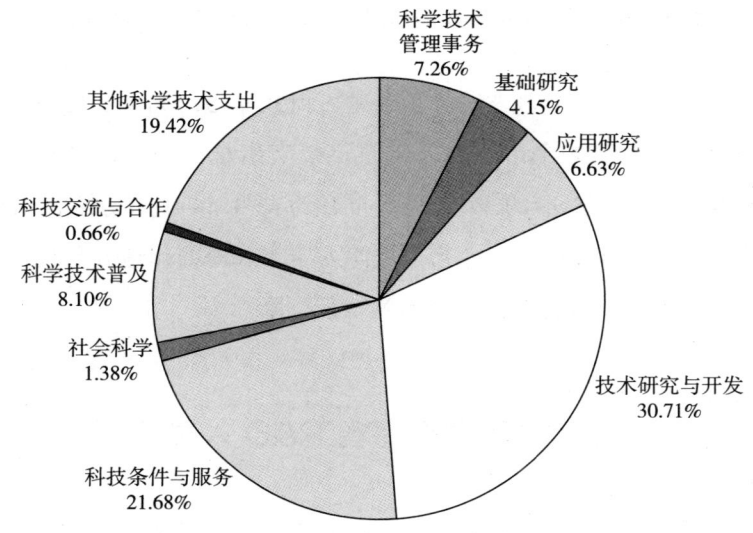

图 5　2018 年青海省地方财政科技支出按管理类别分类

3. 省本级地方财政科技支出占比有所增长

青海省本级地方财政科技支出持续加大，2018 年，省本级地方财政科技支出为 82656 万元，同比增长 14.75%，占青海省地方财政科技支出总额的64.59%，同比增加4.24个百分点，占本级地方财政支出的比重为1.55%，同比增长0.08个百分点（见图6）。

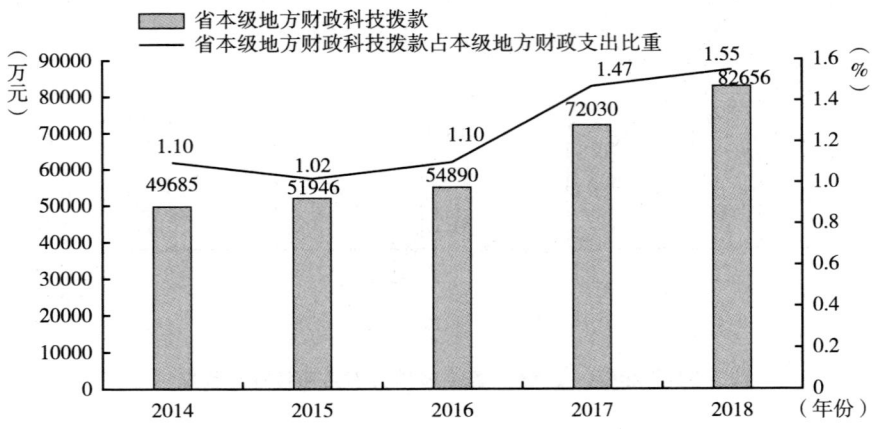

图6 2014~2018年青海省本级地方财政科技支出及占比情况

4. 各市州地方财政科技支出占本级地方财政支出的比重变化较大

2018年，青海省8个市州地方财政科技支出总额为45307万元，占全省地方财政科技支出总额的35.41%，同比下降4.24个百分点，占同级地方财政支出总额的0.46%。8个市州中除西宁市和海西州地方财政科技支出经费较上年有所增长外，其余6个市州全部下降。

二 2018年度青海省R&D人员情况

（一）R&D人员有所减少，人员素质进一步提高

2018年，青海省R&D人员7814人，同比下降19.24%。其中，博士研究生学历和硕士研究生学历者合计2093人，分别占全部R&D人员的8.41%和18.38%，同比增长2.18个和3.19个百分点。2018年R&D人员折合全时当量为4301人年，同比减少1355人年，较上年下降23.96%。

R&D人员中研究人员所占比重主要反映R&D人员队伍的质量。2018年R&D折合全时当量人员中研究人员为2300人年,占R&D折合全时人员总量的比重为53.48%,同比增加3.64个百分点,而发达省份这一指标普遍高于60%。这表明青海省研发队伍的质量还有待进一步提高。

(二)从事R&D活动的科学研究人员不断加强

2018年,青海省R&D折合全时当量人员队伍中:基础研究人员763人年,占总量的17.74%,2014~2018年年均增长0.93%;应用研究人员1202人年,占总量的27.92%,2014~2018年年均增长4.78%;试验发展活动人员2337人年,占总量的54.34%,2014~2018年年均增长-6.05%(见图7)。2018年,青海省从事基础研究和应用研究活动的科学研究人员呈现上升趋势,从事技术创新活动的试验发展人员则呈现下降趋势,表明青海省从事研发活动人员的研发水平在不断加强。

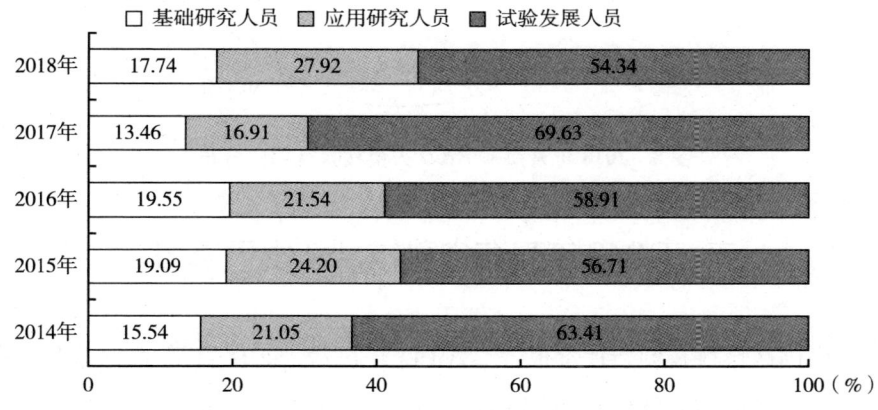

图7 2014~2018年青海省R&D人员按活动类型分占比情况

(三)企业研发人员大幅减少

研发人员按执行部门分为企业、研究机构、高等院校和事业单位。2018年,青海省企业R&D人员3940人,同比减少33.49%,占总量的50.42%,同比下降10.81个百分点;科研机构R&D人员1167人,同比增长2.64%，占总量的14.93%；高等院校R&D人员1565人，同比减少0.82%，占总量的20.03%；事业单位R&D人员1142人，同比增长10.23%，占总量的14.61%（见图8）。由此可以看出科研机构、事业单位R&D人员数量均有所增加，而高等院校R&D人员数量略有减少，企业R&D人员数量和比重均下降明显。

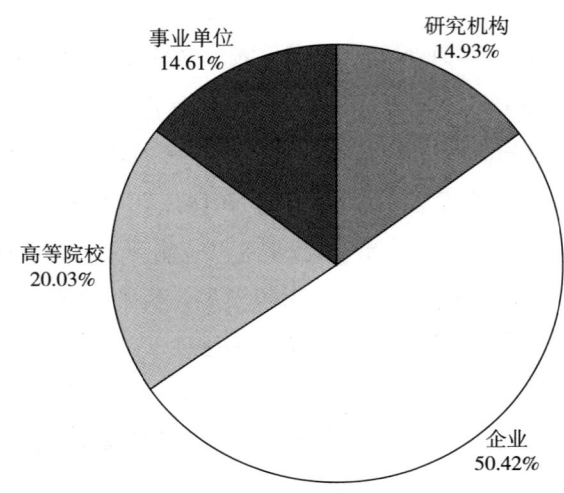

图8 2018年青海省R&D人员按执行部门分布

三 2018年青海省科技创新水平态势

《中国区域科技创新评价报告（2019）》显示，2018年青海省综合科技创新水平指数为44.50%（见图9），同比提高0.55个百分点，全国平均水平为1.08个百分点（见图10），排在全国第27位，较上年下降1位。其在西部12个地区排第9位（见表2），在西北五省区中排第4位（见表3）。

2018年青海省综合科技创新水平指数仍保持在三类地区，位于青海省之后的省份有贵州、海南、新疆、西藏。从2018年综合科技创新水平指数的排序来看，全国多数地区位次变化不大，青海省在西部12个地区和西北五省区的排名基本稳定。

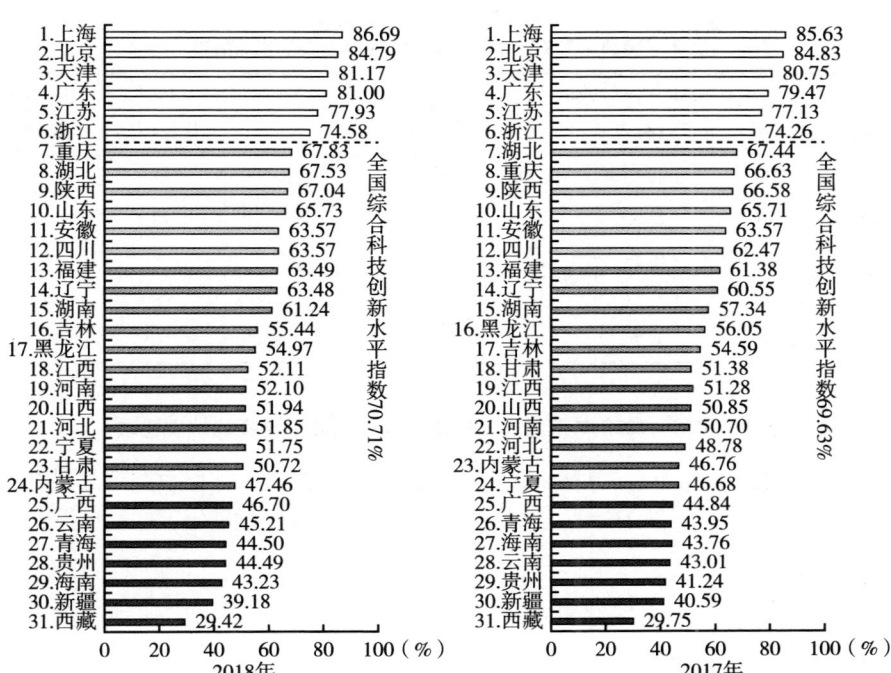

图9 2018年（左图）、2017年（右图）全国各地区综合科技创新水平指数排序

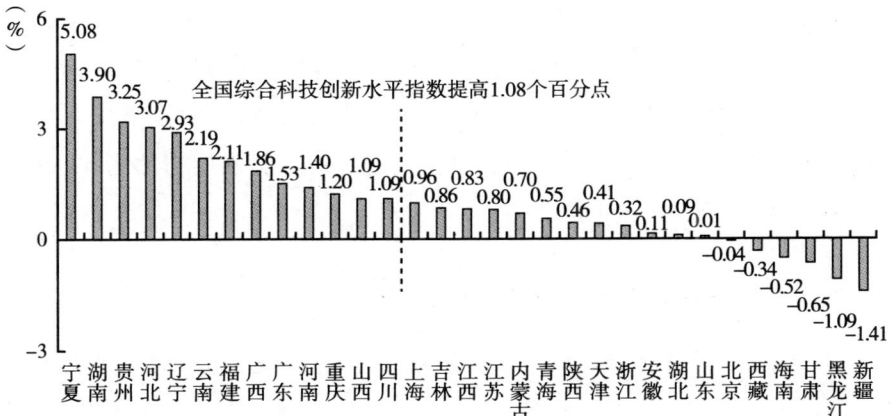

图10 2018年全国区域综合科技创新水平指数提高百分点排序

表2 2014~2018年青海省综合科技创新水平情况

发布年份	综合科技创新水平(%)	比上年增加(个百分点)	全国平均提高(个百分点)	全国排位(位)	属几类地区	西部12个地区排位(位)	全国平均值(%)
2014	41.87	-1.36	3.25	24	四类地区	7	63.55
2015	41.41	2.55	2.94	27	三类地区	8	66.49
2016	42.25	-0.73	1.08	27	三类地区	8	67.57
2017	43.95	1.11	2.06	26	三类地区	8	69.63
2018	44.5	1.7	1.08	27	三类地区	9	70.71

表3 2014~2018年西北五省区综合科技创新水平指标位次比较

单位：位

发布年份	青海	甘肃	宁夏	陕西	新疆
2014	24	19	22	7	29
2015	27	18	21	9	29
2016	27	18	22	9	30
2017	26	18	24	9	30
2018	27	23	22	9	30

综合科技创新水平由5个一级指标组成。在一级指标中，青海省科技创新环境指数为45.42%，在全国排第25位，同比下降2位；科技活动投入指数为31.11%，在全国排第28位，同比上升2位；科技活动产出指数为34.11%，在全国排第23位，同比下降4位；高新技术产业化指数为55%，全国排名为25位，同比提高4位；科技促进经济社会发展指数为59.36%，在全国排第25位，同比下降2位。

（一）科技创新环境指数排名有所下降

2018年青海科技创新环境指数为45.42%，同比下降0.95个百分点，位次同比下降2位，在全国排第25位（见表4）。2018年全国科技创新环境指数为67.82%，同比提高1.98个百分点，青海省科技创新环境指数低于全国平均水平22.4个百分点。

表4 2014～2018年青海省科技创新环境情况

科技创新环境	2014年	2015年	2016年	2017年	2018年
评价值(%)	50.36	48.93	47.69	46.37	45.42
位次(位)	16	19	25	23	25

从西部12个地区排名来看，青海省排第7位，和上年持平。排在青海省之前的有陕西、重庆、宁夏、四川、甘肃和内蒙古。从西北五省区的科技创新环境水平排名情况看，青海省排第4位，比上年下降1位。青海科技创新环境指数下降的主要原因是二级指标中的科研物质条件从第17位下降至第23位，其中三级指标的每名R&D人员研发仪器和设备支出从第5位下降至第25位，表明青海省R&D经费中的仪器和设备支出较上年有所下降。

(二)科技活动投入水平有所提高

2018年青海省科技活动投入指数在全国排第28位，位次较上年上升2位，指数值为31.11%，同比提高3.37个百分点，低于全国平均水平36.8个百分点（全国科技活动投入指数为67.91%），增幅高于全国平均增幅（全国科技活动投入指数提高了1.08个百分点）。

参照2018年科技活动投入指数的全国排序，西部12个地区中增幅高于全国增幅的有重庆、宁夏、青海、贵州、云南、西藏、四川，其余地区均低于全国增幅。从西北五省区的科技活动投入排名比较情况（见表5）可以看出，青海上升2位、宁夏上升1位、甘肃下降1位、新疆下降1位、陕西下降2位。青海科技活动投入指数上升的主要因素是：二级指标科技活动人力投入和科技活动财力投入均上升了2位；三级指标中万人R&D研究人员数上升了4位，企业技术获取和技术改造经费支出占企业主营业务收入比重较上年上升了3位。这表明青海省企业加大了技术改造力度，投入研发活动的研究人员也有所增加。

表5 2014~2018年西北五省区科技活动投入指标位次比较

单位：位

发布年份	青海	甘肃	宁夏	陕西	新疆
2014	28	21	23	11	27
2015	29	20	21	11	27
2016	30	23	16	11	29
2017	30	23	18	11	28
2018	28	24	17	13	29

（三）科技活动产出指标和位次均有所下降

2018年，青海省科技活动产出指数为34.11%，同比下降9.3个百分点，增幅低于全国水平（全国产出指数下降0.63个百分点），位次从第19位下降至第23位。

从2018年科技活动产出指数及排序看，西部12个地区中除陕西、重庆、青海外，其余地区均高于全国平均增幅，西北五省区中除宁夏、陕西外，位次均有所下降，甘肃下降1位，新疆下降3位，青海下降4位（见表6）。青海省下降的主要原因是获国家级科技成果奖系数较上年大幅下降，从第2位下降至第31位。

表6 2014~2018年西北五省区科技活动产出指标位次比较

单位：位

发布年份	青海	甘肃	宁夏	陕西	新疆
2014	21	14	24	5	28
2015	20	14	25	6	22
2016	17	14	27	4	23
2017	19	17	30	4	25
2018	23	18	27	4	28

（四）高新技术产业化水平有所提升

青海省2018年高新技术产业化指数为55%，同比提高12.32个百分点，排在全国第25位，同比提高4位（见表7）。与上年比较，全国高新技术产业化指数66.63%，提高2.54个百分点，青海省增幅高于全国平均水平。

表7　2014~2018年青海省高新技术产业化情况

高新技术产业化	2014年	2015年	2016年	2017年	2018年
评价值（%）	31.29	29.72	34.66	42.68	55
位次（位）	30	31	30	29	25

西部12省区中高新技术产业化指数高于全国平均增幅的有宁夏、青海，增幅超过10个百分点。从全国高新技术产业化指数排序看，西部12省区中只有重庆、四川、广西高于全国指数，分别位于全国第3、第7和第8位。西北五省区中甘肃排位变化不大，陕西位次下降1位，宁夏和青海排名均上升4位，新疆上升1位（见表8）。

青海省高新技术产业化指标从42.68%增长到55%、位次由第29位上升到第25位是近十年来最好成绩。其提高的主要原因是高新技术产业化效益指数由57.13%的第5位提高至91.70%的第2位，并且三级指标高技术产业利润率和知识密集型服务业劳动生产率指数和位次均有所提升。

表8　2014~2018年西北五省区高新技术产业化指标位次比较

单位：位

发布年份	青海	甘肃	宁夏	陕西	新疆
2014	30	25	31	17	29
2015	31	22	29	16	30
2016	30	18	31	17	29
2017	29	18	30	13	31
2018	25	18	26	14	30

（五）科技促进经济社会发展能力略有下降

2018年青海省科技促进经济社会发展指数为59.36%，较上年下降0.55

个百分点，在全国排列为第 25 位，同比下降 2 位（见表 9）。与上年比较，全国科技促进经济社会发展指数提高了 1.03 个百分点，指数为 73.80%。

表 9 2014~2018 年青海省科技促进经济社会发展情况

科技促进经济社会发展	2014 年	2015 年	2016 年	2017 年	2018 年
评价值（%）	64.23	61.61	59.91	59.91	59.36
位次（位）	14	23	24	23	25

在西部 12 省区中，科技促进经济社会发展排在前列的有重庆、四川、陕西。西北五省区中，2018 年青海、新疆和宁夏位次较上年均有所下降，陕西有所上升，甘肃与上年保持不变（见表 10），西北五省区增幅均低于全国增幅。青海省下降的主要原因是二级指标社会生活信息化指数较上年下降 3.07 个百分点，三级指标电子商务消费占最终消费支出比重指数下降了 19.02 个百分点，位次由第 8 位下降至第 30 位。

表 10 2014~2018 年西北五省区科技促进经济社会发展指标位次比较

单位：位

发布年份	青海	甘肃	宁夏	陕西	新疆
2014	14	24	13	17	18
2015	23	27	14	17	24
2016	24	26	13	16	25
2017	23	27	16	12	28
2018	25	27	20	10	29

四 2018 年度青海省政府研究机构研发（R&D）活动情况分析

2018 年，青海省共有 25 家县以上政府部门所属研究机构（以下口径均为县以上政府部门所属研究机构），其中自然科学领域 3 家，农业科学领域 11 家，医学科学领域 1 家，工程科学与技术领域 5 家，社会、人文科学领域 5 家。在 25 个研究机构中，有 R&D 活动单位 12 家，比上年增加 1 家；R&D 活动人员 1167 人，同比增长 2.64%；R&D 经费 3.38 亿元，同比增长 15.36%，其中来自政府的资金 3.05 亿元，占 R&D 经费比例超过 90%。

（一）研发（R&D）人员稳步提升，整体素质有所提高

R&D 人员是衡量研究机构科学研究和创新活动规模的重要指标。青海省政府部门所属研究机构数"十二五"以来基本保持在 25 个左右，从业人员、从事科技活动人员及从事研发活动的 R&D 人员数相对比较固定，变化幅度不是很大，每年的数据只是随着单位研发项目的多少有所增减。2018 年青海省研究机构中有 R&D 人员 1167 人，其中，博士、硕士合计 667 人，占 57.16%，较上年提高 2.98 个百分点，高学历人员的比例有所增加。

2018 年 R&D 折合全时人员 904 人年，比上年增长 20.21%。由于研发项目的有序开展，投入研发活动的人员也有较大幅度增加。

（二）R&D 经费持续增长，增速有所放缓

2018 年，青海省研究机构的 R&D 经费 3.38 亿元，较上年增长 15.36%，增幅同比下降 21.35 个百分点，增速有所放缓，但长远来看，R&D 经费呈持续上涨态势。

2018 年青海省研究机构 R&D 经费中，基础研究、应用研究和试验发展分别为 9315.4 万元、9826.2 万元和 14665.4 万元，占比分别为 27.55%、29.07% 和 43.38%。

（三）政府资金投入力度逐步加大

青海省研究机构的 R&D 经费主要来自承担政府科研项目获得的政府资金。2018 年，青海省研究机构 R&D 经费中来自政府的资金 30478 万元，比上年增长 15.58%。青海省研究机构 R&D 经费中来自政府的资金保持增长势头，政府资金投入的持续加大，使研究机构 R&D 经费中政府资金比例稳

步上升，2018年政府资金占比为90.15%，其中来自中央部门的政府资金占61.05%，表明青海省投向科研院所的政府资金一半来自中央预算安排。

（四）来自政府科技计划项目有所减少，合作研发项目有所增加

研究机构是青海省创新体系的重要组成部分，也是实施国家科技计划的重要力量。我国政府研究机构研发活动主要服务于国家目标，承担国家和地方科技计划的任务。2018年，研发项目较上年有所减少，青海省研究机构共承担497个R&D项目（课题），同比下降8.81%；投入经费15667万元，同比下降0.65%，其中来自政府的资金为14476.8万元，比上年提高2.84%，占项目总经费的92.4%，较上年下降1.37个百分点。在国家和地方科技计划下达的项目经费中，来自政府的资金分别为5370.2万元和7732.9万元，分别占各项目经费的99.87%和97.12%（见表11）。这表明政府是研究机构研发活动投入的绝对主体。

表11 2018年青海省研究机构R&D项目（课题）情况

指标名称	项目（课题）数（个）	折合全时当量(人年)	研究人员	项目(课题)经费内部支出(万元)	政府资金
政府部门所属科研机构总计	497	698.6	413	15667	14476.8
1. 中央政府部门下达课题	192	201.1	125.3	5377.3	5370.2
2. 地方政府部门下达课题	195	392.8	213.4	7962.6	7732.9
3. 企业委托课题	44	36.6	27.4	579.6	0
4. 自选课题	26	19.5	12.9	449.1	449.1
5. 国际合作课题	1	1.8	1	37	37
6. 其他课题	39	46.8	33	1261.3	887.6

（五）专利授权量有所提升

专利、论文和著作是研究机构科技活动产出的重要指标。2018年，青海省研究机构的专利申请量为103件，其中发明专利申请量95件，同比分别下降40.8%和43.11%；专利授权量为110件，其中发明专利授权95件，

分别比上年增长23.6%和17.28%；发表科技论文669篇，同比下降3.9%，其中国外发表280篇，同比增长12.9%；出版科技著作18种，同比下降21.74%（见表12）。研究机构的专利申请量有所下降，但授权量有所增长，说明申请的专利质量有所提高。

从2014年至2018年青海省研究机构投入产出指标对比可以看出：专利授权量增长显著，发表科技论文、出版科技著作和R&D折合人员增长率还需进一步加强。同时可以看出"十三五"以来研究机构的研发投入与产出效率都得到进一步的提升。

表12 2014~2018年青海省政府研究机构R&D资源投入与科技产出增长情况

	2014年	2015年	2016年	2017年	2018年	年均增长(%)
R&D资源投入						
R&D人员全时当量（人年）	585	653	589	752	904	6.68
R&D经费（万元）	21118	23354	21399	29248	33807	19.11
科技产出						
专利申请受理量（件）	163	205	121	174	103	0.74
其中：发明专利（件）	153	190	114	167	95	-0.26
专利申请授权量（件）	40	66	119	89	110	44.83
其中：发明专利（件）	31	60	107	81	95	44.15
发表科技论文（篇）	510	448	553	696	669	4.88
出版科技著作（种）	13	11	21	23	18	1.44

五 2018年青海省规模以上工业企业研发活动情况分析

研发（R&D）活动是技术进步和技术创新的重要环节。2018年，青海省规模以上工业企业共562个，有R&D活动的企业60个，有研发机构企业数33个；R&D人员2505人，R&D折合全时当量1157人年；R&D经费支出6.77亿元，同比下降18.69%。整体来看，2018年度青海规模以上工业企业研发活动回落较大，科技创新能力较弱，呈现如下特征。

（一）研发经费呈波动下降趋势

2018年，青海省规模以上工业企业研发（R&D）经费支出67716万元，同比下降18.73%，占当年青海省R&D经费投入的比重为39.15%，同比下降7.34个百分点。青海省规模以上工业企业R&D经费支出从2014年的92528万元下降至2018年的67716万元，年均增速为-7.51%（见图11）。

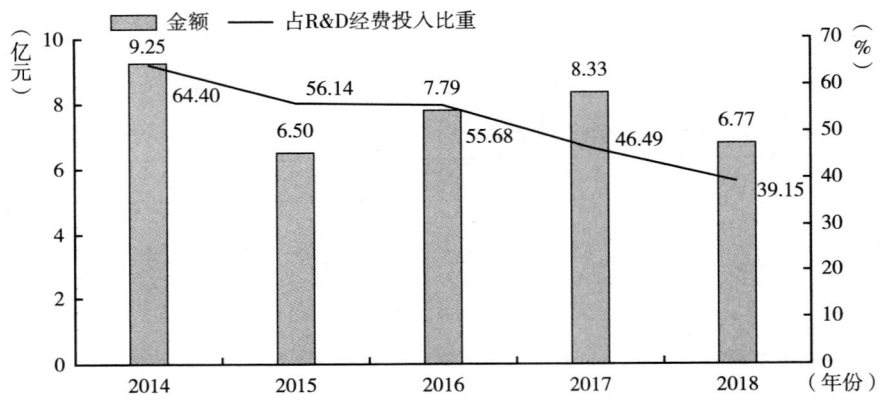

图11　2014~2018年青海省规模以上工业企业R&D经费投入情况

1. 应用研究大幅上升

按研发的活动类型分，2018年青海省规上工业企业研发活动中基础研究340万元，同比下降41.62%，占总额的0.5%；应用研究13646万元，同比增长483.17%，占总额的20.15%；试验发展53731万元，同比下降33.13%，占总额的79.35%。

青海省规上工业企业研发经费支出存在明显的结构性问题，主要体现在基础研究和应用研究支出长期偏低、规模明显不足，试验发展经费占比超过了70%，2018年应用研究占比提高到20.15%，可以说是质的变化。应用研究是基础研究和试验发展的中心环节，是创新链条中将新知识转化成新产品的重要传导环节。应用研究投入占比的不断提高，将对青海省科研成果转化及产业化过程起到积极作用，对整个地区经济的发展也产生有利影响。

2. 政府资金投入比例下降，政府资金的导向带动作用需进一步加强

从资金来源看，2018年青海省规模以上工业企业研发经费支出中来自政府的资金为4725万元，同比下降32.91%，占总额的6.98%，同比下降1.48个百分点；企业资金62991万元，同比下降16.97%，占总额的93.02%，同比提高1.92个百分点。青海省规模以上工业企业研发经费支出中，政府投入偏低，政府在研发经费投入中的导向带动作用需进一步加强。

3. 大型企业是全省R&D活动主体，小微企业R&D活动占比过低

2018年，青海省规模以上工业企业中有大型企业25家，其中，有R&D活动的企业为13家，占大型企业的52%；有研发机构的企业7家，占大型企业的28%。中型企业74家，其中，有R&D活动的企业17家，占中型企业的22.97%；有研发机构的企业10家，占中型企业的13.51%。小型企业365家，其中，有R&D活动的企业29家，占小型企业的7.95%；有研发机构的企业16家，占小型企业的4.38%。

高效灵活的小微型科技企业占青海规模以上工业企业总数的82.38%，本应是科技创新的生力军，然而由于缺乏足够的资金支持，也缺乏有效的融资渠道和孵化体系支持，在内部条件和外部条件的双重限制下，青海小微型工业企业的技术创新积极性并不高，小型企业和微型企业中开展R&D活动的比例分别只有7.95%和1.02%。从目前全球创新实践来看，颠覆式创新多发生于中小企业。因此，采用有效手段，降低小微企业创新成本，激发青海省小微企业创新活力是一个迫在眉睫的重要课题。

4. 研发投入行业聚集度高

从行业分组看，2018年青海省规模以上工业企业研发活动集中在计算机、通信和其他电子设备制造业，有色金属冶炼和压延加工业，化学原料和化学制品制造业3个行业，其研发经费投入位居前3位，占青海省规模以上工业企业研发经费支出的54.96%（见图12）。而2017年度排在前3的行业为有色金属冶炼和压延加工业、化学原料和化学制品制造业、电气机械和器材制造业，3个行业合计数占当年总额的59.48%。可以看出有色金属冶炼与压延加工业、化学原料和化学制品制造业是青海省研发活动密集度较高的两个支柱产业。2018年青海省在计算机、通信和其他电子设备制造业的高技术产业研发活动有了零的突破,从2017年度的空白发展到2018年研发支出行业排名第1,占总额的比重为32.09%,占比近1/3。

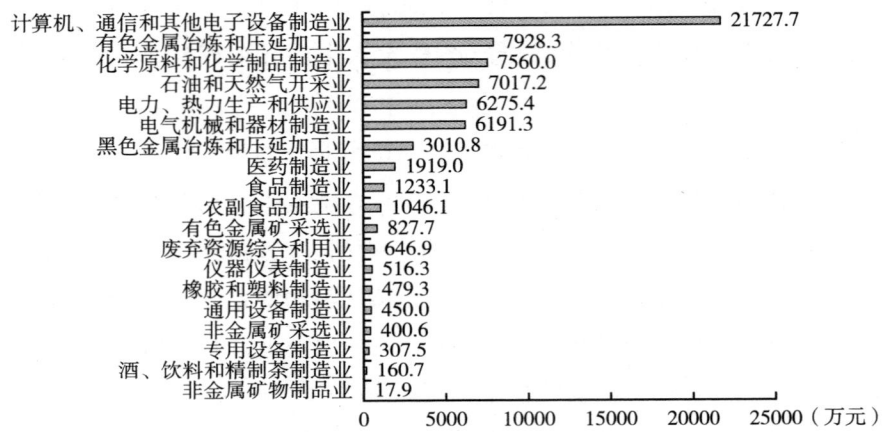

图12 2018年青海省规模以上工业企业研发经费按行业分布

5.产学研合作的加强有力推动企业自主创新能力不断提高

2018年,青海省规模以上工业企业研发经费外部支出14139万元,同比增长18.77%。其中,对境内研究机构支出3795万元,同比提高53.52%;对境内高等学校支出1491万元,同比提高23.60%;对境内企业支出8854万元,同比提高12.75%;对境外支出为0。2018年度数据显示,青海省部分规上工业企业由于内部技术创新需求,均加强了与省内或国内的科研院所、高等学校的合作,并签署了长期的技术支持协议。产学研的加强有力地推动了企业自主创新能力的不断提升。

(二)规模以上工业企业数量少、企业创新动力不足

通过多年培育发展,青海形成了新能源、新材料、盐湖化工、有色金属、油气化工、煤化工、装备制造、钢铁、轻工纺织、生物十大优势产业,但这些产业大多属于资源密集型产业,创新动力不足,产业创新能力较弱。

企业是技术创新的主体,但青海不仅面临规模以上工业企业少的问题,还面临企业创新动力不足的问题。从规模以上工业企业数量来看,青海在西北五省区中最少,2018年青海拥有规模以上工业企业562个,而陕西有6426个、甘肃有1917个、宁夏有1250个、新疆有3025个(见表13)。从企业创新活动来看,青海企业也存在创新动力不足的问题。2018年,青海省规模以上工业企业研发经费占全社会研发经费的比重从2014年的64.60%下降至2018年的39.15%,连续4年下降。从青海省规模以上工业企业开展创新活动企业数量来看,2018年青海省规模以上工业企业中有R&D活动的企业占比为10.68%(见表14),在西北五省区排名第4。

表13 2014~2018年西北五省区规模以上工业企业数

单位:个

地区	2014年	2015年	2016年	2017年	2018年
青海	568	575	593	569	562
甘肃	2084	2141	2097	1905	1917
宁夏	1170	1245	1174	1223	1250
陕西	5081	5413	5862	6271	6426
新疆	2477	2707	2893	2955	3025

表14 2014~2018年青海规上工业企业开展创新活动情况

指标	2014年	2015年	2016年	2017年	2018年
规上工业企业数(个)	568	575	593	569	562
有R&D活动的企业数(个)	45	35	57	57	60
有R&D活动的企业占比(%)	7.92	6.09	9.61	10.02	10.68
规上工业企业R&D经费支出额(亿元)	9.25	6.50	7.79	8.33	6.77
占全省R&D经费比重(%)	64.59	56.0	55.7	46.4	39.3

(三)规上工业企业科技产出增幅明显

2018年,青海省规模以上工业企业共申请专利859件,同比增长

17.83%，其中申请发明专利321件，占总量的37.37%。有效发明专利559件，同比增长40.1%，其中实施专利368件，占总量的65.8%；境外授权1件，占总量的0.18%。新产品开发项目195项，新产品开发经费支出86575万元，新产品产值161.97亿元，新产品销售收入123.27亿元，占规模以上工业企业产品销售收入的5.77%，同比提高0.77个百分点。拥有注册商标644个，其中境外注册商标2个。发表科技论文945篇，同比增长31.07%。形成国家或行业标准34项。拥有软件著作权28项。

由此可见，一方面青海省传统工业规模偏小且占比加速下滑，而新兴产业在短期内难以形成有效经济支撑，导致产业发展对青海科技创新需求无法得到有效激发；另一方面青海还面临规上工业企业少、企业创新活力不足问题，产业发展水平不高和企业创新活力不足导致青海对科技创新活动的需求不足。青海迫切需要提高产业发展水平，增强企业对科技创新的需求。

六 2018年度青海省高等学校R&D活动分析

国家创新体系主要是由"知识创新系统""技术创新系统""制度创新系统"三部分构成，高等学校是"知识创新系统"的执行主体，在"技术创新系统""制度创新系统"中发挥着不可替代的作用。近年来，高等学校作为国家科技创新体系的重要组成部分，其R&D活动推动了全社会科技的发展和经济的繁荣。

2018年青海省共有普通高等学校23个（理工农医类和人文社科类分类计算）。高等学校中，有R&D活动机构15家；R&D人员1565人，折合全时当量为620人年；投入R&D活动经费26184万元；R&D项目（课题）数1352项；发表科技论文2552篇；出版科技著作123种。专利申请247件，其中发明专利申请122件；专利授权116件，其中发明专利授权15件；有效发明专利93件；形成国家或行业标准246件，植物新品种权授予数100项。

（一）R&D 人力投入情况

1. R&D 人员中高层次人才稳步提升

2018 年，青海省高等学校有 R&D 活动人员 1565 人，其中博士研究生学历 308 人、硕士研究生学历 763 人，分别占高等学校全部 R&D 人员的 19.68% 和 48.75%，同比分别提高了 2.82 个和 0.14 个百分点。按国际可比的全时当量计 R&D 折合全时人员为 620 人年，比上年减少 32 人年，同比下降 4.91%。

2018 年青海省高等学校 R&D 研究人员为 561 人年，占 R&D 折合全时人员总量的 90.48%，比上年下降了 0.36 个百分点（见图 13），此外青海省 R&D 研究人员占青海省 R&D 折合全时人员的 53.48%，表明青海省高层次人才主要集中在高等学校。

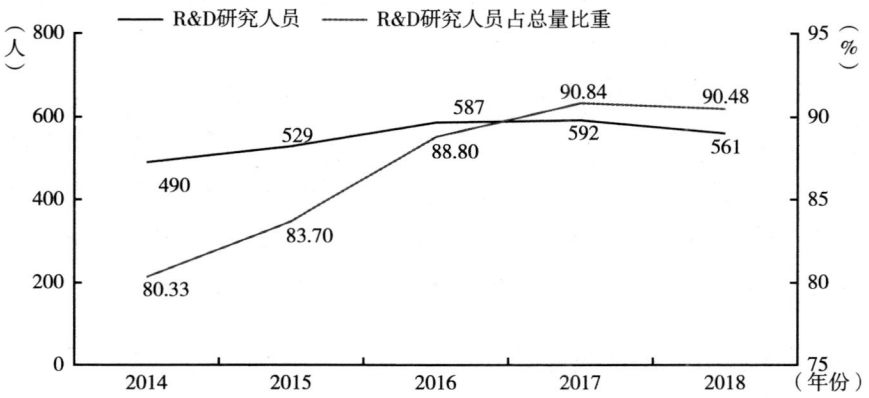

图 13　2014～2018 年青海省高等学校 R&D 折合全时人员中研究人员占比

2. 试验发展活动人力投入占比有所上升

2018 年，青海省高等学校 R&D 折合全时人员队伍中，基础研究人员 319 人年，占总量的 51.45%，占比较上年下降 3.48 个百分点；应用研究人员 243 人年，占总量的 39.19%，同比下降 3.39 个百分点；试验发展活动人员为 58 人年，占总量的 9.35%，同比上升 6.87 个百分点。

(二)R&D 经费支出情况

1. R&D 经费稳步提升

2018 年青海省高等学校 R&D 经费支出为 26184 万元,同比提高 6.02%,占青海省 R&D 经费支出的 15.14%,比上年提高了 1.35 个百分点。青海省高等学校 R&D 经费支出从 2014 年的 12077 万元,增加到 2018 年的 26184 万元,年均增长率为 21.34%,支出比重从 2014 年的 6.41% 增长到 2018 年的 15.14%。

2. R&D 经费主要来源于政府资金

从经费来源情况看,2018 年青海省高等学校来自政府的 R&D 资金为 24442 万元,同比增长 6.78%,占 R&D 总经费的 92.67%,占比较上年提高 0.67 个百分点;来自企业的资金为 1579 万元,同比增长 21.22%,占 R&D 总经费的 6.03%,同比提高 0.76 个百分点。这表明青海省高等学校研发活动经费主要来源于政府资金。

3. 试验发展经费大幅提高

2018 年青海省高等学校 R&D 经费总支出中,基础研究经费支出为 6928 万元,占总量的 26.46%,同比下降 26 个百分点;应用研究经费支出为 12527 万元,占总量的 47.84%,同比提高 1.02 个百分点;试验发展经费支出为 6729 万元,占总量的 25.7%,比上年提高了 24.98 个百分点。

(三)科技产出成效显著

2018 年青海省高等学校共发表科技论文 2552 篇,比上年增加 124 篇,同比增长 5.11%,占青海省总数的 52.54%。出版科技著作 123 种,同比增长 86.36%。

2018 年青海省高等学校申请专利 247 件,比上年增加 127 件,同比增长 105.83%,其中申请发明专利 122 件,比上年增加 59 件,同比增长 93.65%;授权专利 116 件,比上年增加 44 件,同比增长 61.11%,其中授权发明专利 15 件,比上年减少 6 件,同比下降 28.57%。有效发明专利 93 件,比上年增加 8 件,同比增长 9.41%(见表 15)。

表15　2014～2018年青海高等学校科技产出情况

科技产出	2014年	2015年	2016年	2017年	2018年	年均增速(%)
专利申请量(件)	42	51	78	120	247	55.73
其中:发明专利(件)	26	28	57	63	122	47.18
专利授权量(件)	18	23	37	72	116	59.33
其中:发明专利(件)	2	5	14	21	15	65.49
有效发明专利(件)	33	48	64	85	93	29.57
论文(篇)	2011	2261	2579	2428	2552	6.14
发表科技著作(种)	74	58	45	66	123	13.55

综上分析，2018年青海省高等学校研发活动力度继续提升，高等学校承担着大量的政府研发项目。2018年青海省高等学校共承担研发项目1352项，占青海省研发项目的57.61%；研发项目经费为1.58亿元，占青海省研发项目经费的11.7%。高等学校主要承担了青海省的基础研究与应用研究项目，经费投入比较大的试验发展项目较少。

G.12
2019年青海省第二次青藏高原综合科学考察研究工作报告及其展望*

摘　要： 第二次青藏高原综合科学考察研究启动以来，青海省委、省政府高度重视，深入贯彻习近平总书记关于青藏高原科考研究的贺信精神，主动融入国家战略，积极争取、全面参与、协同推动第二次青藏高原科考研究各项服务保障工作。同时，结合第二次青藏科考研究，积极谋划科考研究成果转化，为提高青藏高原资源环境承载力、应对青藏高原气候变化和绿色发展提供强有力的科技支撑，切实把国家重大战略机遇转化为青海省高质量发展的优势和成果。

关键词： 第二次青藏高原科考　国家战略　青海省

2017年8月19日，第二次青藏高原综合科学考察研究启动，习近平总书记致信祝贺并指出："青藏高原是世界屋脊、亚洲水塔，是地球第三极，是我国重要的生态安全屏障、战略资源储备基地，是中华民族特色文化的重要保护地。开展这次科学考察研究，揭示青藏高原环境变化机理，优化生态安全屏障体系，对推动青藏高原可持续发展、推进国家生态文明建设、促进全球生态环境保护将产生十分重要的影响。希望你们发扬老一辈科学家艰苦奋斗、团结奋进、勇攀高峰的精神，聚焦水、生态、人类活动，着力解决青

---

* 课题组成员：莫重明、张超远、张银廷、马本元、马瑞、张燕、赵以莲、巩志娟、王建德、魏瑜杰、李长臻。

藏高原资源环境承载力、灾害风险、绿色发展途径等方面的问题，为守护好世界上最后一方净土、建设美丽的青藏高原做出新贡献，让青藏高原各族群众生活更加幸福安康。"习近平总书记的贺信为推进生态文明建设和开展第二次青藏高原综合科学考察研究（以下简称"第二次青藏科考"）工作指明了前进方向、提供了根本遵循、注入了强大动力。为深入贯彻习近平总书记贺信精神，国务院专门成立了以国务院办公厅、科技部、发展改革委和青海、西藏等组成的国家第二次青藏科考领导小组，并于 2019 年 4 月召开了国务院第二次青藏科考领导小组会议。会议传达了习近平总书记关于绿色发展和青藏高原科学考察的重要指示精神，青海省省长刘宁作为第二次青藏科考领导小组副组长在会议上强调，第二次青藏科考是国家战略，青海作为青藏高原的重要组成部分，保障好、服务好、推动好第二次青藏科考工作，既是重大的政治任务，也是义不容辞的责任。

青海省委、省政府高度重视第二次青藏科考工作，深入贯彻习近平总书记贺信精神，认真落实国务院第二次青藏科考领导小组会议的安排部署，为全面做好第二次青藏科考服务保障工作，推动科考成果转化，服务地方绿色发展，省政府主要领导先后对科考工作做出 10 余次批示，要求努力把科考成果转化为发展成果，推动绿色发展方式提档升级，探索形成生态优先、绿色发展为导向的高质量发展模式。在省委、省政府主要领导的关心指导和亲自推动下，省科技厅按照要求积极跟进，主动融入国家战略、服务地方社会发展，以服务保障青藏科考为重点，靠前服务，超前谋划，全力服务保障第二次青藏科考工作。

一　深入学习贯彻习近平总书记重要指示精神

按照习近平总书记关于青藏科考贺信精神，在科技部、中科院等国家部委、科研单位的精心指导和大力支持下，青海省委、省政府主要领导认真研究、积极谋划，及时成立了由刘宁省长任组长，张黎副省长任副组长，省政府办公厅、省发展改革委、省科技厅等部门组成的第二次青藏科考领导小组，领导小组办公室设在省科技厅，并按照省委编办《关于设立省青藏科考服务和成果转化中心的批复》精神，挂牌成立青海省青藏科考服务和成果转化中心，为第二次青藏科考工作在青海开展提供了有力的组织领导保障。

（一）召开省第二次青藏科考领导小组会议

为深入学习习近平总书记致第二次青藏科考贺信精神，2020年3月，青海省召开省第二次青藏科考领导小组会议，传达科技部部长王志刚、中科院院长白春礼的批示要求和第二次青藏科考队队长姚檀栋的意见及要求。刘宁省长指出，党中央、国务院高度重视第二次青藏科考工作，要深入学习习近平总书记致第二次青藏科考贺信精神：一要准确把握青藏高原是世界屋脊、亚洲水塔，地球第三极，我国重要的生态安全屏障、战略资源储备基地，中华民族特色文化的重要保护地4个定位；二要准确聚焦揭示青藏高原环境变化机理、优化生态安全屏障体系、推动青藏高原可持续发展、推进国家生态文明建设、促进全球生态环境保护5项任务；三要着力解决青藏高原资源环境承载力、灾害风险、绿色发展途径等方面的问题；四要努力实现守护好世界上最后一方净土、建设美丽的青藏高原、让青藏高原各族群众生活更加幸福安康3大目标，找准青海的立足点、优势点和切入点，推动研究一批问题、完善一批政策、调整一批规划、形成一批机制，努力形成一批成果、凝练一批工程、建设一批项目、培养一批人才，通过科考为提高青藏高原资源环境承载力、应对青藏高原气候变化和绿色发展提供强有力的科技支撑。同时，张黎副省长安排部署了下一步重点工作。会议总结了2019年度青海省第二次青藏科考进展情况，领导小组成员单位参加会议并进行交流发言。

（二）召开省第二次青藏科考领导小组办公室工作会议

2019年8月5日，省政府召开第二次青藏科考领导小组办公室工作会议，张黎副省长出席会议并指出，省委、省政府高度重视，成立了以刘宁省长任组长、各相关部门和地区主要负责同志组成的青海省第二次青藏科考领导小组,体现了服务国家战略的政治自觉,体现了推进可持续发展的科学态度。一要提高政治站位、把握工作重点、担当科考重任,聚焦科研攻关、提升科考能力、促进成果转化三大任务,找准定位,努力为实现青藏高原可持续发展和全省高质量发展提供科考支撑。二要各地区各部门强化服务意识,切实做好科考协调服务保障等各项工作,认真履行地方政府服务保障的主体职能。三要充分发挥行业部门联动保障的合力作用,强化领导小组办公室牵头抓总的重要职责,凝聚形成国家推动、地方联动、行业互动的科考工作合力。同时,会议制定印发了《青海省第二次青藏科考领导小组成员名单》《青海省第二次青藏科考领导小组2019年工作要点》《青海省第二次青藏科考领导小组议事规则》《青海省第二次青藏科考领导小组办公室细则》等相关文件和规章制度。会议全面部署安排科考各项工作,统一了思想、凝聚了共识、明确了任务。第二次青藏科考领导小组成员单位60余人参加了会议。

(三)召开省第二次青藏科考专题会议

为全面掌握青海省开展第二次青藏科考整体情况,推动青海省全面参与第二次青藏科考,青海省科技部门先后3次组织省内相关单位召开青藏科考座谈会。一是召开第二次青藏科考精神传达会议。2019年4月3日,组织相关院士、专家和第二次青藏科考领导小组单位20余人参加了会议,会上认真学习了习近平总书记重要指示精神,传达了省政府有关工作要求,详细介绍了第二次青藏科考的战略定位、发展历程和取得的重要成果,以及对青海省的重要意义。二是召开青海省第二次青藏科考座谈会。2019年5月7日,组织青海省参与第二次青藏科考相关单位和专家召开座谈会,会上传达了第二次青藏科考领导小组会议精神,并就水循环全过程高效利用与生态保护技术研发、国家公园可持续管理和示范、重要物种资源及基因资源的挖掘与利用、盐湖变化调查及盐湖资源环境承载力评价、气候变化背景下生态安全问题研究等方面进行讨论和工作进程汇报,听取有关专家和科考人员的意见建议,安排部署下一步开展科考服务保障工作。三是召开学习习近平总书记关于第二次青藏科考重要指示精神专题座谈会。2019年9月15日，召集省内科研专家和学者，研讨青海省参与国家第二次青藏科考项目的具体思路、任务和目标，研究并提出科考需求，与会专家围绕青藏高原科学考察研究项目聚焦的十大任务，结合青海省国家公园示范省建设、国家水源地保护、绿色产业体系及中藏药产业发展等重点工作凝练青海科考需求。根据专家意见梳理归纳了10个方面16条参与青藏科考需求及重点建议。

二 积极融入国家战略全面服务保障青藏科考

为贯彻落实党中央、国务院关于第二次青藏科考的决策部署，青海省主动融入国家战略，积极作为、上下齐心、协调推进、通力配合，协同推动第二次青藏科考各项工作在青海省顺利实施，取得了重要阶段性成果。

（一）积极争取全面参与第二次青藏科考

第二次青藏科考工作开展以来，青海省领导先后多次做出批示指示，要求积极主动融入国家战略，尽好青海责任，围绕科考重点，积极争取各方支持，力争全面参与第二次青藏科考。一是主动融入国家战略，省科技厅多次拜会科技部及中科院等国家部委和科研院所，协调参与第二次青藏科考的相关工作，认真落实融入国家战略，积极跟进、主动作为，重点围绕青海省重点工作及科考需求进行了沟通衔接，全力推动青藏科考工作。二是梳理青海省科考需求，及时组织中科院西北高原生物研究所、中科院青海盐湖研究所、青海大学、青海师范大学等科研院所及青海省参与科考任务的专家，认真梳理青海省对科考的需求，并结合青海省国家公园示范省建设、国家水源地保护、绿色产业体系、中藏药产业发展等重点工作凝练青海科考需求及重点建议。三是向科技部、中科院反馈建议，争取国家对青海省参与科考的支持。截至2019年底，青海省共有15家科研单位、278名科研人员参与第二次青藏科考10大任务29个专题，是所有参与第二次青藏科考省（区）科考队伍中人数最多的省份。

（二）主动作为服务保障第二次青藏科考

按照青藏科考管理办法，青海省青藏科考服务和成果转化中心及时主动跟进、积极对接，全方位、全过程提供各类科考服务保障。一是为来青开展科考任务的科考队协调对接、出具函文，进行了人员登记、座谈交流，主动对接国家公园管理局、省林草局、省军区及海西、海北、果洛、玉树等相关部门和地区，积极服务保障青海省境内的科考各项工作，截至 2019 年底，已先后为中科院、北京师范大学、兰州大学以及青海省相关科研院校等省内外 33 批次 400 余名科考队员提供了相关服务，有力保障了科考人员在青海省的通达性及安全性。二是支持建设第二次青藏科考服务保障平台，安排实施"青藏科考保障基地及综合服务能力建设"专项，围绕建设青藏科考管理平台，统筹集成线上管理系统、线下保障基地综合信息，开发完成了科考登记管理服务、模拟决策及管理指挥、科考数据成果管理及移动端辅助应用等系统，初步实现登记管理、数据分析、决策指挥、成果管理、物联网配套服务等保障功能，达到从国家到地区科考信息互联互通、科学数据资源共享、科考任务协同推进的效果，切实提高科考效能、服务质量和保障水平。三是研究制定青藏科考数据资源共享管理办法，结合"第二次青藏高原综合科学考察研究服务信息系统"建设，梳理了气象、生态、地理信息、资源矿产等各类数据资源需求清单 66 项，并积极协调各部门支持，经过讨论、研究并起草形成《青海省服务第二次青藏高原综合科学考察研究数据资源共享管理办法》，为第二次青藏科考提供了数据资源支撑。

（三）及时组织科考人员开展相关培训交流

为进一步提升第二次青藏科考队员的安全意识及野外技能，青海省科技厅先后组织青海省 300 余名科考人员进行了相关教育培训。一是举办第二次青藏科考高端学术论坛。2019 年 12 月 7 日，邀请中科院洪德元院士为中科院植物研究所、西北大学、西北民族大学、四川省草原科学研究院、甘肃农业大学等单位科考人员做报告，并结合第二次青藏科考围绕重要自然生态系统、自然遗迹、自然景观和生物多样性的系统性、完整性保护，以及特色生物资源的可持续利用等研究领域的诸多内容进行研讨，为专家、学者、企业及管理部门搭建了一个探讨生态系统系统性、完整性保护，特色生物资源的可持续利用的高层次交流平台。二是举办第二次青藏科考人员高原健康教育培训会。2019年12月20日，邀请中国工程院吴天一院士做了《高原与健康问题》的专题讲座，就高原环境对人体的影响、人体对高原低氧的习服和适应、高原病及防治、急进高原注意事项等对中科院西北高原生物研究所、青海盐湖研究所、青海师范大学等参与第二次青藏科考的青海省80余名科研人员进行培训，进一步提高了科考人员的高原健康安全意识和应急处理能力。三是举办国防安全教育培训班。为进一步提高青海省参与第二次青藏科考人员的国家安全、国防安全及科技安全观念，2019年10月17日，组织青海省参与第二次青藏科考的30余名骨干科研人员，在省国家安全教育基地开展青藏科考安全教育培训，就科考工作中具体涉及的国家安全、国防安全及科技安全方面进行讨论交流，明确了科考过程中应注意的安全防范事件，要求科技人员提升国家安全意识，自觉维护国家安全，坚决维护民族团结和社会稳定，确保第二次青藏科考工作安全有序进行。

三　围绕服务发展谋划第二次青藏科考成果转化

为认真履行国家第二次青藏科考领导小组副组长单位职责，充分体现青海的担当作为，全面落实省委、省政府推进第二次青藏科考的具体工作安排，以第二次青藏科考为契机，围绕实施"一优两高"战略，统筹"五个示范省"建设，强化"四种经济形态"引领，主动融入国家战略，加快建设生态安全屏障，推进高原经济社会发展与生态环境相互协调。下一步，围绕青海省绿色可持续发展，着眼第二次青藏科考成果转化，通过打造"数字青藏高原、模型青藏高原、实在青藏高原"，积极谋划重大科技工程和项目，切实把国家重大战略机遇转化为青海省高质量发展的优势和成果。

（一）谋划青藏科考大数据中心建设

围绕建设气象气候资源、水资源、生物资源、土壤资源与土地利用、盐湖与矿产资源、国家公园与生态系统、高原健康、防灾减灾、环境演变、经济社会发展10个数字资源平台，构建模型青藏高原，对青藏高原将来变化趋势和演变规律及影响进行推演模拟，实现对青藏高原多分辨率、多要素、多尺度、多过程的三维描述，为青海经济社会发展提供决策咨询和科技支撑。

（二）打造第二次青藏科考展览中心

依托在建的黄南州科技馆，主要以传统沙盘、实物模型、虚拟模型、文献、实物、影像及声光电多媒体等展呈方式，重点呈现青藏高原全景概貌和山川水系以及自然界生物之间、生物与自然环境之间的相互关系及其存在状态，以青藏科考开展以来的重要实物展品、重大事件、重要人物等主题展览为主，将其打造成以青藏科考为主题、具有全国影响力和较高科学研究价值及科普教育功能、面向社会开放的青藏高原科学考察综合展览中心。

（三）推动海南州创建国家可持续发展议程创新示范区

通过实施海南州高原生态保护与治理、生态畜牧业绿色发展、清洁能源和大数据新的经济增长点培育、生态文化观光惠民、科技创新支撑等重点建设行动，实现海南州生态－生产－生活良性循环，打造三江源绿色产业聚集发展先行区，建成青藏高原生态产业带动经济社会可持续发展的示范样板基地。

（四）谋划格尔木"一优两高"示范基地建设

通过构建柴达木盆地流域"空－天－地"一体化监测体系，研发山地－绿洲－荒漠－盐湖协调发展的四大技术体系，形成生态－生产－生活协调发展的5个综合示范区，建立典型区域水资源科研监测体系，精准评价水土资源量，研究建立与水土资源承载能力相协调的产业结构体系，建设完善的水土资源合理配置和高效利用工程技术体系，为推进"一优两高"战略提供技术模式和示范样板。

（五）支持三江源国家公园示范基地建设

通过建立国家公园"空-天-地"一体化监测体系、特有物种种质（遗传）资源库、关键物种保育技术示范基地、野生动物栖息地恢复示范基地、高寒草地合理利用示范基地，构建生态保护与民生改善协调发展新模式，实现国家公园生态系统科学监测、评估和预警，构建示范性、标准性和应用性兼备的国家公园示范基地，为国家公园的建设和科学管理等重大科学问题提供科学理论、方法及实践研究，同时为保护生态环境和推动青藏高原地区经济社会可持续发展等提供科学决策依据。

（六）推动青藏科考服务保障基地建设

利用第二次青藏科考野外基地建设，在格尔木市建设青藏科考服务保障基地，打造集科考成果展示、数据共享、科普教育、生态监测和综合服务等功能于一体的综合科考平台，建立三江源区、可可西里地区等野外观测点，建立对典型生态环境的长期监测研究体系，实现科考野外保障、服务地方发展、青藏科考研究、野外监测、科普教育等功能，更好地服务国家第二次青藏科考。同时，结合青藏科考综合信息服务系统，统筹"线上线下、互联互通、资源共享、保障服务"的"基地+服务"协同长效机制，建设西宁服务保障基地，为参与科考队伍提供人员登记、任务管理、服务保障及试验协同等服务，推动保障国家第二次青藏科考工作顺利开展。

G.13
2019年青海区域创新能力建设发展报告及其展望*

摘　要： 2019年，青海区域创新能力建设工作充分发挥部省会商和科技援青创新合作平台作用，不断深化厅市（州）科技工作会商机制，以科技计划项目为抓手，进一步夯实区域科技创新物质基础，优化科技创新环境，激发创新活力，区域创新能力建设取得新成绩。2020年，青海区域创新能力建设重点工作思路是：健全区域创新联动机制；打造区域科技创新增长极；推动部省会商议题落实；推动科技援青和东西部科技合作；促进科技成果转移转化。

关键词： 科技创新　区域创新能力　科技成果转移转化　青海省

一　2019年青海区域创新能力建设重点工作开展情况

2019年，青海区域创新能力建设工作充分发挥部省会商和科技援青创新合作平台作用，不断深化厅市（州）科技工作会商机制，以科技计划项目为抓手，进一步夯实区域科技创新物质基础，优化科技创新环境，激发创新活力，厅、市州协同推动区域创新能力建设取得了新成绩。

（一）不断深化科技援青机制，推动拓宽区域科技创新合作

依托对口支援、东西部扶贫协作及科技援青机制，围绕《"十三五"科

---

* 课题组成员：姚长青、王荔华、张春满、陈猛、刘世铭。

技援青规划》相关任务落实，以合作为手段、以共赢为目标，促进青海独特的资源禀赋与东部地区先进技术和人才资源相结合，推动东部地区科技成果和人才队伍向青海省转移，助力青海区域创新能力建设。一是高起点谋划科技援青和东西部科技合作。研究制定了《关于推进科技援青和东西部科技合作工作的实施方案》，进一步明确了总体目标、主要任务、重点工作和保障措施，为推动科技援青合作工作取得更大实效奠定了基础、提供了指导。二是加强与科技部汇报对接。协调科技部区域司向北京等6个科技援青省市和广东等7个科技合作省市下发通知，要求各省市建立科技援青联络人机制，完善科技援青机制，全面总结第一次科技援青工作座谈会以来的工作成效，积极开展与青海省科技合作对接。在此基础上，2019年9月10日由张黎副省长带队赴科技部向徐南平副部长专题汇报科技援青等相关工作，得到科技部大力支持。三是积极对接有关省市。立足青海省资源禀赋，由省科技部门领导带队赴西藏、宁夏、广东、安徽和深圳市对接科技援青合作工作，学习调研科技工作成功经验，对接援青省区市技术、人才优势与青海省科技发展相结合，寻求合作契合点。13个省市科技部门已明确了主管领导、负责处（室）和联络人，并全面总结了第一次科技援青工作座谈会以来工作成效及短板，提出了进一步推动科技援青工作建议，11个省市反馈有合作意向的项目清单共400余项，部分已落地。四是推动科技援青合作事项落地。西宁市与浙江大学硅材料国家重点实验室联合建成青海首个集成电路硅材料联合研发中心，挂牌成立甘河有色金属研究院；省科技厅会同江苏省科技厅农村中心推动农村科技特派员服务超市在海东市挂牌运行，服务海东市食用菌产业创新发展；推动省畜牧兽医科学院与中国空间技术研究院总体部联合成立"生态畜牧业星地大数据工程联合实验室"，为青海省生态畜牧业建设提供技术支撑、数据资源和大数据服务；黄南州从天津农科院引进6类25个蔬菜新品种，为当地"菜篮子工程"增添了新花色；与浙江省科技厅在基层人才培训、临床医学研究中心等方面达成初步合作意向；协调安徽省科技厅对青海省5个科技合作项目、1个人才培训项目予以支持。浙江和安徽两省科技厅为青海省举办培训班2期，培训基层管理和技术人员25名。

（二）推动完善科技服务保障体系，促进科技成果转移转化

科技成果转化是科技支撑产业发展的"最后一公里"，也是科技引领高质量发展的关键环节。坚持问题导向，不断推动完善科技服务保障体系，强化政策措施对促进成果转化的导向激励作用，搭建科技成果供需对接平台，促进先进科技成果在青海省转移转化。一是着力摸清青海省科技成果转化现状。以"大走访、大排查、大调研"工作和"不忘初心，牢记使命"主题教育为契机，深入高校、科研院所、企业围绕科技成果供给和需求开展调研，形成了《青海省科技成果转化调研报告》，分析了全省科技成果转化工作存在的不足，明确了下一步工作着力点。二是着力推动出台促进科技成果转移转化法律。省科技厅会同省司法厅，配合省人大，积极推进《青海省促进科技成果转化条例》以下简称《条例》立法进程，《条例》已于2020年7月1日颁布实施，为推动全省科技成果转化工作提供法律保障。三是促进科技成果供需有效对接。先后两次面向各市州科技局、高校和科研机构征集科技需求，并梳理凝练形成包含177项平台、技术、人才等内容的《青海省科技援青需求册》，在科技援青省市有关科技成果转化平台发布。同时，在梳理重点推介科技成果155项、企业科技需求58项的基础上，与西宁市政府、青海国家高新区共同主办青海省2019年促进科技成果转化现场会，邀请省外8家机构和省内7家高校、科研院所现场发布推介科技成果，与各市（州）、县（市、区、行委）科技管理部门和110家规模以上工业企业进行面对面对接洽谈，促成32家单位达成15项科技合作。四是强化技术转移体系建设。组织青海大学科技园、省科技信息研究所有限公司、省生产力促进中心13名同志分两批参加了由科技部火炬中心举办的技术合同认定登记培训班，并取得技术合同登记员资格证书。指导并批复省科技信息研究所有限公司成立技术合同登记处。支持推动西宁市科技大市场投入运营，不断完善技术交易服务功能，开展各类对接活动。五是提升基层科技管理人员科技管理能力。结合机构改革后基层科技管理人员变化较大的实际情况，为尽快提升基层科技管理人员服务能力，举办了基层科技管理培训班，协调各

业务处（室）负责人为全省所有市（州）、县（市、区、行委）科技管理人员进行授课，讲解相关政策，交流工作经验。

（三）统筹优化创新资源配置，提升区域创新能力

2019年青海省科技部门共组织实施新开省级科技计划项目385项，依托部省会商和科技援青机制，争取国家项目106项并获批资金2.6亿元，通过科技计划项目实施，进一步增强了青海省区域科技创新资源力量，优化了科技资源配置，有效促进了区域科技创新能力建设。一是推进部省会商工作。根据《科学技术部 青海省人民政府工作会商制度议定书（2018－2023年）》和《科学技术部 青海省人民政府部省合作2018－2020年工作要点》，在与科技部充分沟通协调的基础上，积极推动部省会商相关议题的落实。在科技部的支持下，青海省全面参与第二次青藏高原综合科学考察研究，成为国家第二次青藏高原综合科学考察研究领导小组副组长单位。二是推进厅州会商工作。围绕市州发展重点，结合全省科技发展战略，推动建立完善厅市（州）科技工作会商机制，帮助凝练地方重大科技需求，支持推动落实市州重大科技事项。全年选派"三区"人才及科技特派员1000名，对年度计划脱贫的17个县170个行政村实现了全覆盖。资助1800万元支持乐都、乌兰、祁连、河南、甘德、湟中等县（区）开展县域创新试点。厅、市共建的西宁科技大市场正式启动运营，为西宁地区及全省提供一站式科技综合服务，成为省、市（州）深入实施创新驱动发展战略的标志性工程。三是强化创新载体基地建设，打造区域创新高地。2019年新认定科技型企业98家、高新技术企业38家，新建联合实验室4家，新认定省级重点实验室6家、省级工程技术研究中心7家、省科研科普基地4家、省级科技企业孵化器1家、省级众创空间9家，新增国家级科技企业孵化器1家，全省科技创新体系日益完善；会同海南州政府，积极推动海南州创建国家可持续发展议程创新示范区工作，不断完善总体规划和建设方案，已通过科技部组织的第二次创建工作推进会，工作进展有力有序；光电篱笆、中红外观测系统、中微子射电天文望远镜等项目落地海西，成功试射RLV-T5可回收火箭，组织

实施冷湖国家大型天文多波段观测基地建设、模拟火星基地等重点项目，推动海西科技进步和技术创新。西宁出台《西宁国家农业科技园区改革发展方案》《西宁市级农业科技园认定管理办法（试行）》，集聚创新资源，凸显地域优势，加快建设西宁现代农业科技创新中心。西宁国家农业科技园区顺利通过科技部组织的2019年园区综合评估，位列全国85家达标园区行列。四是以科技计划项目为引导，提升市州科技创新能力。海北州完成了祁连县有机产品质量追溯平台、海晏县清真肉食品有限公司有机产品质量追溯平台等平台建设，农畜产品养殖监管体系建设进一步完善和加强。海南州历时5年编写了《青海省海南州植物名录及常见植物图谱（初稿）》，助力海南州生态文明建设。黄南州实施"高原温室生姜、马铃薯、花生、嫁接辣椒套种高效栽培技术集成与示范"项目，有效提高土地利用率，达到1年4茬的种植新模式，同时具有改善土壤结构、抑制病虫害的作用。

二 存在的不足

（一）科技资源力量薄弱

科技人才支撑能力不强，人才总量不足、结构不合理，高素质、高技能人才稀缺，缺乏有效引才手段，引不来、留不住、难聚集的问题比较突出。基层科技管理部门力量普遍弱化，创新资源分布不平衡，科技创新政策落实不到位，科技人员的获得感还不够强。

（二）成果转化政策环境需要进一步优化

一是现有的科技成果转化政策还未完全落实，有些政策协同性不够，需协调有关部门共同协商推动落实；同时高校、科研机构缺少政策执行的具体细化措施，可操作性不强，需推动细化。二是促进科技成果转化的有效激励措施针对性不强，需要进一步发挥财政资金对有效科技成果研发、科技成果转化服务机构建设、企业科技成果转化活动的引导作用。三是科技成果转化

服务机构服务项目单一，对企业和产业发展的服务不到位，桥梁纽带作用不能充分得到发挥。

（三）推动科技援青务实合作还有差距

在第一次科技援青座谈会后，对相关省市科技援青工作进展情况掌握不足、对接不充分，不能很好地把援青合作省市技术优势、人才队伍优势与青海省创新发展的科技需求相结合。同时在工作中与有关部门、各市州衔接不够，没有形成推动科技援青合作工作的合力。

三 2020年青海区域创新能力建设重点工作思路

（一）健全区域创新联动机制

进一步加强厅市（州）会商工作，充分调动省级科技管理部门和地方政府两个积极性，完善重大科技任务协同落实机制。强化对地方科技工作的服务指导，引导促进地方科技需求与省内外科技资源精准对接。加大省级科技计划项目向基层倾斜的力度，鼓励跨市（州）科技部门联合实施重大科技项目。继续开展省级重大科技专项基层科研单位承担试点，提高地方科技承载力和竞争力，切实解决科技发展不平衡不充分问题。

（二）打造区域科技创新增长极

聚焦创新型省份建设目标，注重发挥各地区比较优势，围绕加快建设现代高原美丽幸福"大西宁"、城乡统筹"新海东"、开放"柴达木"、特色"环湖圈"、绿色"江河源"，立足城市群、产业链、生态圈3个基本面，找准区域科技创新的出发点和落脚点，充分发挥创新型城市引领作用、创新型县（市）示范作用、科技园区集聚作用、重点科创企业龙头作用、科研机构和人才支撑作用、科技计划项目载体作用，打造区域科技创新高地。

（三）推动部省会商议题落实

围绕《科学技术部 青海省人民政府工作会商制度议定书（2018～2023年）》和《科学技术部 青海省人民政府部省合作2018～2020年工作要点》，加强与科技部相关司局和中心的工作对接，推动落实相关议题。同时依托部省会商机制，力争青海省更多的重点工作内容能够体现在《国家中长期科技发展规划（2021～2035年）》中。

（四）推动科技援青和东西部科技合作

在会同各援青省市、各市（州）、各有关部门系统总结第一次科技援青工作座谈会以来科技援青工作取得的成效、经验和做法基础上，全面分析全省科技创新工作存在的短板，坚持以问题为导向、以合作为手段、以共赢为目标，创新体制机制，推进召开第二次全国科技援青工作座谈会，动员全国科技创新力量解决青海问题，充分发挥科技创新在全面创新中的引领作用。一是聚焦青海省委"一优两高"战略部署，进一步完善科技援青和东西部科技合作体制机制，依托省级科技计划中的"科技援青专项"，推动构建以"合作共赢"为基础的新型科技合作模式，吸引国内一流科技人才团队来青开展创新活动，促进全国优质科技资源与青海乃至青藏高原的自然资源和特色产业相结合。二是进一步开展科技需求征集和对接。结合有关省（市）对接情况以及"十四五"科技创新规划研究成果，对标青海省重点领域和重点产业的技术、平台、人才需求，进一步摸清实化青海省技术、平台、人才方面的需求，尤其是聚焦产业和企业技术需求，推动科技援青和东西部科技合作助力经济社会发展。三是加强科技援青合作工作推介与对接。对接科技部适时召开第二次科技援青工作座谈会，开展重大合作项目签约，促成一批科技平台、科技型企业、科技成果、人才团队来青创新创业，推动形成以创新为主要引领和支撑的经济体系和发展模式。

（五）促进科技成果转移转化

重点从"供、需、介"3个层面着手开展工作。在供的层面：一方面通过推动建立以需求为导向的科技项目形成机制改革,引导科研工作者面向需求开展研发,从源头加强供应;另一方面,加强交流合作,依托科技援青与合作机制,引进外部人才和技术资源解决"青海问题"。在需的层面,通过加强调研,广泛征集梳理需求,开展企业体检等活动,引导企业加大科技创新投入。在介的方面,进一步加强技术市场建设,培育服务主体,强化线上线下服务对接能力,通过整合科技成果、技术专家、服务机构、技术需求等相关资源,分行业、分领域组织召开若干场科技成果对接活动。

区域篇
Regional Reports

G.14
2019年西宁市科技发展报告与2020年科技工作展望[*]

摘　要： 2019年西宁市科技系统以习近平新时代中国特色社会主义思想为指导，深入实施创新驱动发展战略，推进科技创新治理，深入推进创新型城市建设，强化科技主体平台建设，科技创新能力得到新的提升。2020年西宁市科技工作要以科技治理能力建设为主线，进一步深化体制机制改革，狠抓关键核心技术攻关，提升产业技术创新实力，强化科技成果转移转化，扩大科技交流合作，强化人才队伍建设，激发创新创业活力，增强科技创新供给，努力为打造绿色发展样板城市和建设幸福西宁提供强有力的科技支撑。

关键词： 科技发展　科技工作　西宁市

---

[*] 课题组成员：田旭东、王忠海、戴航、冶启元、任安良、马艳萍、阿岩君。

2019年,在西宁市委、市政府坚强领导和全市各部门大力支持下,西宁市科技系统深入贯彻落实党的十九大和十九届二中、三中、四中全会精神以及2019年全国、全省科技工作会议精神,以习近平新时代中国特色社会主义思想为指导,深入实施创新驱动发展战略,全力提升科技创新能力,为打造绿色样板城市和建设新时代幸福西宁提供强有力的科技创新支撑。

一 2019年西宁市科技工作回顾

2019年西宁市争取到省级科技项目347项,到位资金2.94亿元,招商引资省外到位资金6000万元。培育高新技术企业23家、省级科技型企业56家、市级科技型企业30家、省级众创空间(科技企业孵化器)3家、西宁市企业研发中心11家。2019年西宁国家农业科技园区完成总产值136.86亿元,比上年增长10.53%。西宁科技大市场正式建成运行。实施6个产业扶贫项目,组织195名科技人员开展科技扶贫技术服务,超额完成全年目标任务。组织实施31家单位开展西宁国家创新型城市建设,西宁市正式迈入国家创新型城市行列。

(一)推进科技创新治理,科技创新环境持续优化

出台《西宁市深化科技领域放管服改革二十条(暂行)》,围绕建立以信任为前提的财政科研资金管理机制,按照能放尽放的要求赋予科研人员和企业技术人员更大的自主权。出台《西宁市关于深化项目评审、人才评价、机构评估改革的实施方案》,优化科研项目评审机制、改进科技人才评价方式、完善科研机构评估制度,营造潜心研究、追求卓越、风清气正的科研环境。全力筹建青海国家高新技术产业开发区,以省属市管思路稳步推进总体规划和产业规划。加快引进南京高新生物医药公共服务平台,顺利推进喜马拉雅高原旱獭实验室建设,新增创新创业空间1.9万平方米,园区创新创业空间达32.1万平方米。推进省级高新区创新资源集聚。以发展铝合金等轻金属材料加工、高端装备制造业和生产性服务业为主,顺利推进青

镁镁业、海通电力等多个重点项目，逐步集聚创新资源和产业优势，为形成北川高新技术产业带做好布局，全年完成在建省级高新区产值增幅8%的考核指标。

（二）深入推进创新型城市建设，大力营造全社会创新氛围

落实市委、市政府《西宁市支持科技创新若干奖励措施（试行）》，市政府首次召开奖励兑现大会，对2019年新认定高新技术企业进行市、县区（园区）联动奖励，并兑现知识产权资助，市级奖励资金达640万元，园区、县区配套奖励资金420万元，充分发挥了政府对创新的引领作用。加快循环经济项目建设，加快构建完整的循环型工业体系，实施循环化重点改造项目25项。加大战略性新兴产业和特色优势产业培育力度，实施"百项创新攻坚工程"44项、"百项改造提升工程"48项。建立市、县（区）创业孵化基地建设及联动孵化机制，已建成创业孵化基地22家。不断加强知识产权创造应用保护，全市专利申请量达3598件，专利授权量2149件，万人有效发明专利拥有量5.76件。西宁市顺利通过国家验收，正式进入全国创新型城市行列，西宁市作为潜力型创新型城市，在全国78个创新型城市创新能力建设中，创新能力全国排名第62位。

（三）实现重点领域突破，特色优势产业不断发展壮大

以提升战略性新兴产业、传统优势产业、现代农业等领域科技创新能力为重点，积极开展企业自主创新、集成创新、引进消化吸收再创新。共争取到省级科技项目347项，到位资金2.94亿元，完成招商引资1.2亿元，其中省外到位资金6000万元。以推进绿色发展为主线，在新能源、新材料、中藏药和生物资源精深加工、信息技术、农业技术、医疗卫生等领域组织实施市级科技计划项目136项，投入财政科技专项经费2463万元，可调动企业研发投入3.57亿元。实施科技进园区工作行动，加强与各工业园区协同配合共谋特色优势项目，通过长达4个月的组织谋划，成熟一个实施一个，先后组织实施14项重大专项，其中2019年新开项目7项，锂电池隔膜、电

子特种气体关键技术填补国内空白，5微米电解铜箔等2项关键技术研究领跑同行业产品，镁合金减速器壳体等2项技术达到国际先进水平。

（四）强化科技主体平台建设，科技创新能力得到新的提升

实施"双倍增"行动，加快培育创新主体。加强政策宣传、强化跟踪问效、建立各级各类企业培育库，确保"双倍增"任务取得实效。2019年培育高新技术企业55家（其中新认定23家、重新认定32家）、省级科技型企业143家（其中新认定56家、通过复审87家）、市级科技型企业30家。截至2019年底，全市高新技术企业达到154家，省级科技型企业达到301家，市级科技型企业达到220家（见图1）。

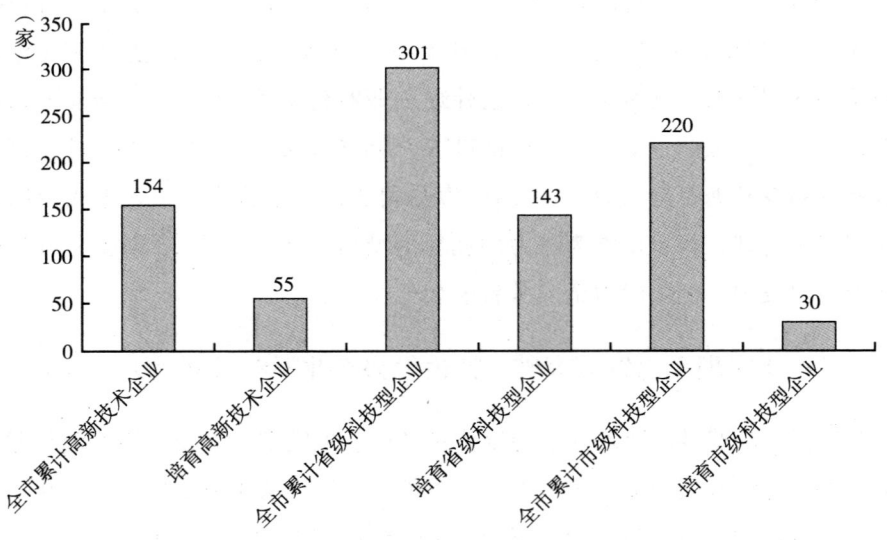

图1　2019年西宁市培育科技企业情况

凝聚特色优势资源，积极构建科技创新平台。与浙江大学硅材料国家重点实验室联合建成青海首个集成电路硅材料联合研发中心，挂牌成立甘河有色金属研究院，支持东川光伏产业技术中心，加快提升光伏发电领域技术水平，引领国内光伏电池先进研发技术。建成高原绿色建筑

与建材工程技术研究中心等 5 家省级工程技术研究中心，培育天创光伏电站能效提升技术研究中心等 11 家市级企业研发中心，新建几何文化众创空间、餐创赋能平台 2 家省级众创空间和城西绿色产业孵化器 1 家省级科技企业孵化器。西宁地区省级工程技术研究中心达到 63 家，省级众创空间达到 16 家，省级科技企业孵化器达到 7 家，市级企业研发中心达到 68 家。

（五）加快农业科技园区改革发展，农业创新发展基础不断夯实

西宁市委、市政府高度重视高位推动，出台《西宁国家农业科技园区改革发展方案》，理顺西宁国家农业科技园区管理运行机制。市科技局联合市农业农村局、市财政局出台《西宁市农业科技园认定管理办法（试行）》，启动"百园"（100 家以上市级农业科技园）建设，进一步优化国家级、省级、市级园区布局架构，夯实园区创新发展层级基础。落实省、市级专项资金 700 万元，其中争取省科技厅推进县域创新驱动发展专项，已落实每年支持 300 万元连续 3 年共计 900 万元的专项扶持资金，实施县域创新驱动发展项目。根据国家科技部 2019 年国家农业科技园区评估要求，制定了《西宁国家农业科技园区迎接科技部综合评估工作方案》，2019 年西宁国家农业科技园区顺利通过科技部园区综合评估。2019 年园区完成总产值 136.86 亿元，比上年增长 10.53%。

（六）持续科技专项扶贫，农业发展农民增收不断促进

落实科技专项扶贫资金 100 万元，实施优质饲草料新品种的引进选育与示范推广等 6 个项目，以项目带动产业发展、促进农民增收。积极探索贫困地区稳定脱贫和可持续发展的长效机制，深入开展科技服务和技术指导。开展科技文化卫生"三下乡"、科技宣传周、科普宣传日、星火培训等活动，加强科技知识和实用技术宣传培训，全年累计培训农村科技骨干 4000 人次。选派 180 名科技特派员和"三区"人才，进村入户开展科技扶贫服务，示范推广农牧业新品种、新技术 20 个，培养农村致富带头人 5 名。

（七）建成运营西宁科技大市场，科技服务机制不断优化

西宁市政府牵头与青海省科技厅、青海国家级高新区共建的西宁科技大市场建成运营。大市场建有"一网一厅三中心八平台"服务体系，凸显"展示、交易、交流、共享、服务"五位一体核心功能，整合西宁地区科研院所、高校、经开区和高新区及省外科技资源和服务功能，入驻科技服务中介机构和科技研发机构20余家，可为全省提供一站式全方位科技服务，是省、市深入实施创新驱动发展战略的标志性工程，成为全省科技创新发展新地标。西宁科技大市场启动运行以来，累计举办各类活动80余场，培训15场600余人次，参观人数超过2000人次，征集录入科技成果700余项，服务企业600余家次，解决需求事项65项，签订技术服务合同32项，已发挥了明显的公益性科技创新服务功能。

（八）加强科技合作交流，建立产学研用新机制

召开了上海浦东与西宁生物医药研究开发企业交流对接会，推进两地中医药领域研发技术转移、专家资源共享和人才交流。西宁科技大市场与西安、宁波、运城等地32家科技服务机构签订了战略合作协议，进一步加强与发达地区的科技资源对接交流。配合市大数据局组织上海科学院专家在西宁市开展科技调研，与上海科学院共同搭建了支持西宁科技事业发展、推动交流合作的沟通联系平台。与南京市人社局联合召开了"海外赤子助力脱贫攻坚行动"网上科技对接会，西宁市17家企业与南京进行了项目对接。与省科技厅联办，首次以省政府名义召开青海省科技成果转化对接会，此次现场会成效显著、成果丰富，为科技成果"供、需、介"三方搭建了"面对面"对接交流平台，是西宁市科技服务迈向经济建设主战场的一大步，为推动全市科技成果转化积累了宝贵经验。

（九）突出产业发展引领，科技推进绿色发展样板城市建设

贯彻落实《西宁市建设绿色发展样板城市促进条例》，重新调整思路定

位，把绿色发展作为科技创新发展的核心主线，以习近平生态文明思想和市委、市政府对建设绿色发展样板城市的工作部署，推进科技引领产业绿色发展。推动实施绿色发展重点项目5项，支持研发集科技服务、技术推广、产品销售、农产品追溯等为一体的智慧农业管理与服务信息平台；研究攻关西宁市化肥农药减量增效关键技术；利用盐湖废弃物氧化镁，开发适用于青海气候特色的系列镁质复合墙体材料；解决防潮性能高、遮光性能好、阻隔能力极高的高品质电池箔铝箔坯料关键技术瓶颈；将上海材料研究所的科技成果转化到微晶高纯氧化铝研磨介质球生产工艺中，解决企业关键工艺技术难题。

（十）建设壮大科技人才队伍，强化科技发展智力支撑

支持12个创新团队开展光电新材料、新型高效电池、高性能镁合金压铸等技术攻关。培训农民技术骨干人才4000人次，选派195名科技特派员和"三区"人才开展科技服务。市委组织部在西宁科技大市场挂牌成立西宁市人才服务中心，承接市人才办服务职能，为今后西宁市人才工作与科技创新深度融合奠定了基础。不断完善西宁市科技专家库建设，对库内原有2000余名专家做了调整完善，新增项目评审和项目咨询方面专家416名，为西宁市经济建设和社会发展提供了智力支撑。安排专项经费支持14名外国专家在西宁市相关企事业单位开展短期技术服务与指导培训。

二 突出关键重点，全面推进科技经济深度融合发展

2020年西宁市科技工作的总体思路是：以习近平新时代中国特色社会主义思想为指导，深入贯彻党的十九大和十九届二中、三中、四中全会及国家科技奖励大会、全国科技工作会议精神以及全省科技工作会议精神，坚持新发展理念，坚定不移实施创新驱动发展战略，加快创新型城市建设，以科技治理能力建设为主线，进一步深化体制机制改革，狠抓关键核心技术攻关，提升产业技术创新实力，强化科技成果转移转化，扩大科技交流合作，

强化人才队伍建设，激发创新创业活力，增强科技创新供给，努力为打造绿色发展样板城市和建设幸福西宁提供强有力的科技支撑。着力抓好以下几个方面工作。

（一）加强创新顶层设计，推动科技体制机制改革

1. 强化创新统筹协调

按照市委对科技创新工作的安排部署，进一步优化科技创新体制机制，加强组织领导，提升全市科技创新工作的宏观管理和统筹协调，形成全市协同创新大格局。精心编制"十四五"科技创新规划，探索青海科技创新中心建设和新一轮创新型城市建设重点任务及举措，逐步推动"双建"工作向纵深发展。

2. 完善成果转移转化机制

加快制定科技成果转化应用的具体政策措施，修订完善《西宁市促进科技成果转化办法》，推动科研成果真正转化为现实生产力。强化产学研结合，制定《西宁市支持产学研合作 促进科技成果转化若干措施》，形成指导西宁地区持续稳定的产学研和成果转移转化长效机制。

3. 优化科技计划管理

加强以需求为导向的项目形成机制改革，优化科技计划管理，实行科技计划项目全年申报，建立项目储备库，分批评审出库。修订《西宁市后补助科技计划项目实施细则》，规范后补助项目研发经费管理，提高资金使用效益。制定《西宁市科技计划管理第三方评估机构监督管理办法》，强化项目评估评审过程监督，提高第三方评估评审机构工作的透明度。

（二）优化配置创新资源，加强创新载体和平台建设

1. 加快国家和省级高新区建设

推进国家高新区改革发展，规划建设青海科技城和大学科技园，推进国家中藏药创新示范基地、生物医药科创综合服务平台、高原心脏病大数据监测平台、工业互联网云平台等5个平台建设，加快国家一类新药梓醇片的研

发和临床应用，建成喜马拉雅高原旱獭实验中心。持续跟进、协调推进中科院盐湖研究所拟在青海国家高新区联建中国盐湖博物馆事宜。抓住青海国家高新区改革发展机遇，加快推进省级高新区实质性发展，集聚创新资源，加快推进欧莱德、聚智龙、广泰金属、青镁镁业、海通电力等6项技术引进重点项目尽快落地形成产能，加快组建铝镁合金材料研究院，打造国家级有色金属加工基地。加快推进中关村科技成果产业化基地发展，通过科技招商推进二期储能项目实施。

2. 推进西宁国家农业科技园区改革发展

紧紧围绕《西宁国家农业科技园区改革发展方案》逐条逐项抓落实，重新调整农业科技园区功能区布局，推动湟中核心区建设，实施智慧农业管理与服务、地方优势蔬菜标准化栽培等项目，培育市级农业科技园15家，在西纳川地区全力打造西宁国家农业科技园区创新中心。支持大通、湟中、城西区及大通县8个镇打造创新驱动试点县区和试点乡镇，推动科技创新政策在基层落实落地。

3. 加快新型创新平台建设

分领域抓重点促产业，在重点产业谋划布局重大创新平台，持续推动城西科技大厦、镁合金高新材料研究院、生态畜牧业大数据工程联合实验室、甘河创新中心、青藏高原特色生物资源工程技术研究中心建设。支持现有的光伏产业技术中心、集成电路硅材料联合研发中心、甘河有色金属新材料研究院、藏药新药开发国家企业重点实验室实施科研项目，提升研发能力。修订《西宁市企业研发中心认定管理办法》，聚焦西宁地区生产性企业研发水平低、产业融合度不高的问题，集聚资金重点支持生产性企业每年建设10家企业研发平台。

（三）大力培育创新主体，持续提高西宁创新能力

1. 加快重点产业技术攻关

聚焦"五个示范省"建设和绿色发展样板城市建设，围绕"三大攻坚战"等全市重点工作，加快科技与经济高度融合，调整优化项目布局，实

施自主创新能力强、研发投入大、符合产业导向的科技研发项目100项。在碳纤维复合材料、新型激光熔覆合金材料、集成电路硅材料、牦牛肽分子提取、青稞功能食品开发、智能制造等领域前瞻部署谋划重大专项6项。

2. 强化创新主体培育力度

持续推进高新技术企业和科技型企业"双倍增"行动。加快科技指标体系建设，破解科技发展难题，探索实施《西宁地区企业研发投入行动计划》，提高研发投入总体水平。落实企业研发费用加计扣除、高新技术企业所得税减免等普惠性财税政策，以园区企业为重点，强化服务，引导企业成为科技型企业、高新技术企业。建立各级各类创新主体培育库，实施动态监测。实现全市高新技术企业达到180家、市级科技型企业达到200家的"十三五"规划目标。

（四）加强科技交流合作，促进科技成果转移转化

1. 加快科技成果转移转化

加强交流合作，主动与省属高校、科研院所等相关单位联系，创新政策支持，促进高校、科研院所的科技成果优先向西宁市相关企业转移转化。落实与上海科学院、浦东科经委等单位与西宁市签订战略合作协议，为企业搭建合作交流平台，共促两地经济社会发展。积极主动与南京、宁波、成都等先进发达城市对接，促成科技成果转化、技术协作等项目50项。

2. 强化西宁科技大市场服务功能

千方百计增强科技大市场的吸引力和活跃度。制定出台《西宁科技大市场年度行动计划》，以频繁"办活动、搞服务"为核心，促进大市场功能定位从探索式向规范化、常态化发展，加快从量的积累向质的突破跨越，发挥"科技情报站"作用、当好"科技大保姆"、扮演"科技大红娘"。组织西宁地区各园区科技型企业赴省外参加1～2次全国高交会或技术交易会，及早谋划举办一次以市政府名义召开的西宁地区首届成果转移转化现场会，组织开展3～4场专场行业成果对接会、10场以上的科技大讲堂活动等，优化科技综合服务功能，为高新区和西宁地区各园区提供优质服务。

(五)加强人才队伍建设,激发创新创造活力

1. 加大科技创新人才培养力度

充分发挥西宁市人才服务中心功能,做好高端人才、555人才、外国专家的申报、推荐、审核、服务等工作。加大学术学科带头人、青年科学家、优势创新团队培养力度,加快培育一批院士工作站、博士和专家工作站以及市级人才小高地,提升人才服务水平,夯实科技创新人才基础。探索支持创新联盟和行业协会建设,集聚优秀人才,发挥创新引领作用。

2. 持续推进科技特派员工作

按照科技特派员制度推行20周年总结大会上习近平总书记的重要指示精神,启动实施新一轮科技特派员制度,坚持把科技特派员制度作为科技创新人才服务、乡村振兴的重要工作抓实抓好。建立300人的科技特派员队伍,为农村科技创业提供人才支撑。

G.15
2019年海东市科技发展报告与2020年科技工作展望*

摘　要：2019年海东市紧紧围绕"自主创新、重点跨越、支撑发展、引领未来"的科技工作方针，以科技成果转化、科学普及工作为重点，狠抓科技项目建设、"三区"人才建设、科技创新主体培育、科技服务体系建设等工作，科技成效日趋凸显。2020年海东市科技工作要抓好科技项目资金争取工作；以科普活动为载体，全面提升公民素质；继续认真组织开展"三区"人才计划；认真做好"十四五"科技发展规划工作；进一步加强科技合作与交流。

关键词：　科技发展　科技工作　海东市

2019年，海东市科技部门坚持以习近平新时代中国特色社会主义思想为指引，按照市委、市政府提出的建设创新型海东要求，深入实施创新驱动发展战略，紧紧围绕"自主创新、重点跨越、支撑发展、引领未来"的科技工作方针，以科技成果转化、科学普及工作为重点，狠抓科技项目建设、"三区"人才建设、科技创新主体培育、科技服务体系建设等工作，开创了海东市科技创新能力不断增强、创新环境日趋良好、科学普及成效显著的新局面。

---

* 课题组成员：潘海春、马瑞、马保林、张彩莲。

一 2019年海东市科技发展及取得的成效

（一）科技科协项目扎实推进

一是积极争取国家、省级科技项目22项，项目资金达4153万元，较上年增长6.4%，超出3500万元目标任务18.7%，其中：2019年新开工科技项目12项，争取专项资金2290万元；联合青海大学、青海省畜牧兽医学院等科研机构申报项目4项，争取资助资金570万元；结转联合申报项目4项，争取资金280万元；结转科协项目2项，资金达291万元；结转2018年项目4项，投入资金240万元。二是超前谋划和指导2020年科技项目申报工作。2019年6月19日组织市直相关单位、各县（区）农业农村和科技局召开海东市2020年科技项目申报推进会；7月5日特邀省科技厅专家召开海东市2020年度科技项目申报培训会，对全市130余家企业（包含科技型企业、高新技术企业）及事业单位进行了科技项目申报系统培训。2019年共实施科技项目16项，总投资1.36亿元。

（二）认真做好"三区"人才服务工作

全市选派"三区"科技人才170名，深入农村、企业等与海东市农业科技园区、农技推广中心、农民技术专业合作社等100余个受援单位开展技术服务与合作，服务范围涉及全市64个乡镇374个行政村，争取"三区"科技人才工作经费340万元。服务的"三区"人才共承担并实施了科研课题19项，创建示范基地11个，累计引进优良农作物新品种、畜禽良种、林业新品种共计31个；累计引进推广种植、养殖、栽培等方面各类新技术、新方法20项；举办科技培训班、讲座156场次，培训农牧民群众1.5万人次，发放科普资料20000多份，服务农户1000余户，使300余户农户增收。完成了2019年科技"三区"人才遴选工作（2020年实施），成功申请241名"三区"科技人才到海东两区四县开展技术服务，争取"三

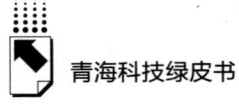

区"人才工作经费482万元,为2020年"三区"人才工作的开展打下了良好的基础。

(三)科技创新工作成效显著

按照省科技厅相关要求,积极组织申报2019年青海省科技型企业、众创空间和国家级高新技术企业认定工作。已通过省科技厅认定的省级科技型企业达8家,包括青海汉尧农副产品有限责任公司、青海玉明金属结构制造有限公司、海东正平管廊设施制造有限公司及海东国青育源生物科技有限公司等;推荐申报高新技术企业4家,其中青海佳通太阳能新材料有限公司、海东市海拉特科技有限公司2家企业已通过省科技厅审核,报科技部认定。截至2019年底全市共有科技型企业47家、高新技术企业8家、众创空间3个。

(四)加强技术引进推广及科技成果管理工作

截至2019年底全市共引进新品种57项、新技术44项,并做好实验示范和消化吸收工作,示范推广各种实用技术100多项。取得省级科技成果19项,其中联合完成13项、独立完成6项。同时,围绕农业增效、农民增收的总体目标,大力引进高效优质的新技术,重点引进畜禽标准高效养殖技术、优质药材种苗栽培技术、富硒优质果蔬栽培技术和县域特色产业方面的技术,使农业生产中的科技含量不断得到提高,辐射带动周边贫困农户种植致富。

(五)科学普及工作力度不断加强

扎实开展一年一度的"科技活动周""科普之冬""全国科普日"和科技下乡等大型科普宣传活动,大力宣传《中华人民共和国科学普及法》、《全民科学素质行动计划纲要》、脱贫攻坚政策和相关法律法规等内容,通过宣传和培训,村民的科技意识不断增强,学科技、用科技的积极性不断提高。全年共开展大型科普宣传活动37次,展出科技成果展板4300多块,进行科普讲座16场次,发放科普宣传资料10万余份,举办各种类型的实用技术和科技培训班 150 场次，培训人数达 10 万人次，其中骨干人才培训 5000 人次、普及型培训 9.5 万人次。通过宣传和培训，全市近 30 万名群众受到不同程度的科普教育。

（六）科技助力精准扶贫工作力度增强

一年来，争取和实施科技扶贫产业化项目 6 个，总投资 2080 万元，下达项目资助资金 1480 万元，其中"青海优质鲜肉型八眉猪新品系培育及示范""乐都富硒紫皮大蒜品种复壮关键技术集成与示范"等项目紧紧围绕农民脱贫致富，为精准扶贫科技产业化工作起到很好的示范作用。市科协积极申报了 15 个基层科普行动计划项目、11 个科普项目，共争取资金 291 万元，涉及贫困农户 2680 户约 13720 人，带动农户增收约 530 万元。同时，全力做好扶贫联点村帮扶工作。一是投资 50 万元实施了马铃薯种植项目，推广种植马铃薯新品种 800 余亩，发放种薯 80 吨。二是共走访慰问联点村贫困户 6 次，筹措慰问金 1.1 万元，毛毯、大米、清油等物资折合现金 3.2 万元；结合脱贫攻坚百日行动，联合市残联、市万和康复医院开展慰问活动，结合农村人居环境整治，组织党员讲党课进行动员，对广大群众倡导健康生活，围绕讲卫生、防疫病等进行了科普宣传。市科技局发放物资折合现金 1.5 万元，给扶贫联点村残疾人发放器械物资折合现金 2 万元，发放慰问金 5000 元。

（七）深入开展科技合作与交流

一是从 2019 年开始，海东市科技局与海东科技园区签订了战略合作协议，重点在科技成果转化、科技人才培养、科技创新平台建设等方面建立战略合作关系。二是深入开展东西部扶贫合作，无锡海东互访并签订了合作协议。协议包括：无锡市每年安排 2~3 名专家或技术人员，为海东市现代农牧业发展、工业企业科技创新等提供技术指导和服务；协助海东市每年举办一期科技创新及管理能力提升培训班；为海东市转化推广 2~3 项农牧业、产品精深加工等科技成果，提高海东科技成果转化水平等。

二 存在的不足和2020年工作思路

2019年,海东科技创新工作虽然取得了一定成效,但与高质量发展的要求相比,仍存在创新型领军人才和高端人才匮乏,市、县(区)科技经费少,开展工作难度大,企业研发资金投入不足,自主创新能力弱,科学普及和培训无法满足城镇工业化发展对产业工人的技术要求等问题。2020年海东市科技部门将积极争取省科技厅全方位的支持和指导,紧紧围绕市委、市政府确定的科技工作总体部署和目标任务,认真遵循"自主创新,重点跨越,支撑未来,引领发展"科技工作方针,重点抓好以下几个方面的工作。

一是抓好科技项目资金争取工作。积极与省科技厅、省科协协调沟通,多争取科技项目自主资金,为海东经济建设和社会进步多做贡献。

二是以科普活动为载体,全面提升公民素质。继续以农村、社区、学校为重点开展形式多样、重视民生、贴近群众的科普宣传"六进"活动,进一步在全社会弘扬科学精神,普及科学知识,有力促进海东市公民科学素质的提升。

三是继续认真组织开展"三区"人才计划。安排241名科技特派员深入基层和企业进行技术引进、创新和服务指导工作。

四是认真做好"十四五"科技发展规划工作。

五是做好科技馆项目建设前期准备工作。完成科技馆项目可行性研究报告的编制与论证,将科技馆项目列入全年重点项目计划,积极向省发改委、省财政厅、中国科协、省科技厅等争取项目资金,力争2020年完成前期准备工作。

六是进一步加强科技合作与交流。加强与海东科技园、海东农业示范科技园的合作,按照签订的战略合作协议在项目、政策、人才、技术等方面给予倾斜和支持;加强与无锡市东西部科技协作合作,按照签订协议内容,抓好加强科技人员交流学习、建立企业合作关系等事宜落实,促使无锡海东扶贫合作和对口支援帮扶工作进一步取得进展。

G.16
2019年海西州科技发展报告与2020年科技工作展望[*]

摘 要: 2019年海西州科技工作坚持新发展理念,围绕全州科技工作目标任务,创新工作思路,完成各项工作任务并取得良好成效,为推动海西经济和社会发展发挥了积极作用。2020年,海西州将坚定不移实施创新驱动发展战略,以提升科技创新支撑引领作用为目标,着力推进关键领域核心技术攻关,完善科技创新体制机制,全面提升科技创新治理能力,为打赢三大攻坚战、实现全面建成小康社会、推动高质量发展提供强有力的科技支撑。

关键词: 科技发展　科技工作　海西州

2019年,海西州科技工作坚持新发展理念,坚持以供给侧结构性改革为主线,奋力推进"一优两高",围绕全州科技工作目标任务,进一步解放思想,强化服务意识,创新科技工作思路,完成各项工作任务并取得良好成效,为推动海西经济和社会发展发挥了积极作用。

一　2019年海西州科技发展概况

2019年,海西州共组织实施科技项目61项,资助经费12492万元;争

---

[*] 课题组成员:刘伟、李炜、朵文斌、旭荣花、刘玉清、谢赐贤、乌仁。

取国家"三区"科技人才、基层科普行动计划项目资金192万元;争取省级科技项目25项(见图1),资助经费11500万元;实施州级科技项目34项(见图2),资助资金800万元;取得省级科技成果40项(见图3)、省级科技进步奖5项;新增科技型企业25家(见图4)、高新技术企业7家(见图5)、省级工程技术研究中心2家,培育省级众创空间2家。

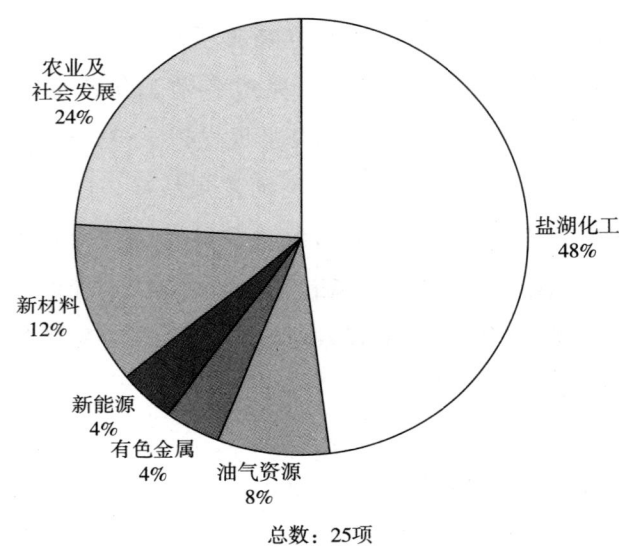

图1 2019年海西州省级科技项目领域分布情况

二 海西州科技工作取得的成效

(一)科技创新政策有效落实

深入贯彻执行《海西州推进〈青海省贯彻国家创新驱动发展战略实施方案〉的若干措施》,召开2017~2018年度海西州科技创新奖励大会,23项科技成果被授予海西州首届科技创新奖,奖励资金680万元。对海西州2018年度首次认定的5家高新技术企业、25家科技型企业,州财政各给予

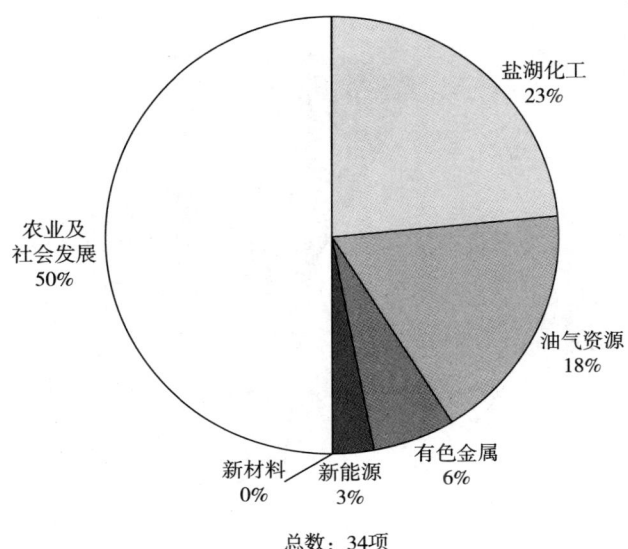

图 2　2019 年海西州州级科技项目领域分布情况

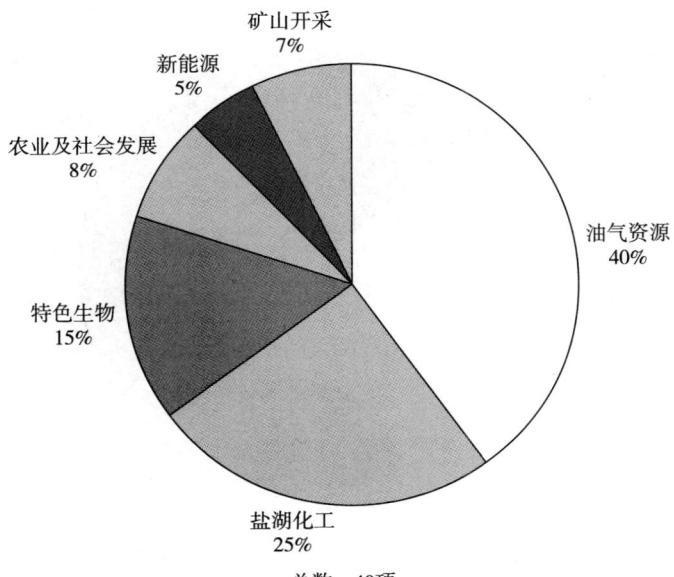

图 3　2019 年海西州省级科技成果领域分布情况

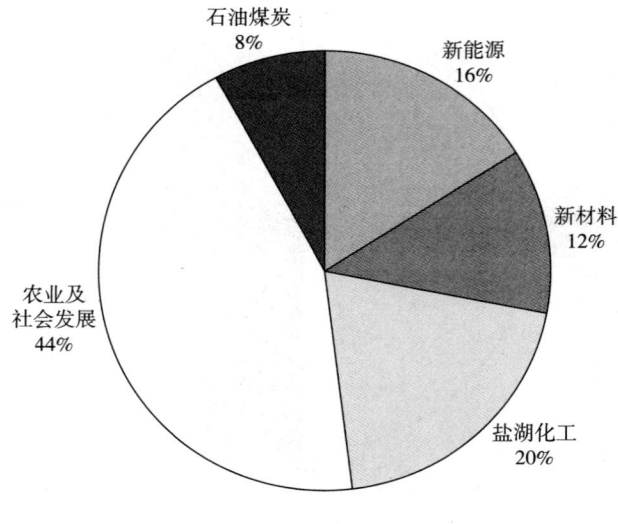

图4 2019年海西州新增科技型企业领域分布情况

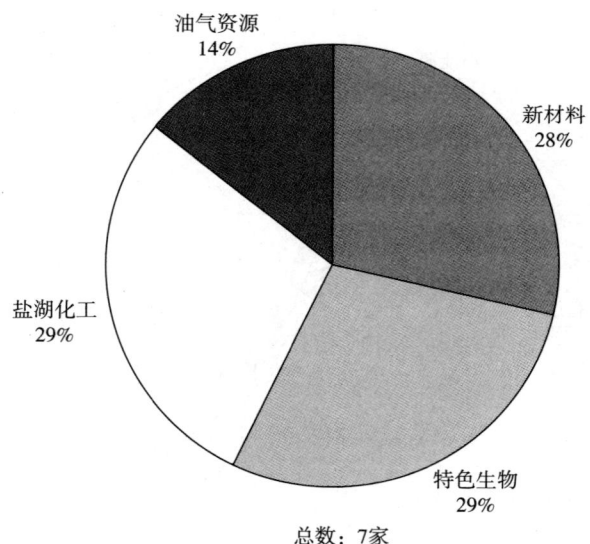

图5 2019年海西州新增高新技术企业领域分布情况

一次性补贴10万元,对新认定的3家省级工程技术研究中心、2家省级科技企业孵化器各给予100万元资金补贴,共补助800万元;为乌兰县省级县域科技创新驱动示范县落实配套资金100万元,给予翎客航天可回收火箭实验奖金10万元。

(二)重大科技项目有效实施

一是强化企业与国内科研院所、高校合作,围绕盐湖资源综合利用、新材料、新能源、装备制造等技术领域,联合承担国家、省、州重大科技项目,全面实施"盐湖资源开采与综合利用关键技术研究与示范""青海盐湖化工产业区大宗废弃物循环利用集成示范""盐湖资源制取金属锂产业链关键技术研究与示范""以深层卤水为原料高品质碳酸锂制备工艺研究与示范""高原型风机叶片及增压舱装置技术研发与应用""柴达木盆地水循环过程高效利用与生态保护技术研究与示范"等国家、青海省重点研究与科技专项。二是加快关键核心技术研发和先进适用技术应用,提高企业自主创新能力和水平,提升企业核心竞争力,促进产业由要素驱动向创新驱动方向发展。三是实现新材料产业重点突破,其中包括:六氟磷酸锂技术改进项目,对引进技术包进行国产化设计,提高了产品质量;盐湖化工产业突破连续离子交换法从卤水中提锂工艺、水氯镁石深度脱水、十水硼砂关键技术研究及产业化、盐湖提锂尾液锂镁综合回收利用、盐湖卤水提溴等技术;金属冶金产业突破高海拔地区富氧底吹铜冶炼技术产业化、高原高寒缺氧条件下铅锌硫化矿高浓度浮选分离、复杂难处理回收氰化工艺等关键技术;特色生物产业突破藜麦精深加工、枸杞干果发酵酿酒技术。

(三)科技项目成果有效突破

围绕海西州重点产业发展,针对产业的技术研究、标准化生产、深加工、新产品研发等相关内容,积极与省科技厅衔接申报省级科技项目,共计25项列入省级科技计划,争取资金11500万元。组织实施州级科技计划项目34项,资助经费800万元,取得科技成果45项。

（四）科技宣传普及有效推广

组织开展"科普之冬（春）""三下乡""科技活动周""全国科普日""科普大篷车联合行动""青海省流动科技馆巡展暨科普大篷车五进""生态环境科普五进"，以及天文科普参观体验活动等一系列内容丰富、形式多样、效果突出的科普宣传与下乡活动。利用科普场馆、科普展箱，积极开展各类科普活动。组织代表队参加"青海省第34届青少年科技创新大赛和青海省第18届青少年机器人竞赛"，共获得18项奖励。乌兰县民族中学、天峻县第一民族中学"农村中学科技馆"项目获准立项。

（五）人才支撑作用有效提升

一是认真落实《海西州院士工作站运行管理暂行办法》等有关政策，加强与省科协的联系沟通，2019年新能源、卫生领域引导帮助成立院士工作站2家，分别为青海中控太阳能发电有限公司岑可法院士工作站和海西州人民医院董家鸿院士工作站海西分站，对上述2家院士工作站落实建设启动资金各50万元，共100万元。二是为有效发挥各院士工作站作用，组织建站单位积极申报州级科技计划项目及人才项目，并给予优先立项支持，截至2019年全州建立院士工作站8家，各建站单位主动联系院士及其团队，以科研项目为载体，有序推进"轻质碳酸钙制备新技术开发""盐湖资源开采与综合利用关键技术研究与示范"等重大科研项目，协调争取国家、省级科研项目及经费支持，在解决企业的技术难题、人才培养等方面取得了显著成效。三是组织各地区科技管理部门、科研单位、院士工作站等有关单位申报青海省人才项目，格尔木藏格锂业有限公司争取省级人才特殊支持资金60万元。都兰金辉矿业有限公司明平田列入"青海省科协中青年人才托举工程"人选。

（六）学习培训能力有效提高

举办"青海省2019年一线创新工程师创新能力培训班"（海西片区）、

"海西州 2019 年度双创服务能力交流培训暨青年'双创'成果展"、海西州 2019 年第四届青少年科技辅导员创新指导能力提升专题培训班、海西州 2019 年科学推进现代农牧业养殖种植技术培训班、海西州"双创"升级版暨创新创业咨询指导专业人才岗位能力提升专题培训班，培训学员 200 余人，使其学习了先进的发展思想理念、生产经验和先进技术，进一步开阔视野提升科技知识储备和能力水平。

（七）科技天文事业有效推进

高度重视海西州天文事业发展，发挥冷湖地区空气质量好、光污染小、无线电波干扰低等符合天文观测的独特优势，积极与中科院国家天文台、紫金山天文台和相关专家沟通衔接，分别在海西州召开"国际合作项目 GRAND（大型中微子探测阵列）研讨会""SONG 望远镜搬迁方案论证会""AIMS 项目合作协议签订会""冷湖光学天文台址初步评估会"等有助于海西州天文事业发展的重要会议，实现工程光电篱笆项目、中微子射电天文望远镜、SONG 望远镜项目、太阳磁场精确测量的中红外观测系统（AIMS）项目、大视场巡天望远镜（WFST）项目落地海西。科技天文事业的有效推进，进一步促进地方经济发展，打响了海西州科技天文事业知名度。

（八）科技亮点工作有效完成

一是聚集优势科研资源，引导科技、信息、人才、资金等创新要素向农业科技园区聚集，指导 161 家企业及专业合作社 8000 余户种植户推动枸杞产业发展，努力争取国家、省、州级科技项目 47 个，研发投入 2.21 亿元，海西州国家农业科技园区顺利实现验收。二是成功承办中国天文学会学术会议，积极配合做好会议期间的各项工作，以此次学术会议为契机打好海西科技创新发展新基石，为推进我国天文学研究和人才培养、宣传天文科普知识、提高全民科学素养，吸引更多的专家为海西献计献策发挥重要作用。

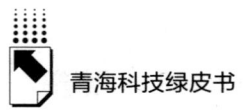

三 2020年海西州科技工作展望

2020年,海西州将从统筹推进"五位一体"总体布局和协调推进"四个全面"战略布局的高度出发,坚定不移实施创新驱动发展战略,以提升科技创新支撑引领作用为目标,坚持抓重点、补短板、强弱项的思路,坚持新发展理念,着力推进关键领域核心技术攻关,完善科技创新体制机制,全面提升科技创新治理能力,为打赢三大攻坚战、实现全面建成小康社会、推动高质量发展提供强有力的科技支撑。

(一)着力抓好重点领域技术创新

一是重点做好一批国家、省级重大科技专项实施工作,组织专题讨论,全面梳理分析海西州产业发展中技术需求存在的"卡脖子"问题,建立完善海西州产业发展关键核心技术需求清单,加大与省科技厅沟通衔接,争取列入青海省重大科技专项需求。二是重点做好蒸氨废液综合回收利用产业化,盐湖老卤直接提取氢氧化锂技术,蕨麻、中藏药种植示范选育和生态环境保护等方向的科技项目实施和科技成果转化工作。三是全面推进国家大型光学天文望远镜项目落地,启动实施"海西冷湖预选光学台址参数精确测量专项"。四是做好大柴旦气象卫星校验中心、德令哈气象雷达站以及冷湖地区天文装置项目前期选址及灾害性天气预报预警服务等方面的服务工作。五是组织实施新冠肺炎防治应急科研专项,围绕防护体系、有效药物筛选、病毒传播机制和中藏药防治,加强应急科技攻关,做好后续项目立项。

(二)着力完善"双创"服务体系

一是持续加大高新技术企业与科技型企业培育力度,联合专业科技中介服务机构,围绕盐湖化工、金属冶金、新能源、新材料、特色生物等领域培育高新技术企业5家、科技型企业15家。二是加强省级工程技术研究中心建设工作,全面建立完善各项工作机制,切实发挥研究中心作用;推进枸杞研发平台建设，依托研发平台，开展枸杞新品种选育、种植加工一体化等技术研发。三是加强科技中介服务机构培育和发展，着力扶持一批科技咨询、技术评估、科技代理等专业服务机构，加快构建较为完善的科技中介服务网络，共同培育"众创空间－孵化器－加速器－产业园"创新创业生态系统。四是聚焦海西州传统优势产业和新兴产业，坚持人才、项目、平台一体化推进，强化创新创业人才引进和培养。五是依托海西州国家农业科技园区枸杞产业特色优势，继续做好海西州农业高新技术产业示范区申报工作。

（三）着力聚焦科技服务民生

一是组织社会公益类研究和重要共性关键技术研究，着力提升科技惠民的能力和水平，推进科技资源、科技人才与科技扶贫深度结合。二是通过科技活动宣传周、院士专家行、科普惠农益民计划、科普进社区等活动，引导科技工作进一步贴近群众、贴近民生。三是开展高新技术企业、研发投入、科技项目申报、技术交易等一系列培训活动，为企业讲政策解难题。四是做好全民科学素质纲要建设工作，重点采用科学教育与培训、科普资源共享、学术交流等方式，做好青少年、农牧民、城镇劳动者、领导干部和公务员、社区居民等重点人群科学普及和科学素质提升工作。

G.17
2019年海南州科技发展报告与2020年科技工作展望[*]

摘　要： 2019年海南州全面贯彻落实党的十九大精神以及青海省科技工作决策部署，紧扣创新驱动发展战略，努力抓好科技计划项目、重点工作落实，不断推动"双创"活动的开展，科技工作取得良好成效。2020年海南州科技工作思路：抓好示范区创建、科技投入、科技项目、人才队伍建设、科技服务、农牧业科技园区建设、科技扶贫等各项工作，为海南州经济社会发展提供强有力的科技支撑。

关键词： 科技发展　科技工作　海南州

2019年，海南州科技部门全面贯彻落实党的十九大精神以及全省科技工作决策部署，紧扣创新驱动发展战略，努力抓好科技计划项目、重点工作落实，不断推动"双创"活动的开展。在2019年全国科技活动周重大示范活动中，受到全国科技活动周组委会办公室、科技部引进国外智力管理司的表彰；荣获青海省科技管理系统2019年度先进单位。

一　2019年海南州科技发展概况

（一）认真贯彻中央、省、州会议精神

全面贯彻党的十九大和十九届二中、三中、四中全会精神，以及省委十

[*] 课题组成员：霍青、杨文磊、刘塔、马向花、何生平。

三届五次、六次全会和州委十三届八次、九次全会精神，把学习会议精神同全省科技工作结合起来，吃透领会精神实质，把握核心要义，深化思想认识，切实提高政治站位，增强贯彻落实的思想和行动自觉，准确把握当前科技工作的新形势新特点和海南州科技工作面临的新挑战新问题，确保科技创新工作的正确方向。

（二）创建工作扎实推进

紧紧围绕高质量发展新要求，把争创国家可持续发展议程创新示范区工作作为重中之重，扎实推进创建工作。州政府党组会议审议批准了《2019年持续创建海南州国家可持续发展议程创新示范区工作方案》。认真制定了国家可持续发展议程创新示范区工作作战图。开展规划及方案修改讨论、衔接汇报、培训学习共30余次。赴北京衔接汇报工作5次，持续推动创建工作，参加创建工作推进会2次，参加2019中国可持续发展研究会学术年会暨可持续发展论坛1次、首届高原科学与可持续发展论坛1次，国家可持续发展实验示范体系建设培训2人次。通过不懈努力，力争《海南藏族自治州可持续发展规划（2020－2030年）》《海南藏族自治州国家可持续发展议程创新示范区建设方案（2020－2022年）》紧扣地方发展实际，又符合可持续发展要求，全力争取获得国家批准。

（三）科技投入取得进展

进一步完善科技政策体系，加大了科技创新专项资金投入，2019年，各级财政科技投入占当年本级财政支出比例达到1.9%，同比增长0.1%。本着"抓科技项目就是抓创新发展"的理念，加强科技项目筛选、申报和实施力度，项目建设工作取得新进展。落实省部级科技专项11项，专项资助落实资金1570万元，拉动社会投资1180万元。围绕科技支撑计划、科技惠民计划、科技精准扶贫计划等6大计划类别，征集州级科技计划项目，充分发挥科技项目资金的引导作用，助力乡村振兴，形成共同推动的良好态势。组织实施州级科技计划项目29项，支持科技创新主体专项经费343.79

万元，拉动社会科技投入资金 641.60 万元，大力促进产学研的有机结合和新品种新技术在海南地区的引进推广与示范应用（见表1）。

表1 2019年海南州科技创新发展情况

指标	2019年	备注
财政科技投入比重（%）	1.9	增长0.1%
省部级、州级科技项目（项）	40	1913.79万元
高新（科技型）企业（家）	18	
科技创新平台（个）	6	
科技示范基地（个）	10	
农牧业园区产值（亿元）	11.3	增幅10.49%
乡（镇）科技信息服务站（个）	5	
科技扶贫项目（个）	6	42万元
科技人才队伍（人）	226	

（四）科技创新工作得到新拓展

加大"三型"企业（高新技术企业、科技型企业、小巨人企业）认定培训。全州已认定注册高新技术企业4家、科技型企业14家、星创天地4个、众创空间2个。推动农牧业产业技术进步，认定在科技成果转化应用方面成效显著的10家企业、合作社为"州级科技示范基地"。认真开展"春风暖企"百日行动，帮助青海湖肉业有限公司解决困难。协助推进企业融资工作，累计贷款融资280万元。联合海南州就业局创业孵化中心，聘请省内企业家为企业经营问诊把脉，促成与全国首家穆斯林外卖运营机构——上海古郝供应链管理有限公司合作，为企业拓展了营销渠道。根据《国家农业科技园区管理办法》要求，经过申请、材料审查、现场考察、视频答辩等程序，圆满完成了第7批国家农业科技园区的验收工作。园区顺利通过科技部的验收，标志着青海海南国家农业科技园区的建设运营工作取得阶段性成果，为进一步实施乡村振兴战略奠定了坚实基础。2019年全州农牧业科技园区总产值达到11.3亿元，较2018年增长10.49%。围绕农牧业生产、农畜产品加工等领域,全州积极引进推广新品种、新技术20项。通过农牧科技创新,为农牧民增产、增收提供了较强的科技支撑。同时,新建"乡(镇)科技信息服务站"5个,及时为农牧民开展生产技术主动推送、信息咨询、技术培训、信息查询和发布等服务,更好地为农牧民提供优质高效的技术服务。

(五)宣传培训助推发展

一是开展宣传教育。组织参与科技文化卫生"三下乡",科技进社区、进广场、进寺院以及世界水日、中国水周、爱国卫生宣传月、全国粮食科技活动周、防灾减灾宣传周、国际档案日活动、安全生产月活动、国际禁毒日宣传活动、全国科技工作者日、科普大篷车联合行动等系列宣传活动,发放《有机畜牧业》《海南州农业实用技术手册》《饲草料种植与加工》等藏汉双语科技书籍700余册,发放《科技进步法》《党风廉政建设宣传资料》等法制宣传教育、民族团结进步、党风廉政建设宣传资料700余份,发放宣传用品150份,参与群众近3000人次,推动了全民科学素质全面提升,促进了科学普及与科技创新协同发展。二是提升科学素质。针对农牧业合作社、家庭农(牧)场、种植养殖大户、科技致富带头人以及贫困村农牧民群众,按需求开展了藏系羊和牦牛生产健康养殖技术、作物栽培管理技术、疫病防治、农牧业政策解读、合作社规范化运作等方面的培训。共举办农牧民实用技术培训班8期(场),参加人员386人次,发放各类培训资料及培训用品800余份。三是提升服务能力。切实将"科技援青""江东援建"工作落到实处,深化校地科技合作,提升海南州科技人员的科技管理水平和服务能力。共举办各类科技人才培训4期,培训人员103人次,进一步开阔了海南州基层科技人才的科技视野,加强了基层科技工作,提高了科技管理人员的科技服务水平。

(六)科技扶贫稳步推进

加大科技引领,大力实施科技扶贫项目,投入科技精准扶贫专项资金42万元,分别在共和县上梅村和蒙古村、兴海县多巴村、贵德县达隆村、同德县下才乃亥村、贵南县汪什科村实施了6项科技精准扶贫计划项目。通过项目实施，进一步提高了畜牧业、种植业综合经济效益，为实现发展产业脱贫致富打下了坚实基础。科技部门15名干部与联点帮扶村23户贫困户深入开展结对认亲活动60余次，捐款捐物达1.2万元。举办科技培训2期，培训农牧民90人次。同时，认真开展"送温暖"服务活动，看望慰问了敬老院老人29名，赠送了价值5378元的生活物品。开展"扶贫日"募捐活动，募集捐款2400元，营造了向上向善的良好风尚，强化了科技干部的社会责任意识和奉献精神。

（七）队伍建设卓有成效

紧紧抓住培养、吸引、用好人才三大环节，卓有成效地开展了人才引进工作。分别从江苏省生产力促进中心、安徽农业大学、西南民族大学等选派了160人开展科技服务，落实工作经费320万元。组建"三区"科技专家服务团，根据受援地产业实际，服务农牧业企业、合作社、家庭农牧场，帮助开展技术创新和服务。柔性引进第四批青海省高端创新创业人才农牧领域1人，为科技服务提供有效的科技人才支撑。清华大学、甘肃农业大学、中科院西北高原生物研究所、江苏省生产力促进中心、青海大学等12所高校及科研院所的65名博士和博士后入驻海南州博士专家工作站。37人参与了海南州相关科技服务指导工作，占全部驻站专家的57%（省内博士专家占32%，省外博士专家占25%），发挥"传帮带"作用，为科技服务提供有效的科技人才智力支撑。与安徽农业大学共同构建产学研联合的创新体系，建立产学研长期合作关系，形成专业、核心产业相互促进发展，努力实现"校企合作、产学共赢"的目标，在企业探索建立"皖青生态农业科技援青工作站"，充分利用安徽农业大学的技术、人才和海南州高原特色农牧业产业，实现将更多的科研成果落地转化为现实生产力。

（八）创新研究扎实开展

"十四五"规划前期研究拉开序幕并取得阶段性成果。按照要求，正式启动"十四五"科技创新规划前期研究工作，研究制定了《海南州"十四五"时期科技创新发展基本思路》《海南州"十四五"科技重大项目布局规划》，为做好规划编制打下了重要基础。同时，积极响应省委十三届五次全会提出的要在全国率先形成以国家公园为主体的自然保护地体系、全面启动实施国家公园示范省建设的要求，与中国科学院西北高原生物研究所、青海省寒区恢复生态学重点实验室等单位合作，历时5年编写了《青海省海南州植物名录及常见植物图谱（初稿）》，落实学术著作出版资金38万元，图谱资料将有助于推进海南州生态文明建设、促进生态环境保护和可持续发展。

二　重点工作落实情况

（一）加强对科技工作的领导

紧扣州委、州政府中心工作，密切加强科技工作的协调、磋商与合作，推动企业发展、产学互学、科技创新，努力形成上下联动、左右协同、开放合作的工作新机制，确保科技工作落地生根。切实配合做好2019年州委第一轮巡察工作，及时召开专题会议，全面梳理反馈意见，坚持问题导向，将任务分解细化，明确时间节点、牵头领导、责任科室和具体责任人，为扎实做好反馈意见的整改落实工作夯实基础。通过整改，切实解决存在的突出问题，促使机关作风进一步好转、创新能力进一步提升、服务能力进一步增强，为富裕文明和谐美丽新海南建设提供坚强有力的科技保障。

（二）开展督导检查

组织人员对全州科技系统中央巡视反馈问题整改落实情况进行督导检查，重点围绕实施科技精准扶贫、科技人才扶贫、科技信息扶贫等方面开展督导检查，全面掌握了科技领域脱贫攻坚工作推进及落实情况。印发《开展科技领域脱贫攻坚督导调研的通知》（南科〔2019〕13号），及时成立督查组深入5县贫困村开展督查，通过听取汇报、座谈交流、查阅资料、实地查看、调查问卷等方式，对科技领域扶贫工作中科技项目实施情况、人才服务成效、科技信息服务效果等方面进行了全面检查，并对项目资金的管理使用情况进行了核查和指导，着力发现问题，进一步促进问题的整改，充分发挥科技扶贫的示范带头作用。

（三）推进机构改革

把机构改革作为全面深化改革的一项重点工作任务，及时与相关部门对接，完成机构改革工作。主动与州市场监督管理局对接，严格履行交接程序，确保知识产权相关职能及时划转到位。通过改革，全年重点工作平稳有序推进，内部运转高效，为全州脱贫攻坚贡献了科技力量。

三 存在的问题及2020年海南州科技工作思路

（一）存在的问题

2019年围绕州委、州政府的工作目标和任务，开拓创新，狠抓落实，取得了一定成绩，但仍然存在一些困难和问题，主要表现在：一是自主创新意识和能力比较薄弱，引导宣传企业创新的针对性、操作性不强。二是科技成果的转化和科技创新体系、科技发展环境有待进一步加强。三是科技项目管理还不够科学严密。四是贫困村支柱产业单一、脆弱，发展后劲不足，特色产业规模小，市场开拓能力弱，产业化程度低；贫困户自我发展能力弱，科技文化素质低，智力支持难度大，部分群众"等、靠、要"的思想比较严重。

（二）2020年科技工作思路

一是抓好创建工作。切实抓好国家可持续发展议程创新示范区工作的衔接和前期推进工作。二是抓好科技投入。在科技投入方面，到2020年底，各级财政科技投入占当年本级财政支出比例达到2%以上。三是抓好科技项目。积极争取和实施国家、省级、州级科技项目，落实科技项目 10 项以上，充分发挥科技创新的支撑引领作用。四是抓好人才队伍。每年选派培养科技特派员、"三区"（边远贫困地区、边疆民族地区和革命老区）人才、科技乡镇长、科技管理人才、科技致富带头人 500 人次以上。五是抓好科技服务。建设信息示范乡镇 5 个，信息员有 20 名以上，实现信息服务全覆盖。举办农牧民实用技术、科技人才培训 20 期以上，培训 2000 人次以上，先进实用科技普及面达 85%。六是抓好农牧业科技园区建设。农牧业科技园区水平大幅度提升，生态农牧业园区科技贡献率达到 55% 左右。七是抓好科技扶贫。围绕环湖现代高效生态农牧业、沿黄循环生态农牧业、南部高寒生态畜牧业 3 个不同生态类型的农牧业经济带，探索农牧民群众实际实用实效的精准扶贫模式，促进农牧民依靠科技致富。

G.18
2019年海北州科技发展报告与2020年科技工作展望*

摘　要： 2019年海北州坚持创新发展理念，贯彻落实全省"一优两高"战略，科技进步与创新有效助推了全州经济社会可持续发展，全面完成了年初确定的各项目标任务。2020年海北州科技工作重点：发展冷凉农业示范区；加快"互联网+"农牧业大数据平台建设；打造藏区农业标准化生产示范基地；为全面推进海北州创建国家全域旅游示范区工作提供科技支撑；保护挖掘传统藏医药文化。

关键词： 科技发展　科技工作　海北州

2019年，海北州科技工作紧紧围绕省、州年初确定的目标任务及省委十三届五次、六次和州委十二届五次、六次全会的重大决策部署，坚持创新发展理念，强化责任担当，贯彻落实省委"一优两高"战略，科技进步与创新有效助推了全州经济社会可持续发展，全面完成了年初确定的各项目标任务。

全年累计完成科学研究、技术开发、成果推广项目30余项，取得各类科研成果30余项。争取省、州、县各类科技投入资金5000余万元（见表1），撬动社会投资1.5亿元。全州各农业科技园区狠抓园区内企业生产运行及产能提升改造，提高企业生产能力，提升产品营销能力，产值达到3.32亿元。引

---

* 课题组成员：东宝、贾文加、姜山松、刘伟。

导企业通过建设企业人才队伍，提高研发投入，开发先进适用的技术、工艺和设备，研制适产对路的新产品，实现技术创新，共申报获批各类专利 40 余项，成功申报并获批了海北达玉部落文体旅游产业发展有限公司等 3 家科技型企业、刚察县洛藏孵化园 1 家众创空间。科技为全州经济社会协调发展，特别是农牧业生产力水平和农牧民生活质量的提高提供了强有力的支撑。

表 1　2019 年海北州争取省级科技项目、资金情况

单位：万元

项目名称	承担单位	资助经费
祁连山黑河源草地生态生产共赢模式创建与示范	祁连县农牧业产业发展有限公司	1000
海北州天然草地智能采集系统建设	海北藏族自治州草原工作站	300
多胎性藏羊选育扩繁技术研究与示范	海北藏族自治州畜牧兽医科学研究所	275
专用型青稞品种标准化生产技术集成示范	青海省海北州农业科学研究所	100
白菜型油菜新品种青油 21 号标准化生产示范基地	青海省海北州农业科学研究所	100
高寒冷凉区域香菇种植技术研究及产业化	门源县瑞辉高原现代农业种植养殖有限公司	300
高寒地区燕麦青干草机械化干燥技术标准研发及推广	门源县富源青高原草业发展有限责任公司	200
合计		2275

一　2019 年海北州科技工作开展情况

（一）科技助力"生态保护优先发展"

一是以实施青海省科技重大专项"祁连山黑河源草地生态共赢模式创建示范"、祁连县县域创新等项目为契机，通过保护项目区草地生态系统、发展高寒草地生态系统特色牦牛产业，培育产业链龙头企业，开展多种形式

的合作机制创新,优化生产经营体系,以此带动养殖、有机畜(乳)产品加工、休闲观光旅游、一二三产业融合为一体的现代生态畜牧业全产业链示范区建设。其间完成黑土滩治理20万亩,实现项目区生态、生产、生活"三生"共赢,实现经济效益、社会效益、生态效益相统一。二是对环湖地区荒漠化治理提供科技支撑。通过州、县科技项目支持,采用遥感监测技术手段,对青海湖东部地区近年来草地荒漠化特征进行监测分析,引进新的防沙固沙植物进行育种试验,环湖地区尤其是海晏县克图防沙治沙工作取得了新的突破,保障了沙区群众生产、生活安全,确保了青藏铁路和315国道的畅通运行。如今海晏县沙区外围锁边林格局已形成规模,一道坚固的"绿色屏障"稳稳扎根在这片土地上,有效遏制了沙漠的扩大和蔓延,确保了青海湖核心区域的生态安全。

(二)科技助力"推动高质量发展"

一是增强农牧业科技创新能力。与农牧部门深度合作,以农牧业专业合作社为基础,以科学技术为支撑,发展生态、绿色、有机产业,推行集约化、规模化、标准化生产,孵化以牦牛、藏羊、青稞、油菜和蔬菜等生态种养和精深加工为主的企业和专业合作社,打造青藏高原牦牛和藏羊品牌。推进质量兴农、绿色兴农、科技强农、品牌强农,着力打造"生态海北、绿色农牧"品牌。扎实推进祁连、刚察有机畜牧业生产基地建设,推进产品研发、加工、包装、营销和可追溯体系建设。二是发挥农业科技园区带动效应。以"海北高原现代生态畜牧业科技试验示范园"国家级农业科技园区等园区为载体,完成了海北州"互联网+"菜篮子信息平台建设项目,为海北智慧农牧业发展集成提供了现代数据支撑。全面完成以祁连、刚察天然草原放牧为主的现代有机养殖生产再认证工作,建立健全了质量认证和可追溯体系,打造全国有机畜牧业示范基地。加强与省内外科研院校产学研合作,示范形成千亩连片田带动效应,推进建立育、繁、推一体化的良种繁育模式,打造全国青稞油菜良繁基地。三是打造高原现代生态农牧业区域品牌。注重创新机制,加大创新投入,高原现代生态农牧业向专业化、特色化发展的势头强劲，紧紧围绕"绿色有机循环发展"和创新驱动理念，把发展有机畜牧业作为重点，注重质量追溯、升级特色品牌。完成了祁连县有机产品质量追溯平台、海晏县清真肉食品有限公司有机产品质量追溯平台等的建设，农畜产品养殖监管体系建设进一步完善和加强。四是加强基层科研队伍建设。多举措保证海北州农业科学研究所、海北州牧业科学研究所等科研单位不断提升科研能力。海北州科研单位2019年共主持或参与省、州科研项目10余项。省科技厅下达了2项科研事业单位基础条件和能力改善项目，对2家科研单位仪器设备、科研场所进行了改善，充分调动了科研人员积极性。2019年共选派82名"三区"科技人员，其中40余名来自这2所科研单位，增强了服务基层的科研人员力量。同时组织科研人员赴浙江杭州等地参加基层科研人员能力培训班。加强与省内外科研单位合作，与四川大学、青海大学、青海省畜牧兽医科学院、青海省农林科学院合作实施了多项科研项目，开展产业技术联合攻关。州农科所还与青海大学合作建成了青海省唯一的青稞育种创新平台。

（三）科技助力"创造高品质生活"

一是科技宣传培训方面充分利用科技活动周、科普大篷车、信息服务平台和举办培训班等形式，开展"科技下乡，科普惠民"活动，共出动科普大篷车20辆次，发放各类科普宣传资料5000余份（册），展出各类展板5000块，开展咨询、义诊服务1000人次，科技信息服务平台的信息发送次数达25600余次，举办各类科技培训班20期，参加培训人员达8000余人次，发放"科普之光"光盘2000余个、科普资料20000余份，使群众的科学素质逐年提高，形成了科学、文明、健康的社会风尚。二是科技精准扶贫方面重点围绕高原特色农牧业产业，加大科技支撑力度，示范推广一批新品种，集成转化一批新技术新成果，提高了贫困地区现代农业生产经营水平，推动当地农牧业发展方式转变。实行"公司+基地+科技+农户"的产业化模式，推进特色资源的规模化、产业化、品牌化，带动贫困地区发展。在人才支持上，始终把"三区"科技服务工作同扶贫工作相结合，注重"扶智""扶技",建立了"三区科技人员+企业(合作社)+贫困户"的农村科技服务新模式,深入全州4县80余个贫困村开展"一对一""一帮一""一带一"的精准科技服务。通过做给农牧民看、领着农牧民干,使贫困群众掌握一定的技术知识和技能,鼓励周边贫困户开展高效种植养殖,带动了贫困地区发展。三是充分利用互联网技术提升创新服务能力,加快技术成果转化,强化科学知识的普及。以青海省农村信息化服务平台、"互联网+"高原特色智慧农牧业大数据平台为支撑,依托省内外科研院所等平台和智力资源,因地制宜确定生态保护、优势产业、民生保障等重点领域关键技术的解决方案。以基层科技推广人员和科技特派员为纽带,线上线下紧密结合,重点面向农牧业龙头企业、专业合作社、种植养殖大户等新型农业生产主体推广实用技术,通过技术服务数据的累积,实现对主要特色农产品大数据管理和全过程安全质量追溯,探索数据驱动型创新体系和发展模式。四是加强厅州会商和校州合作机制,共同构建产学研联盟的创新体系,与山东援建的有关部门、四川大学、青海大学、青海省畜牧兽医科学院合作实施了多项科研项目,开展产业技术联合攻关,充分利用省内外科研院所的科技优势,加大产业结构调整力度,推进科技创新与新技术推广,孵育了一批具有核心竞争力的骨干企业。五是开展各项创新交流活动。联合相关部门开展大学生创新创业大赛、大众创业万众创新活动周等活动。举办创新创业座谈会、创新创业知识培训班、小微企业管理人员观摩会、创新创业宣讲等活动,积极助推海北州"双创"工作的开展。

二 存在的困难

海北州科技工作虽然取得了长足进步,但工作中还存在一些不容忽视的问题,主要是:科技进步总体水平相对落后,与先进地区的差距不断拉大;具有区域特色的科技创新体系还没有形成;企业作为技术创新主体的地位尚未确立,多数企业没有形成自己的核心技术能力和研发机构;科技进步还不能满足全州经济结构战略性调整的需求。

三 2020年海北州科技工作展望

（一）发展冷凉农业示范区

依托海北州部分地区冷凉气候，大气、水体、土壤无污染等区位优势，生产无公害、绿色和有机农畜产品的环境条件，建立特色种养蔬菜生产基地，形成"种、养、加"三位一体的产业链条。

（二）加快"互联网+"农牧业大数据平台建设

以州高原现代生态科技示范园为依托，启动实施"互联网+农牧业"高原特色智慧农牧业大数据平台建设，率先在全省示范运营农牧业大数据平台，加快推进海北州高原特色智慧农牧业信息化建设。进一步提升海北农牧业的生产智能化、经营网络化、管理数据化、服务在线化水平，促进海北农牧产业提质增效。

（三）打造藏区农业标准化生产示范基地

一是打造高原白菜型绿色油菜示范基地。通过加快新品种青油21号等种植推广力度，形成统一规范的生产技术规程，发挥高寒区绿色无污染优势建立标准化示范基地。二是打造海北州藏区优质青稞生产基地。通过"合作社+农户"的方式建立优质青稞标准化示范基地1.5万亩和种子库，对青稞进行开发应用，全面带动海北藏区青稞精深加工的发展。

（四）为全面推进海北州创建国家全域旅游示范区工作提供科技支撑

与文化旅游等部门合作打造高品质的旅游服务和高科技含量的旅游服务设施，将智慧旅游融入旅游业发展的各个环节。建立健全海北州全域旅游云数据平台，从景区的天气、交通情况、人流密度、景区商品，得出实时有效的"旅游指数",为政府部门的旅游管理提供依据,为游客出行提供参考。

(五)传统藏医药文化保护挖掘

认真开展海北州藏医药资源普查和保护,弘扬海北州名老藏医药专家学术思想和临床诊疗经验,挖掘民间诊疗技术和药方,建立健全州藏医药传统知识保护机制,加快促进海北州藏医药科研成果转化为现实生产力,推动藏医药资源优势转化为经济优势、服务优势。

(六)强化企业创新主体地位

强化政策倾斜,增加企业承担省、州科技项目的比例,落实研发费用加计扣除等普惠性财税政策,实施创新能力提升工程,促进中小企业转变经济增长方式,引导企业依靠质量求生存、依靠管理求效益、依靠创新求发展。指导海晏县夏华清真肉食品有限公司、祁连亿达畜产肉食品有限公司等地方龙头企业申报青海省科技型企业,采取聘请专家、引进人才等模式,建成企业研发平台、重点实验室、工程技术中心。

G.19 2019年玉树州科技发展报告与2020年科技工作展望[*]

摘　要： 2019年玉树州科技工作整体向前推进，项目建设得到加强，"双创"活动不断引向深入，科技创新能力和支撑服务能力有所提升。2020年玉树州将全面实施"一优两高"、科技兴州战略，立足玉树实际，发挥特色优势，进一步重视和加强基层科技工作，有效发挥科技部门在生态保护和发展地方经济中的重要作用。

关键词： 科技发展　科技工作　玉树州

一　2019年玉树州科技发展报告

2019年，是玉树科技工作难得获荣和艰难向上的特殊年，也是科技部门付出艰辛取得一定成就的收获年。这一年，青海省"双创"工作经验交流会在玉树举行，全省科技创新创业界的精英齐聚三江源头，同为玉树鼓劲，让玉树更加坚定了科技强州的信心。

（一）充分利用地方科技人才资源，让"土专家"们忙起来

玉树是个欠发达地区，科技人才资源十分匮乏，科技力量相当薄弱，科技创新动力不足，科技工作相对滞后。2019年玉树州科技部门依托"三区"

---

[*] 课题组成员：才仁扎西、才扎、卡着才吉。

人才项目，把州内的专技人员和农牧区的"土专家"组织起来，搞培训、传经验、授技能，取得了一定成效。一是实施了2018年"三区"人才支持计划科技专项，选派42名科技人员到农牧区生产第一线提供科技服务，落实经费84万元；申报了2019年"三区"人才专项计划，计划选派78名科技服务人员覆盖到全州104个深度贫困村开展科技服务（见表1）。

表1 2018~2019年玉树州"三区"人才支持计划科技人员专项计划经费分配

县（市）	选派人数（人）		经费（万元）	
	2018年	2019年	2018年	2019年
玉树市	6	10	12	20
治多县	7	8	14	16
杂多县	6	11	12	22
囊谦县	10	19	20	38
称多县	6	22	12	44
曲麻莱县	7	8	14	16
合计	42	78	84	156

二是实施了农牧区"土专家"和技能型人才的科技服务专项培训计划，安排专款30万元，专门组织培训团队，巡回一市五县培训人员500余人。

（二）着力解决州内科技力量不足问题，把专家们请上来

2019年玉树州科技部门积极与省内科技服务机构对接，采取"送下去、请进来"的办法，形成合作共赢、互利共建的模式，有力推进了科技项目的申报和实施进程，组织申报省级科技项目3项，预计投资金额500万元，实现了量的突破。

（三）努力用好基层科技投入有限资金，把能办的事情办起来

玉树州财政2019年投入科技经费90万元。科技部门把有限的资金划分两块进行合理使用，2019年用60万元扶持了玉树州藏岭雍廊纯净水研发和民族手工艺制品网络设计运营项目，鼓励大学生创业，激励农牧区创新，取得了良好

的社会效益；30 万元专项开展了"三区"人才、科技人员和农牧民共 172 人次的技能培训（见表2），达到开眼界、长见识、增信心、阔思路的目的。

表2 2019年玉树州科技经费使用情况

单位：万元

序号	项目名称	实施单位	资助经费
1	天然饮用水提升净化工艺示范	玉树州藏岭雍廓工贸有限公司	30
2	民族手工艺技术示范推广	玉树市恭藏民族手工艺品有限公司	30
3	科技培训	玉树州农牧和科技局	30
合计			90

（四）尽力完成科技创新服务任务，把"两个周"的活动搞起来

科技活动周和"双创"活动周是科技部门每年的"必修课"，玉树州科技部门克服工作半径大、活动要求多、经费保障少的实际困难，组织开展了具有特色的科技活动周和"双创"周活动系列活动，让科技宣传入社区、进家门，让科技成果入视野、见阳光，让科技服务下田间、到牧户。2019年，组织州、县各部门、各系统、各企业、合作社 800 余人，开展了高热度、超大型的成果展示活动，举办了有效果、起作用的创新创业专题培训班，组织了有意义、有收获的学习观摩活动，进行了你说我听、我问你答式的座谈交流，取得了较好的活动效果。

（五）抓住对口帮扶援建有利机遇，把困难需求提出来

结对帮扶的政策十分利好，对口援建的机遇千载难逢。玉树州科技部门坚持以项目建设为主线，结合玉树发展实际和产业布局需求，从科技园区、农牧业示范集成、能源开发、资源保护、信息平台、人才培训和科技服务体系7大类24个方面提出了需求、储备了项目，为打赢科技扶贫攻坚战做足了准备。

对于玉树科技部门而言，2019 年的工作硕果累累、收获满满。当然，工作中还有很多的短板和缺点，主要是对科技工作重视不够、投入不足、力

量不强，这也是玉树科技工作相对滞后的根本原因。这些困难和不足既有客观因素，也有主观原因，亟待在实践过程中不断克服和改进。

二 2020年玉树州科技工作展望

2020年，玉树州将深入贯彻习近平新时代中国特色社会主义思想，全面落实省委十三届七次全会精神，实施"一优两高"、科技兴州战略，立足玉树实际，发挥特色优势，进一步重视和加强基层科技工作，有效发挥科技部门在生态保护和发展地方经济中的重要作用，努力开创玉树科技工作新局面。重点要加强以下九个方面的工作：

一是继续组织"三区"服务人员开展多形式、全方位的实践活动，让他们真正深入田间地头和草原牧场提供"送技术、送信息、送项目"服务。二是积极协调推进巴吉村80户牧民住房新能源改造和代格村120户采暖设施维修工作，确保科技暖心工程顺利实施。三是积极协助玉树州青年创业园入驻企业申报科技项目、引荐科研单位和专家，增强创新发展的动力。四是积极争取州本级财政对科技事业的资金投入，重点扶持和发展2个有潜力的科技型创业实体，实施科技创新项目。五是实施巴塘乡相古村农业科技园区项目，加强对玉树、囊谦产业园的管理，实现科技产值增幅10%的目标。六是从省内外引进2~3名急需的科技型人才，加快创新引领的步伐。七是组织30名科技人员赴国外发达地区学习借鉴其科技创新与服务能力方面的有益做法，学习其家畜产品追溯与品牌建设的先进经验。同时，继续投入30万元举办多期农牧民实用技术和创新创业知识科技培训班，参训人数达到500人。八是拟定厅州会商主题、机制和科技发展重点内容。积极促进会商工作实现实质性进展。九是在新能源应用、创新平台建设、专技人才培养、现代农牧科技产业园等领域储备10余项科技项目，积极申报2021年科技项目。

G.20
2019年黄南州科技发展报告与2020年科技工作展望[*]

摘　要： 2019年，黄南州以科技助推农牧林草渔业发展为重点，以科技人才下沉基层一线开展科技服务为主要内容，通过加大科普宣传力度、大力实施科技项目、不断完善科技人才队伍建设、强化科技扶贫、加强省内外科研机构合作、注重科研成果转化落地等，使得全州科技工作得到有效提升，在支撑和引领各行各业发展中发挥了积极作用。2020年，黄南州要抓住科技创新发展机遇，壮大科技特派员队伍；加强与省内外高校院所的交流合作；继续抓好产业技术创新，组织实施重大关键技术攻关项目，为提升改造传统优势产业、发展壮大新兴产业提供科技支撑。

关键词： 科技发展　科技工作　黄南州

2019年，黄南州科技工作紧紧围绕州委、州政府中心工作，以科技助推农牧林草渔业发展为重点，以科技人才下沉基层一线开展科技服务为主要内容，通过加大科普宣传力度、大力实施科技项目、不断完善科技人才队伍建设、强化科技扶贫、加强省内外科研机构合作、注重科研成果转化落地等，使得全州科技工作得到有效提升，在支撑和引领各行各业发展中发挥了积极作用。

---

[*] 课题组成员：辛海萍、祁正林、李军。

一 2019年黄南州科技发展工作

（一）认真组织申报实施科研项目，有效推动科技在传统产业转型升级中的示范和引领作用

黄南州科技部门先后与省内外科研机构、高校合作共同编制2019年全州科研项目15项，其中获省科技厅批复10项、天津市科委批复2项，下达科技资助资金2110万元。项目内容涵盖现代农牧业发展、生态保护建设、中藏药材种植和产地初加工技术集成与应用、高原生物特色资源、科技与文化融合发展等（见表1）。相继实施的省级重点项目成效显著，有效填补黄南州传统产业关键技术需求，加快科技成果转化运用，破解传统产业发展中的技术难题，为黄南州传统产业转型升级和提质增效提供有效示范。如：青海省重大科技专项"三江源智慧生态畜牧业平台建设"，历时3年之久，改进和研发了适宜高寒地区牦牛和藏羊的智能称重系统，实现了牦牛和藏羊智慧化管理以及新型在线认养和B2B订单业务模式，为畜牧业生产决策提供了数据依据；研发的采用深度摄像机"拍照"方式估计牦牛重量的技术装备，已申请发明专利，估重平均准确率达到94.1%。青海省"农牧区公共旱厕光伏供能与清洁设计产业化关键技术研究"项目，在天津大学专家的主持下成为全州"厕所革命"领域首例科研项目。项目利用分布式"光伏+风力"发电储电储热与供给互补，实现旱厕粪便无害化、资源化。已建成无水式公共示范工程2座，将在黄南州陆续推广应用。"青海省高原温室生姜、马铃薯、花生、嫁接辣椒套种高效栽培技术集成与示范"项目在青海省农林科学院研究员国家级优秀专家王树林主持和州农牧局的支持下，在黄南州尖扎县示范试种植获得成功，项目有效提高了土地利用率，达到一年四茬的种植新模式，同时具有改善土壤结构、抑制病虫害的作用。"热贡唐卡质量信息追溯系统研发示范""藏式建筑彩绘数字化保护与传承技术研究"等项目在青海师范大学、青海民族大学教授的主持下进展顺利，将为黄南州优秀传统文化产业创造性转化、创新性发展、助推科技与文化融合发展注入强有力的内生动力。

表1　2019年黄南州争取省级科技项目、资金情况

单位：万元

项目名称	承担单位	资助经费
地方特色黄果梨种苗繁育及栽培技术集成示范	青海益恒生物科技有限公司、青海省农林科学院、青海普莱特信息科技有限公司、同仁县农业技术推广中心	300
唐卡质量信息追溯系统研发示范	青海圣光唐卡质量检验有限公司、青海民族大学	150
热贡文化唐卡矿物质颜料开发	黄南州金海热贡艺术传承有限公司、青海省青藏专利信息服务中心	100
设施增温保温与蔬菜高效种植技术推广示范	同仁县农业技术推广中心、青海省青藏专利信息服务中心	30
黄南州智慧有机畜牧业养殖环节数据批量采集设备研发应用与示范	黄南藏族自治州畜牧兽医工作站	100
黄南州草原工作科研能力提升建设项目	黄南州草原站	150
天津设施农业栽培技术引进集成与示范	青海省农林科学院、天津市设施农业研究所、青海圣航农牧科技开发有限公司	70
河南县省级农业科技园区	河南蒙古族自治县人民政府	100
县域创新示范县	河南蒙古族自治县人民政府	900
基于无人机的鼠虫害栖息地调查技术研究与试验示范	黄南州草原工作站、中国科学院寒区旱区环境与工程研究所	40
合计		1940

（二）完善科技人才队伍建设，建立科技扶贫新模式

一是争取科技部"三区"（边远贫困地区、民族地区和革命老区）人才123人，补助经费246万元。建立"三区人才+科技特派员+企业+农牧户"的农村科技服务新模式，与他们签订了帮扶工作协议，每人每年支持工作经费2万元，对帮扶有成效的专家给予适当奖励补助。二是与州农牧局等部门联合举办了绿色有机果蔬成果展和"采摘节"、"科技活动周"、"全国科普日"、科技"三下乡"等大型活动，组织科普志愿者进入农村牧区，

通过图片展板、横幅、标语、文艺节目表演等形式，普及科学知识，展示科技成就，宣传科技方针政策，为基层群众带去最新的实用农牧业技术知识、科技创新政策，促进农业与旅游业深度发展。三是为培养一批有理论、有技术、能力强的科技致富能手，先后3次组织企业管理者、园区负责人、科技致富能手等到天津、广东、安徽以及省内学习培训，提高他们自主创新意识。2019年10月17日至21日，州科技局与天津滨海新区科技局、甘肃省甘南州合作市科技局、天水市张家川县科技局共同在天津滨海新区举办扶贫协作"致富带头人专培工程"培训班。培训采取现场教学、实地考察、研讨交流等形式，使学员们对农林业科技管理、创新创业能力、畜牧养殖和病害防治、产品附加值提升和现代农业发展等有了进一步的了解和把握。截至2019年12月底，共举办各类适用技术培训班23期，培训人员1200人次，科技宣传面达到85%以上。

（三）加大大众创业创新平台载体建设，为创业者提供创业创新发展空间

一是联合4县政府和州人社、经信、团委等部门联合开展"双创促升级、壮大新动能"各类活动，联合举办各类创业培训班10期，1350余名大学毕业生参加创新创业培训。二是邀请天津启迪创业有限公司等8家创新团队来黄南州举办"创业行"活动，与黄南州创新团队代表面对面座谈交流，分享创业体会，认真讨论合作模式。10月份，州科技局与天津启迪创业有限公司签订合作协议，借助启迪公司自身创新生态网络的资源整合及调配优势，实现产业精准对接，促进两地资源上的互通有无，就增强地方的创新载体、加大人才交流培训力度、实现携手共赢达成了共识。三是鼓励各县加大大众创业创新平台载体建设，相继建成了具有一定规模、功能齐全的文化产业、有机畜牧业大众创业产业园区，为不同行业、不同群体的创业者提供了创业创新发展空间。尤其是泽库县有机畜牧业产业园区，被政府命名为集有机扶贫科技创业孵化为一体的二、三产业发展综合功能园区，入驻企业和社会主体10余家，创业门类涵盖文化旅游产品、畜牧产品研发、土特产加工

销售、电商平台等，园区管理措施到位、发展思路明确、功能定位符合当地实际，通过"政府引领＋园区为核心＋合作社为载体＋入驻企业为突破口＋带动农户"，全面建设"一委、两园、三区、十大特色品牌、六十四个单元"。四是积极组织申报省级众创空间和科技型企业。2019年，经省科技厅组织专家评审通过了科技型企业2家（见表2）、众创空间4家（见表3）。

表2 2019年黄南州获批省级科技型企业

名称	审批时间
青海高原之宝牦牛乳业有限公司	2019年
青海启龙商贸有限公司河南县启龙牧场	2019年

表3 2018~2019年黄南州众创空间

名称	运营单位	审批时间
圣航农牧众创空间	青海圣航农牧科技有限公司	2019年
龙树唐卡艺术众创空间	同仁县龙树画苑	2019年
黄南州青年创新创业基地	黄南州人力资源和社会保障局	2018年
河南县民族街众创空间	河南县"互联网＋"民族街电子商务平台	2018年

（四）以高效务实的作风全力推进科技馆项目建设

黄南州科技馆建设项目总投资9000万元，其中天津市援助资金8500万元，建筑面积10000平方米。在州委、州政府的高度重视和天津援青指挥部以及州发改委、州住建局、州自然资源局、州文体广电旅游局的积极配合下，黄南州科技局相继完成项目主体方案设计、项目初设、项目地勘等评审和审批以及主体建设招投标工作。截至2019年12月底已完成项目主体工程建设，项目室内展陈设计工作已全面启动。

（五）打造"党建＋扶贫"项目的模式，实现联点村脱贫致富

为在精准扶贫和落实乡村振兴发展战略中发挥州科技局党支部优势，打造"党建＋扶贫"项目，2017年以来，黄南州科技局党支部在深入调研的

基础上，与康杨镇巷道村党支部认真研究切实可行的联点帮扶计划，改"输血式"扶贫为"造血式"扶贫，引导贫困群众主动创造、自主脱贫，加大扶贫政策宣传力度，帮助他们重拾脱贫致富的信心和决心。将实施"绿色阉鸡分户养殖项目"作为巷道村脱贫致富的最便捷最有效途径。近3年累计投资120万元带领当地老百姓实施阉鸡分户养殖项目，贫困户年均增收达到3万~4万元。"小投入办大事"，巷道村的老百姓尝到阉鸡养殖的甜头，学到养殖技术，许多老百姓纷纷希望将这项致富产业继续下去。2019年初，州科技局与尖扎县政府、康杨镇党委达成共识，并在政府的引导和支持下，积极引进市场化运作模式，形成养殖、包装、销售等一条龙服务体系，延伸产业链条，缩减中间环节，增加群众收益。同时，争取新能源太阳能路灯300盏，解决了6个村庄的夜间出行问题。太阳能路灯，照亮的不只是贫困小村庄，也温暖着群众的心窝，为群众营造了安全的出行环境，给村民带来了真真正正的实惠。

（六）科技成果取得成效

2019年，黄南州完成科技成果3项，即《番木瓜在尖扎县设施栽培的小气候条件分析》《黄南地区2017年汛期强对流天气个例分析研究》《黄南州2011年以来的天气气候特征分析》。

二 2020年黄南州科技工作展望

省委"一优两高"战略以及黄南州"三区"建设的实施，为黄南州科技创新发展带来了前所未有的机遇和挑战。2020年，黄南州科技部门要以省科技厅和州委、州政府有关科技创新指示精神为指导，抓住重大创新机遇，迎难而上。

一是壮大科技特派员队伍，提升科技特派员队伍整体素质。围绕特色产业的发展，采取"科技特派员+基地+农户""科技特派员+协会+基地+农户""法人科技特派员""创业型科技特派员""集体创业型大学生科技特派员"等发展模式，借助高等院校的科技优势全方位开展农牧业技术培训，变单纯"输血"为"造血"优先，改变业已形成的传统产业技术水平低、管理粗放、效益不高等实际问题。与农民结成利益共同体，开展产前、产中、产后服务，实现科技特派员与农户利益的共赢，有力推动农业结构的调整，有效促进农业增效和农民增收，搭起科技服务新农村的"长梯"，解决科技推广应用"最后一公里"的问题。

二是继续加强与天津市及省内外高校院所的交流合作，准确掌握各高校院所的科研成果动态、科技攻坚方向等重要信息。积极引导校企开展技术对接，推动企业通过高校院所的科技合作，加快建立以企业为主体、以市场为导向、产学研相结合的技术创新体系。

三是继续抓好产业技术创新。针对黄南州特色产业需求，在生态环保、生态畜牧业、中藏药种植加工、水产养殖、热贡文化、信息产业等重点领域，积极争取国家和省级专项支持，组织实施重大关键技术攻关项目，突破关键核心技术，为提升改造传统优势产业、发展壮大新兴产业提供科技支撑。

四是要充分抓住国家实施乡村振兴战略的机遇，创新工作方法和方式，找准对接点和突破点，积极争取资源，在建设好4个省级农业科技示范园区上下功夫，力争使园区功能提档升级。

五是继续把培养、引进和使用人才作为一项重大的战略任务切实抓好，努力在建设一支高素质的科技人才队伍、优化科技人才结构、培养和引进科技人才、发挥科技人才作用方面下功夫。健全科技人才工作新机制，继续把科技人才工作纳入重要工作议程，加强同职能部门的横向联系，为科技人才工作的顺利开展创造良好的条件。

六是把"双创"工作纳入党政工作确定工作目标，细化分解任务，明确职责分工，强化责任落实，为拓展创新创业空间、服务实体经济转型升级提供保障。

G.21
2019年果洛州科技发展报告与2020年科技工作展望

摘　要： 2019年果洛州围绕全州工作目标任务，在助力打赢脱贫攻坚战、实施乡村振兴战略、发展生态畜牧业等方面，通过科技创新、科技项目、人才队伍建设、科技成果转化，为果洛州经济社会又好又快发展提供科技支撑。2020年果洛州科技工作思路：加强基础科技工作，提升地方科技创新能力；着力打好特色农牧业发展牌；加大州"双创"工作政策扶持力度；用科技增进民生福祉，为打赢脱贫攻坚战、实施乡村振兴战略助力。

关键词： 科技发展　科技工作　果洛州

2019年果洛州科技部门坚持以习近平新时代中国特色社会主义思想为指导，全面贯彻落实党的十九大和省、州历次全会精神以及全省科技工作会议精神，按照中央、省委1号文件和"四个扎扎实实"的重大要求，进一步贯彻落实科技新政，在全州政府机构改革工作中，克服科技机构撤并、人员编制减员等困难，在较短的时间里依照新的三定方案与工作职能的划转，较快地理顺了与农牧部门的合并工作，积极围绕全州工作目标任务，在助力打赢脱贫攻坚战、实施乡村振兴战略、发展生态畜牧业等方面，通过科技创新、科技项目、人才队伍建设、科技成果转化，为果洛州经济社会又好又快地发展提供科技支撑。

---

* 课题组成员：崔宏伟、马占明、林保华、齐龙。

一　2019年果洛州科技发展工作

（一）明确责任措施，全面完成目标任务

2019年果洛州科技局克服种种困难，全面落实相关工作责任和措施，基本完成了全年的目标任务。2019年度农业科技园区产值增幅实现10%，新增省级科技型企业1家，申报实用新型专利9项，建立省级众创空间1个。

（二）实施好省级科技项目，强化科技项目对果洛科技的支撑作用

一是争取资金10万元，实施了高寒高海拔地区被动式超低能耗建筑清洁供暖集成技术体系研究与示范项目，该项目已基本完成主体工程。二是争取资金100万元，落实新型生态环保厕所项目。三是争取资金400万元，落实高寒高海拔有机种植技术条件改造和能力建设项目。四是争取300万元县域创新试点资金。五是呈报投资238万元的特合土乡夏曲村用电项目。六是建立农村中学科技馆。玛沁县拉加镇藏文寄宿制中学获批中国科技馆发展基金会2019年"农村中学科技馆"项目，是全省4所获批单位之一。项目资助20件科普展品、3组书柜、8幅错觉画作为农村中学科技馆的布展设施。

（三）以"三区"人才支持计划为重点，促进全州人才建设工作

一是对2014~2018年"三区"人才工作进行了梳理总结，特别是对"三区"人才计划科技人员专项经费执行情况进行检查并形成报告，上报省科技厅。二是安排督促各县签订2019年度"三区"人才三方协议，6县"三区"人才项目资金全部划拨各县，并要求各县尽快划拨到局。三是根据省科技厅安排，果洛州选派人员52名，拨付专项经费104万元，经过与各县沟通核实对其中退休及不能工作的科技人员进行了调整，完善和健全了相关的档案资料，为全州6县产业扶贫、科技成果转化、产业发展、畜疫防治、牧草种植提供科技服务，全州"三区"人才工作稳步推进。协助青海

省科学技术信息研究所有限公司推荐科技信息员25名，加大了全州贫困村科技信息员的覆盖度。

（四）农牧业生态科技园发展情况

州农牧业生态科技园、玛沁拉加示范园两个科技示范园共计31个大棚，经过近几年的运行，主要种植小油菜、上海青、菠菜、平菇、香菜、白菜、香芹、油桃、草莓等蔬菜、水果，2019年实现产量128吨、产值83.34万余元，超额完成全年增幅10%的预期目标。但是发展瓶颈也日益显现，进一步挖潜创新、升级增效，加强全州科技创新工作迫在眉睫。

（五）积极开展科普宣传，提高全民科学素质

2019年开展了科普之冬、科技活动周、全国科普日、科普大篷车等一系列内容丰富、形式多样、效果明显的科普宣传与下乡活动。科普大篷车行程万里，入乡进寺，深入社区、学校，把科普宣传送进千家万户，"三下乡"工作有声有色。其间相关参与单位共展出各类展板130余块、展项65个、横幅76条，发放藏汉双语版的《肝包虫预防》《果洛科普》《青海科普》《果洛科技》《地震预防》挂历等多种科普宣传资料1500余份，全州举办各类科技培训班32期，培训农牧民1640人次。

（六）大众创业万众创新工作

组织玛沁县雪域格桑花土特产有限责任公司、果洛金草原有机牦牛肉加工有限公司、果洛金稞生态科技发展有限公司申报省级科技型企业，其中玛沁县雪域格桑花土特产有限责任公司被认定为青海省科技型企业。

在知识产权每万人有效发明拥有量方面，截至2019年11月底，已经有3个企业注册实用新型专利6项，注册个人实用新型专利3项，共注册专利9项。

在"双创"工作方面，引导、支持企业和创业团队积极创办州级和省级"众创空间"工作，但是由于受制于场地、经费等配套措施，没有完成

省级众创空间认定的工作任务。"双创"工作存在的短板主要是缺乏相应的引导资金及配套措施支持,这也是创新工作开展中最薄弱的环节。

(七) 甘德县域创新发展工作

甘德县域创新实施年限为2018~2020年,从2018年县域创新工作启动开展以来,通过县域创新驱动引领,全县在清洁能源利用、畜种改良、饲草地种植、农牧业科技推广、农牧业产业化经营、农副产品加工综合性的新型技术示范等方面,落实重点科技项目11项,其中落实2018年甘德县县域创新驱动建设项目总投资4591.36万元(自筹投入3691.36万元,财政专项科技经费900万元);完成了投资160万元的江千乡生活垃圾低温热解处理站项目;完成了投资130万元的新型科技环保厕所项目。

(八) 加强厅州会商合作机制,促进基层科技创新发展

根据2018年11月22日青海省科技厅与果洛州人民政府签订的厅州会商工作议定书,进一步加强厅州会商合作机制,在保护生态第一的前提下,聚力生态农牧业、特色产业、科技创新等要素,扎实推进脱贫攻坚,促进全州经济社会高质量发展。一是在生态保护、高质量发展、创新协调发展方面加大科技支持力度。二是在甘德县创新驱动发展示范县的基础上,积极争取相关政策扶持,推进1~2个科技示范县建设项目。三是加大对众创空间和大学生创业扶持力度,积极选派"三区"人才,加大基层科技、产业园区发展等方面的技术指导和服务力度,增强科学技术集成示范与推广应用。四是加强基层科技管理部门能力建设。五是积极创造条件,加大对基层科技工作人员的业务培训和交流力度,加强科技领域"放管服"改革工作,为科技项目申报创造便利条件。通过厅州会商机制,积极联手推动地方经济社会发展,促进基层科技创新发展。

(九) 加强科技推广,发挥科技工作的支撑和引领作用,助力打赢脱贫攻坚战

认真贯彻落实中央、省、州脱贫攻坚的决策部署,以有效配置和优化整

合为手段,加快科技创新和推广应用。一是做好农牧业科技创新平台建设,积极探索基层农技推广和经管体系建设新模式,努力将一批科技示范基地(户)建成科技转化快速通道。二是推进智慧生态畜牧业平台建设。在条件相对成熟的合作社,加快实施智能牲畜监测、牦牛藏羊有机健康养殖可追溯体系、电子商务等技术集成应用,推进循环农牧业发展、提高农牧民收益。三是积极引导农牧民经济合作社与"5369""果洛雪山""金草原""雪域珍宝""格桑花""玛尔洛"等州内肉乳龙头企业进行产业链接,形成从源头生产基地到企业加工、市场销售统一衔接的产业化体系,提升果洛农畜产品质量和水平,为全州脱贫攻坚、乡村振兴奠定坚实的发展基础。

(十)果洛科技机构及人员现状

在2019年的机构改革中,根据改革方案州科技局与州农牧局合并为州农牧和科技局,州科技局的三个科室合并为科技创新发展科,人员由原来的6人减员为2人。机构改革之前州科协与州科技局是合署办公;机构改革后,州科协及其下属科技馆虽然设在州农牧和科技局,但机构及人员编制单独设立,不属于州农牧和科技局。县一级科技部门合并在农牧水利和科技局,全局人员编制仅为3~4人,由于各县局人员编制严重压缩,设立专职的科技工作人员根本无法实现。乡村科技工作空白状态不仅没有解决,科技体系在全州机构改革中进一步弱化,基层科技体系建设困难重重,科技工作开展步履艰难。

二 2020年科技工作展望

(一)加强基础科技工作,提升地方科技创新能力

立足果洛州经济社会发展基础条件、发展定位、资源禀赋和人才储备,精准施策,因地制宜,以差异化发展突出产业特色、区域优势和功能定位,

通过设立县域创新驱动专项，强化县域科技服务体系，支撑县域经济社会发展。加快完善农牧业科技创新体系、现代农牧业产业技术体系和农牧业农牧区科技推广服务体系，依靠科技创新激发农业农村发展新活力。围绕全州"十四五"科技规划编制，将有限的科技资源的工作着力点放在为农牧业提质增效、特色产业发展、生态环境治理、高效公共服务的解决方案上，实现与各地区、各产业有效对接，促进高原特色农牧业发展方式转变，不断加大对基层科技工作的支持力度，提升县域科技创新能力。

（二）着力打好特色农牧业发展牌

在继续深化农牧业科技供给侧结构性改革中，不断提升农牧业科技创新能力，持续推进农牧业由增产导向转向提质导向。重点抓好种质保护与开发利用、藏羊高效养殖、牦牛提纯复壮、牛羊标准化养殖、饲草料加工储存利用、动植物病虫害防控、中高端农畜产品精深开发、特色农畜产品开发等一批实用技术研发、示范和推广，以科技创新引领高原特色农牧业发展方式转变，推进智慧生态畜牧业平台建设工作，加快实施智能牲畜监测、牦牛藏羊有机健康养殖可追溯体系、电子商务等技术集成应用，推进循环农牧业发展，为果洛州生态文明建设和绿色发展助力。

（三）加大州"双创"工作政策扶持力度

积极落实果洛州委、州人民政府《关于创新驱动发展实施意见》中确定的果洛州创新驱动发展指导思想、基本原则、发展目标、重点任务、保障机制和工作措施。重点推进县域科技创新活动开展，使创新驱动的支持资金、项目、科技创新平台和载体在县域落地，通过实施创新驱动为果洛州经济社会发展提供有效的引领和科技支撑作用。

（四）科技增进民生福祉，为打赢脱贫攻坚战、实施乡村振兴战略助力

落实《青海省科技厅打赢脱贫攻坚战三年行动的实施方案》目标任务，

组织实施科技信息支撑、科技人才支撑、产业技术支撑和扶贫示范四大行动。以科技精准扶贫为抓手落实科技惠民工程,在技能培训,特色农畜产业培育发展,农畜产品开发加工,经营管理人才培养,信息化和电商服务机构、中介组织建设等方面进行引导支持。主动对标省委"产业兴旺、生态宜居、乡风文明、治理有效、生活富裕"的总要求和"产业振兴、人才振兴、文化振兴、生态振兴、组织振兴"的总部署,在三江源地区开展现代草业发展和智慧生态畜牧业科技示范,筑牢生态安全屏障,为全力推动"一优两高"战略竭尽全力。

权威报告·一手数据·特色资源

皮书数据库
ANNUAL REPORT(YEARBOOK) DATABASE

分析解读当下中国发展变迁的高端智库平台

所获荣誉

- 2019年,入围国家新闻出版署数字出版精品遴选推荐计划项目
- 2016年,入选"'十三五'国家重点电子出版物出版规划骨干工程"
- 2015年,荣获"搜索中国正能量 点赞2015""创新中国科技创新奖"
- 2013年,荣获"中国出版政府奖·网络出版物奖"提名奖
- 连续多年荣获中国数字出版博览会"数字出版·优秀品牌"奖

成为会员

通过网址www.pishu.com.cn访问皮书数据库网站或下载皮书数据库APP,进行手机号码验证或邮箱验证即可成为皮书数据库会员。

会员福利

- 已注册用户购书后可免费获赠100元皮书数据库充值卡。刮开充值卡涂层获取充值密码,登录并进入"会员中心"—"在线充值"—"充值卡充值",充值成功即可购买和查看数据库内容。
- 会员福利最终解释权归社会科学文献出版社所有。

数据库服务热线:400-008-6695
数据库服务QQ:2475522410
数据库服务邮箱:database@ssap.cn
图书销售热线:010-59367070/7028
图书服务QQ:1265056568
图书服务邮箱:duzhe@ssap.cn

社会科学文献出版社 皮书系列
SOCIAL SCIENCES ACADEMIC PRESS (CHINA)
卡号:327427737951
密码:

基本子库
SUB DATABASE

中国社会发展数据库（下设12个子库）

整合国内外中国社会发展研究成果，汇聚独家统计数据、深度分析报告，涉及社会、人口、政治、教育、法律等12个领域，为了解中国社会发展动态、跟踪社会核心热点、分析社会发展趋势提供一站式资源搜索和数据服务。

中国经济发展数据库（下设12个子库）

围绕国内外中国经济发展主题研究报告、学术资讯、基础数据等资料构建，内容涵盖宏观经济、农业经济、工业经济、产业经济等12个重点经济领域，为实时掌控经济运行态势、把握经济发展规律、洞察经济形势、进行经济决策提供参考和依据。

中国行业发展数据库（下设17个子库）

以中国国民经济行业分类为依据，覆盖金融业、旅游、医疗卫生、交通运输、能源矿产等100多个行业，跟踪分析国民经济相关行业市场运行状况和政策导向，汇集行业发展前沿资讯，为投资、从业及各种经济决策提供理论基础和实践指导。

中国区域发展数据库（下设6个子库）

对中国特定区域内的经济、社会、文化等领域现状与发展情况进行深度分析和预测，研究层级至县及县以下行政区，涉及省份、区域经济体、城市、农村等不同维度，为地方经济社会宏观态势研究、发展经验研究、案例分析提供数据服务。

中国文化传媒数据库（下设18个子库）

汇聚文化传媒领域专家观点、热点资讯，梳理国内外中国文化发展相关学术研究成果、一手统计数据，涵盖文化产业、新闻传播、电影娱乐、文学艺术、群众文化等18个重点研究领域。为文化传媒研究提供相关数据、研究报告和综合分析服务。

世界经济与国际关系数据库（下设6个子库）

立足"皮书系列"世界经济、国际关系相关学术资源，整合世界经济、国际政治、世界文化与科技、全球性问题、国际组织与国际法、区域研究6大领域研究成果，为世界经济与国际关系研究提供全方位数据分析，为决策和形势研判提供参考。

法律声明

"皮书系列"(含蓝皮书、绿皮书、黄皮书)之品牌由社会科学文献出版社最早使用并持续至今,现已被中国图书市场所熟知。"皮书系列"的相关商标已在中华人民共和国国家工商行政管理总局商标局注册,如 LOGO( )、皮书、Pishu、经济蓝皮书、社会蓝皮书等。"皮书系列"图书的注册商标专用权及封面设计、版式设计的著作权均为社会科学文献出版社所有。未经社会科学文献出版社书面授权许可,任何使用与"皮书系列"图书注册商标、封面设计、版式设计相同或者近似的文字、图形或其组合的行为均系侵权行为。

经作者授权,本书的专有出版权及信息网络传播权等为社会科学文献出版社享有。未经社会科学文献出版社书面授权许可,任何就本书内容的复制、发行或以数字形式进行网络传播的行为均系侵权行为。

社会科学文献出版社将通过法律途径追究上述侵权行为的法律责任,维护自身合法权益。

欢迎社会各界人士对侵犯社会科学文献出版社上述权利的侵权行为进行举报。电话:010-59367121,电子邮箱:fawubu@ssap.cn。

社会科学文献出版社